炭素繊維の最先端技術
The Recent Trends of Carbon Fiber

《普及版／Popular Edition》

監修 前田 豊

シーエムシー出版

はじめに

　炭素繊維は，その開発から約45年の歴史経て，航空機産業，スポーツ・レジャー産業から建設産業にわたるほとんどすべての工業・一般産業分野において使用されるまでになった。

　さらに，将来も高い成長が見込まれているのは，炭素繊維がマトリックスと組み合わせた複合材料として，独自の特徴を生かした用途を開拓し，2000年代という新しい時代の基盤をつくる材料であり，鉄，アルミに続く第3の汎用材料として成長すると考えられるからに他ならない。

　ただ炭素繊維は，素材であって最終製品ではない。素材を製品や部材，構造物に仕立てあげるためには，各種の加工が必要となる。

　製品の用途，加工の方法や工程などは，それぞれの製品形態によって大幅に異なり多様である。より有効な使い方や新しい応用技術が開発できれば，実用化が期待できる新規の用途も大きく広がる可能性がある。

　炭素繊維の製造や利用技術の紹介書は，いくつか存在するが，すでに時を経てきている。

　本書は，炭素繊維の最新の技術動向を把握し，商品開発を目指す企業や一般技術者のため，炭素繊維の最先端技術を用途開発を含めて紹介することを目的としたものである。

　炭素繊維は，ポリアクリロニトリル系炭素繊維を利用するものが主体となるが，ピッチ系その他，異なる原料を用いた各種炭素繊維(糸)や，耐炎繊維，活性炭素繊維などについても述べる。

　最新の技術資料によって性能，商品形態，特徴などを整理し，あわせて競合ないし併用もされる補強用繊維との位置付けを明確にしていく。

　各種の中間基材についても，繊維，糸と同様の考えでまとめるとともに，樹脂系複合材料に用いられる母材樹脂や副資材の主なものに関する資料も提供する。

　先進複合材料については，すでに特色のある優れた入門書，実務解説書，専門書等が刊行されているが，本書は炭素繊維・複合材料に関する業界の各部門の専門家に，先端技術を取りまとめていただき，紹介することを主眼としている。ただし一部の分野については，編者の著書として株式会社シーエムシーから2000年11月に刊行された「炭素繊維の最新応用技術と市場展望」をベースとして，最新の技術の動向と展望に視点をおいて取りまとめたものである。

　炭素繊維の利用は，新時代を迎え飛躍的拡大が期待されるが，本書がその発展にいささかでも寄与できれば幸甚である。

2007年1月

前田　豊

普及版の刊行にあたって

本書は2007年に『炭素繊維の最先端技術』として刊行されました。普及版の刊行にあたり，内容は当時のままであり加筆・訂正などの手は加えておりませんので，ご了承ください。

2013年4月

シーエムシー出版　編集部

執筆者一覧（執筆順）

前田　　豊	前田技術事務所　代表
飯塚　健治	飯塚テクノシステム㈲　代表取締役
荒井　　豊	日本グラファイトファイバー㈱　広畑工場　取締役工場長
中川　清晴	東洋大学　先端光応用計測研究センター　研究員
柳澤　　隆	㈱GSIクレオス　ナノテクノロジー開発プロジェクト　部長
石渡　　伸	㈱GSIクレオス　ナノテクノロジー開発プロジェクト　先端複合材料グループ　グループリーダー
久田　俊一郎	㈱ミクニ　航空宇宙部門　名古屋営業所　理事
川邊　和正	福井県工業技術センター　創造研究部　技術融合研究グループ　主任研究員
石川　隆司	宇宙航空研究開発機構　航空プログラムディレクタ
尾崎　毅志	三菱電機㈱　先端技術総合研究所　複合・金属材料グループマネージャー
木村　　學	㈱ジー　エイチ　クラフト　代表取締役
奥　　明栄	㈱童夢カーボンマジック　代表取締役
木村　耕三	㈱大林組　技術研究所　プロジェクト部　専門副主事
小島　　昭	群馬工業高等専門学校　物質工学科　教授
大野　秀幸	日本グラファイトファイバー㈱　営業部長

執筆者の所属表記は，2007年当時のものを使用しております。

略号表一覧

本書に記載される繊維および樹脂の略号は下記の通りとする。

繊維の略号表

繊　　維	略　　号	繊　　維	略　　号
炭素繊維	CF	耐炎繊維	OF
高性能炭素繊維	HPCF	活性炭素繊維	ACF
高強度炭素繊維	HPCF-HT	ガラス繊維	GF
超高強度炭素繊維	HPCF-UHT	アラミド繊維	ArF
高弾性率炭素繊維	HPCF-HM	アルミナ繊維	AlF
超高弾性率炭素繊維	HPCF-UHM	炭化けい素繊維	SiCF
高性能中弾性炭素繊維	HPCF-IM	ポリアクリロニトリル繊維	PANF
汎用炭素繊維	GPCF	アルミニウム繊維	AlF
黒鉛繊維	GrF	スチール繊維	StF
気相成長炭素繊維	VGCF	ボロン繊維	BF

樹脂の略号表

樹　　脂	略　　号	樹　　脂	略　　号
ナイロン 6	N6	ポリアセタール	PA
ナイロン 66	N66	ポリプロピレン	PP
ナイロン 612	N612	ポリフェニレンサルファイド	PPS
ポリブチレンテレフタレート	PBT	ポリスルホン	PSF
ABS	ASB	ポリエーテルスルホン	PES
ポリカーボネート	PC	ポリエーテルエーテルケトン	PEEK

目　次

第1章　炭素繊維の概観　　前田　豊

1　はじめに …………………………… 1
2　炭素繊維の開発・工業化の歴史 …… 1
　2.1　PAN系CF（ポリアクリロニトリル系炭素繊維） ………………… 1
　2.2　ピッチ系炭素繊維（CF） ……… 5
　2.3　その他の炭素繊維（CF） ……… 6
3　炭素繊維製造の概要 ………………… 7
　3.1　PAN系CFの製造 ……………… 7
　3.2　ピッチ系CFの製造 …………… 9
　3.3　その他原料の炭素繊維 ………… 10
　　3.3.1　レーヨン系CF …………… 10
　　3.3.2　気相成長CF ……………… 10
　　3.3.3　その他 ……………………… 10
4　炭素繊維の利用の概況 ……………… 11

第2章　炭素繊維の特性　　前田　豊

1　はじめに …………………………… 13
2　炭素繊維の分類 …………………… 14
　2.1　炭素繊維の分類の背景 ………… 14
　2.2　CFの慣用的な分類 …………… 16
　　2.2.1　汎用グレード（General Purpose Grade：GPグレード） …………………… 16
　　2.2.2　高性能グレード（High Performance Grade：HPグレード） ……… 16
3　炭素繊維の形態 …………………… 17
　3.1　炭素繊維製品の分類 …………… 17
　　3.1.1　連続繊維 …………………… 17
　　　(1)　フィラメント系（Filament Yarn） ……………… 17
　　　(2)　スモールトウ（レギュラートウ）とラージトウ ……………… 17
　　　(3)　ステープル糸（Staple Yarn） … 18
　　3.1.2　短繊維 ……………………… 18
　　　(1)　チョップドファイバー（Chopped Fiber） ………… 18
　　　(2)　ミルドファイバー（Milled Fiber） …………… 19
　　3.1.3　ファブリック ……………… 19
　　　(1)　織物（Woven Fabric Cloth） ……………………… 19
　　　(2)　組物又は編組品（Braid） …… 19
　　　(3)　フェルト（Felt） …………… 20
　　　(4)　マット，ペーパー（Mat. Paper） ……………… 20
4　炭素繊維の性質 …………………… 21
　4.1　炭素繊維の形状 ………………… 21
　4.2　炭素繊維の化学組成 …………… 23
　4.3　炭素繊維の水分 ………………… 23

4.4	炭素繊維の耐薬品性	23	5.1	耐炎繊維	28
4.5	炭素繊維の機械的性質	24	(1)	耐炎繊維の化学的特性	28
4.6	炭素繊維の熱的性質	26	(2)	繊維物性	29
4.7	炭素繊維の電気的・電磁気的性質	27	(3)	耐炎性	29
			(4)	耐熱性	29
4.8	その他の性質	28	(5)	耐薬品性	30
(1)	生物親和性	28	(6)	安全性	30
(2)	吸着性	28	(7)	耐炎繊維の用途	30
5	炭素繊維周辺繊維の特性	28			

第3章 炭素繊維（CF）複合材料の概観　　飯塚健治

1　CF複合材料補強材 ………………… 32
2　CF複合材料の中間基材（テキスタイル・プリフォーム） …………………… 32
　2.1　CFテキスタイルプリフォーム開発の歴史 ……………………………… 32
　2.2　CFテキスタイル・プリフォームの種類と，それぞれの長所・短所 … 34
　(1)　2D織物（Two Dimensional Woven Fabric，二次元織物） ………… 34
　(2)　3D織物（Three Dimensional Woven Fabric，三次元織物） ……… 35
　(3)　ニット ………………………………… 35
　(4)　多軸ノンクリンプ・ファブリック N.C.F（Multiaxial Non Crimp Fabric） …………………………… 36
　(5)　2Dブレイディング（2D Braiding 二次元製紐） …………………… 37
　(6)　3Dブレイディング（3D Braiding 三次元製紐） …………………… 38
　(7)　カットアンドソープリフォーム … 39
　(8)　その他のプリフォーム …………… 40
　2.3　ハイブリッド材料 ………………… 41

第4章 複合材料の設計・成形・後加工・試験検査　　前田　豊

1　はじめに …………………………… 43
2　複合材料の設計 …………………… 43
　2.1　複合材料設計の概要 ……………… 43
　2.2　複合材料設計の特徴 ……………… 44
　2.3　基本的設計事項 …………………… 44
　2.4　複合材料の構造設計 ……………… 45
3　複合材料の成形加工 ……………… 45
　3.1　成形加工技術の概要 ……………… 45
　3.2　成形法各論 ………………………… 47
　　3.2.1　オープンモールド成形 ……… 47
　　3.2.2　加圧成形 ……………………… 47
　　3.2.3　フィラメントワインディング

	成形法（FW法）……… 48	4.3	切削加工 ……………… 54
3.2.4	プルトルージョン（引抜成形）……… 48	4.4	穴あけ加工 …………… 54
3.2.5	マッチドダイ成形法（MDM）……… 48	4.5	研削加工 ……………… 55
		4.6	プレス加工（打ち抜き加工）…… 55
3.2.6	その他特殊成形法 ……… 50	4.7	その他の加工 ………… 55
3.3	成形加工機 …………… 51	4.7.1	歯切り加工 …………… 55
3.3.1	オートクレーブ ……… 51	4.7.2	ネジ切り，タップ立て … 55
3.3.2	プレス成形機 ………… 51	5	複合材料の接合 ……………… 55
3.3.3	フィラメントワインディング成形機（FW機）……… 51	5.1	機械的接合 …………… 56
		5.1.1	繊維配向の影響 ……… 56
3.3.4	プルトルージョン成形機（引抜成形機）……… 52	5.1.2	接合具の影響 ………… 57
		5.1.3	形状の影響 …………… 57
3.3.5	レジンインジェクション成形機（RI機）……… 52	5.2	接着接合 ……………… 57
		5.2.1	接合強さに関与する因子 … 58
3.3.6	射出成形機 …………… 52	5.2.2	接着接合の実施例 …… 58
4	機械加工 ……………………… 52	6	試験方法の規定 ……………… 58
4.1	機械加工上の留意点 ………… 52	7	検査技術 ……………………… 59
4.2	切断加工 ……………… 53	8	品質の安定化，品質保証 …… 59

第5章　炭素繊維の性能向上

1	PAN系炭素繊維………前田　豊… 61	1.2.7	高次加工性の改良 …… 68
1.1	はじめに ……………… 61	2	ピッチ系炭素繊維………荒井　豊… 70
1.2	PAN系CF性能付与の基本的工程と技術動向 ……………… 61	2.1	はじめに ……………… 70
		2.2	ピッチ系炭素繊維の特性と構造 … 70
1.2.1	CFの高強度，高弾性率化 …… 61	2.3	メソフェーズピッチ系炭素繊維の性能改善 ……………… 72
1.2.2	PAN系CFの性能向上工程 … 63		
1.2.3	PAN系CFの強度向上 …… 63	2.4	低弾性率ピッチ炭素繊維 …… 74
1.2.4	PAN系CFの弾性率向上 …… 65	2.5	おわりに ……………… 75
1.2.5	PAN系CFの圧縮強度向上 … 66	3	活性炭素繊維………前田　豊… 78
1.2.6	PAN系CFの表面改質 …… 66	3.1	活性炭素繊維の特性 … 78

3.2 ACFの製造 ……………… 78	4.3 おわりに ………………… 88
3.3 構造的特性 ……………… 78	5 ナノ炭素繊維充填複合材
3.4 吸脱着特性 ……………… 79	……………柳澤 隆,石渡 伸… 90
3.5 応用技術 ………………… 79	5.1 はじめに ………………… 90
3.5.1 浄水関係 …………… 80	5.2 ナノ炭素繊維充填複合材 …… 90
3.5.2 空気の清浄化（タバコ臭の除去）………………… 80	5.3 国内外の開発の動き ……… 91
	5.3.1 国内 ………………… 91
3.5.3 有機溶剤の回収 ……… 81	5.3.2 海外 ………………… 91
3.5.4 NOx，SOx，オゾンの除去 … 81	5.4 現状の課題と今後の開発 …… 92
3.6 その他の利用 …………… 82	5.4.1 分散 ………………… 92
3.6.1 生理用品への応用 …… 82	5.4.2 密着性 ……………… 95
3.6.2 除湿 ………………… 82	5.4.3 価格 ………………… 95
3.6.3 防炎（防毒）用マスク …… 82	5.5 おわりに ………………… 95
3.6.4 その他 ……………… 82	6 ハイブリッド材料………前田 豊… 97
4 ナノ炭素繊維………………中川清晴… 84	6.1 ハイブリッド効果の研究例 …… 97
4.1 はじめに ………………… 84	6.2 有機スーパー繊維（PBO繊維）と
4.2 ナノ炭素繊維の合成方法 …… 84	CFのハイブリッド材 …… 97

第6章 マトリックス（母材）の最先端技術

1 マトリックス樹脂との複合化技術	……………………前田 豊… 106
……………………前田 豊… 99	2.1 エポキシ樹脂 …………… 106
1.1 プリプレグ ……………… 99	2.2 低温硬化・耐熱性エポキシ樹脂先
1.2 プリミックス …………… 101	端技術 …………………… 108
(1) プリミックス ………… 101	2.3 自動車部材RTM成形用エポキシ
(2) BMC ………………… 101	樹脂（ハイサイクル成形樹脂）… 109
(3) SMC ………………… 102	2.4 カーボンナノファイバー配合エポ
1.3 CF熱可塑性樹脂コンパウンド	キシ樹脂 ………………… 110
（ペレット）…………… 102	2.5 ビニルエステル樹脂 …… 110
(1) ペレットの種類 ……… 102	2.6 フェノール樹脂 ………… 111
(2) CFRTPの特徴 ……… 103	2.7 耐熱性樹脂（ポリイミド他）…… 112
2 CFRP用マトリックス樹脂の先端技術	3 熱可塑性樹脂系複合材料の先端技術

　　　　……………………前田　豊…114
3.1　はじめに ……………………………114
3.2　長繊維強化熱可塑性プラスチック
　　（LFT．Long Fiber Reinforced
　　Thermoplastics）……………………114
　3.2.1　LCFTP ………………………114
　3.2.2　LFT-D-ILC …………………117
3.3　CF連続繊維・熱可塑性樹脂複合材
　　料 ……………………………………119
　3.3.1　炭素連続繊維・熱可塑性樹脂
　　　　複合材料が注目される背景 …119
　3.3.2　熱可塑性樹脂の分類 …………119
　3.3.3　繊維・樹脂複合化方法・中間
　　　　材形成の含浸方法 ……………120
　3.3.4　炭素連続繊維・熱可塑性樹脂
　　　　複合材料の性能 ………………120
　3.3.5　炭素連続繊維・熱可塑性樹脂
　　　　の開発例 ………………………121

4　炭素系複合材料（C/Cコンポジット）
　　　　……………………前田　豊…124
4.1　はじめに ……………………………124
4.2　C/Cコンポジットの製造法 ………124
　(1)　樹脂含浸法（レジン・チャー法）…124
　(2)　CVD法（化学気相蒸着法）………124
4.3　C/Cコンポジットの特性値の限界
　　　　………………………………………125
4.4　C/Cコンポジットのせん断強度の
　　向上 …………………………………126
4.5　耐酸化性の向上 ……………………126
　(1)　沃素による前駆体のアロイング …126
　(2)　ヘテロアトムによるアロイング …127
4.6　C/Cコンポジットの特性と用途
　　　　………………………………………127
　(1)　機械的特性 …………………………127
　(2)　化学的特性 …………………………127
　(3)　用途 …………………………………128

第7章　複合材料の成形加工先端技術

1　成形加工技術の進化 ………前田　豊…129
1.1　はじめに ……………………………129
1.2　オートクレーブ成形の進化 ………129
　1.2.1　オートクレーブ成形における
　　　　一体成形技術 …………………129
　1.2.2　プリプレグ積層工程の自動化
　　　　……………………………………129
　1.2.3　オートクレーブ成形のスマー
　　　　ト化 ……………………………130
1.3　先進オーブン成形技術 ……………130
1.4　RTM成形技術の進化 ……………131

　1.4.1　高速成形技術－ハイサイクル
　　　　一体成形技術 …………………131
　1.4.2　大型バキューム・インフュー
　　　　ジョン成形（VIP：Vacuum
　　　　Infusion Process）……………131
　1.4.3　レジンインフュージョン技術
　　　　……………………………………132
　1.4.4　耐熱性の向上したアドバンスド
　　　　RTM成形 ……………………133
　1.4.5　RTMコボンド一体成形 ……133
1.5　高速引き抜き成形 …………………133

- 1.5.1 引き抜き成形の生産性向上 … 133
- 1.5.2 熱可塑性樹脂を用いた引き抜き成形 … 133
- 1.5.3 先進引き抜き成形（ADP法；Advanced Pultrusion Process，ジャムコ） … 134
- 1.6 高速FW成形 … 135
  - 1.6.1 FW成形品硬化の高効率化 … 135
  - 1.6.2 FW成形におけるドライワインディング … 135
- 1.7 SMC，BMC成形 … 135
- 1.8 非加熱成形技術 … 136
- 1.9 ACM熱成形システム … 136
- 2 FW，RTM，VaRTMの水溶性ツール成形プロセス ……… 久田俊一郎 … 138
- 2.1 背景 … 138
- 2.2 環境に優しい複合材用水溶性Tooling材料 … 139
- 2.3 水溶性Tooling材料の特性値 … 140
- 2.4 Aqua-水溶性Tooling材料を用いた製作例 … 141
- 3 成形技術・中間材の最適化(1) ……… 川邊和正 … 145
- 3.1 UDプリプレグシート(UD Prepreg Sheet) … 145
- 3.2 織物（Woven Fabric） … 147
- 3.3 三軸織物（Tri-axial Woven Fabric） … 148
- 3.4 多軸補強シート（Multi-axial Sheet） … 148
- 3.5 組物（Braid） … 151
- 4 成形技術・中間材の最適化(2) ……… 前田 豊 … 153
- 4.1 多軸たて編物（MWK） … 153
- 4.2 多軸非クリンプファブリックの低コスト織製とVARTM処理事例 … 153
  - 4.2.1 ワープニット（経て編み）非クリンプ・スティッチ結合材料の開発 … 153
  - 4.2.2 ワープニット（経て編み）非クリンプ・多軸ファブリック … 154
  - 4.2.3 スティッチボンドドライ炭素繊維ファブリックプリフォーム … 155
  - 4.2.4 プリフォーム用非クリンプスティッチ結合ファブリック … 155
  - 4.2.5 RFI工程に用いるプリフォーム樹脂含浸 … 156
  - 4.2.6 RFIプロセス … 156
  - 4.2.7 NASA-マクドネル・ダグラスのコンポジット翼のプログラム概要 … 156
  - 4.2.8 樹脂とプロセスの開発 … 157
  - 4.2.9 まとめ … 157

第8章　炭素繊維・複合材料の用途・分野別先端技術

1 CFRP用途分野の俯瞰 …… 前田 豊 … 159　| 　2 スポーツ・レジャー分野 … 前田 豊 … 162

- 2.1 釣竿 …………………………… 162
- 2.2 ゴルフシャフト ………………… 162
  - 2.2.1 ピッチ系低弾性率CFを用いたハイブリッドCFRPゴルフシャフト開発 …………………… 162
- 2.3 ゴルフヘッド …………………… 163
- 2.4 テニスラケット ………………… 164
- 2.5 その他のスポーツ用品 ………… 164
- 3 航空宇宙分野 ……………石川隆司… 166
  - 3.1 はじめに ………………………… 166
  - 3.2 航空機への先進複合材適用の現状 …………………………………… 166
  - 3.3 ロケット・人工衛星へのCFRP適用の現状 ………………………… 169
  - 3.4 CFRPの研究開発の方向に関する展望 …………………………………… 170
  - 3.5 CFRPの最新技術に関するJAXA先進複合材評価技術開発センターの成果 …………………………… 173
  - 3.6 おわりに ………………………… 177
- 4 電子・電気・通信分野……尾崎毅志… 178
  - 4.1 はじめに ………………………… 178
  - 4.2 衛星構体 ………………………… 178
  - 4.3 光学センサ及び宇宙望遠鏡 …… 181
  - 4.4 通信アンテナ …………………… 182
  - 4.5 地上用途の広がりについて …… 186
- 5 一般産業分野 …………………………… 188
  - 5.1 輸送系・大型主構造用途 ………………………木村 學… 188
    - 5.1.1 はじめに …………………… 188
    - 5.1.2 アメリカズ・カップ艇 …… 188
    - 5.1.3 HOPE-X全CF複合材実大構造試験モデル ……………… 191
    - 5.1.4 万博新交通システム ……… 193
    - 5.1.5 おわりに …………………… 197
  - 5.2 レーシングカー・自動車 ………………………奥 明栄… 198
    - 5.2.1 レーシングカー …………… 198
    - (1) 概況 ………………………… 198
    - (2) コンポジット材料適用の歴史 …………………………… 198
    - (3) 現在の適用状況 …………… 199
    - (4) コンポジット化が進んだ要因 …………………………… 200
    - (5) コンポジット化がもたらした効果 ………………………… 201
    - (6) 適用の事例と基本構造 …… 202
    - (7) 安全性向上への寄与 ……… 205
    - 5.2.2 自動車 ……………………… 207
    - (1) 概況 ………………………… 207
    - (2) 適用の効果と問題点 ……… 208
    - (3) 材料と成形方法 …………… 209
    - (4) 適用および研究事例 ……… 209
    - (5) 今後の展望 ………………… 211
  - 5.3 土木・建築用途 ………木村耕三… 213
    - 5.3.1 鉄筋あるいは緊張材代替 … 213
    - 5.3.2 既存構造物の補修・補強 … 215
    - 5.3.3 鋼材(形材)代替 …………… 218
  - 5.4 マリーン・船舶用途…前田 豊… 221
    - 5.4.1 マリーンボート用途 ……… 221
    - (1) 材料と成形技術 …………… 221
    - (2) マリーン艦船の材料と成形技術 ………………………… 222
    - (3) FRP化対象となる艦船および

　　　　加工技術 …………………… 225
　5.4.2 マリーン構造物
　　　　（Marine Structures）………… 225
　　（1）マリーン構造物の材料と加工
　　　　技術 ………………………… 225
　　（2）マリーン構造物へのコンポジッ
　　　　トの応用 …………………… 226
6 エネルギー関連用途 ……… **前田　豊** … 230
　6.1 風力発電 ……………………………… 230
　　6.1.1 はじめに ……………………… 230
　　6.1.2 風力発電ブレードの成形技術
　　　　　　………………………………… 230
　　（1）風力発電機の概要 ……………… 230
　　（2）風力発電機のメーカー ………… 231
　　（3）風車タービンの成形法 ………… 231
　　（4）各社製法の特徴 ………………… 231
　　（5）風車タービンへの炭素繊維の
　　　　適用 ………………………… 233
　　6.1.3 日本設置の風力発電業界状況
　　　　　　………………………………… 235
　6.2 海底油田 ……………………………… 237
　　6.2.1 オフショア・オイル用途
　　　　（海洋石油・ガス掘削関係）… 237
　　（1）オフショア・オイル用途で使
　　　　用される材料 ……………… 238
　　（2）オフショア・オイル用途の
　　　　CFRP応用部材 …………… 238
　　（3）CF需要の展望 ………………… 240
　6.3 フライホイールバッテリー ……… 240
　　6.3.1 電力一時貯蔵技術 …………… 241
　　6.3.2 フライホイールバッテリーの
　　　　開発状況 …………………… 242

　　6.3.3 フライホイール市場規模を左
　　　　右する要因 ………………… 244
　6.4 燃料電池の技術動向 ……………… 245
　　6.4.1 燃料電池の種類 ……………… 245
　　6.4.2 産業技術総合研究所の研究状
　　　　況 …………………………… 246
　　6.4.3 燃料電池自動車の開発状況 … 247
　　6.4.4 固体高分子形燃料電池用ガス
　　　　拡散層の開発事例 ………… 248
　6.5 圧力容器 ……………………………… 248
　　6.5.1 圧力容器の概要 ……………… 248
　　6.5.2 FRP複合容器の構造 ………… 249
　　6.5.3 CNGタンク使用可能材料 …… 250
　　6.5.4 自動車メーカーのCNGタンク
　　　　採用の動き ………………… 250
　　6.5.5 CNGタンクのメーカー ……… 251
　　（1）海外からの輸入 ………………… 251
　　（2）国内メーカーと現在の状況 … 251
　　6.5.6 水素用FRP複合容器 ………… 252
7 水質浄化と藻場形成 ……… **小島　昭** … 254
　7.1 はじめに ……………………………… 254
　7.2 池水浄化 ……………………………… 255
　　（1）宮城県登米市役所前の池 ……… 255
　　（2）福島県白河市南湖 ……………… 255
　　（3）植物と炭素繊維とを用いた水質浄
　　　　化 …………………………… 256
　7.3 川口市旧芝川での河川浄化 ……… 257
　7.4 水質浄化の仕組み ………………… 257
　7.5 魚類に対する特異な挙動 ………… 258
　7.6 藻場形成（榛名湖） ………………… 258
　7.7 織物状水質浄化材および人工藻 … 259
　7.8 今後の展開 ………………………… 260

8 その他分野 ………………… 前田　豊 … 262
　8.1　コンポジットロール ………… 262
　　8.1.1　CFRPロールの特徴 ……… 262
　　8.1.2　CFRPロールの製造工程 …… 262
　　8.1.3　ロール性能の評価 ………… 263
　　8.1.4　今後の市場 ………………… 264
　8.2　インテリジェントマテリアル …… 264
　　8.2.1　ヘルスモニタリング技術 …… 265
　　8.2.2　スマートマニュファクチュアリング技術 ………………… 266
　　8.2.3　アクティブ・アダプティブ技術 ………………………… 266
　8.3　リサイクルの先端技術 ………… 266
　　8.3.1　CFRPリサイクルの概要 …… 267
　　　(1)　炭素繊維強化プラスチック粉砕物のリサイクル ………… 268
　　　(2)　超臨界水による繊維強化プラスチックのケミカルリサイクル技術 ……………………… 268
　　　(3)　熱可塑性炭素繊維強化複合材料のリサイクル処理技術 …… 269
　　　(4)　常圧溶解法炭素繊維リサイクル技術 ………………………… 270
　　　(5)　高温高圧処理による廃棄物の資源化技術の開発 ………… 270
　　　(6)　リサイクル視点から見た自動車用材料 ……………………… 270
　　8.3.2　自動車のLCAで見るリサイクルの効果 …………………… 271

第9章　ピッチ系炭素繊維の用途分野　　大野秀幸

1　はじめに ………………………………… 273
2　ピッチ系炭素繊維の特性 ………………… 273
3　ピッチ系炭素繊維の用途 ………………… 274
　3.1　機械特性を利用した分野 ………… 275
　　(1)　産業部材 ……………………… 275
　　(2)　土木分野 ……………………… 277
　　(3)　人工衛星分野 ………………… 277
　　(4)　スポーツ分野 ………………… 278
　3.2　機能特性を利用した分野 ………… 280
　　(1)　高熱伝導率用途（放熱用途） …… 280
　　(2)　等方性ピッチ系炭素繊維の用途 … 281
　　(3)　カーボン／カーボン（C／C）コンポジット用途 ………… 282
4　おわりに ………………………………… 282

第10章　炭素繊維・複合材料の今後の展望　　前田　豊

1　CF・複合材料メーカーの現状と動向 … 284
　1.1　PAN系CFメーカー ……………… 284
　1.2　ピッチ系CFメーカー …………… 285
　　1.2.1　ピッチ系CFメーカーと生産能力 ……………………… 285
2　炭素繊維・複合材料関連公開特許の状況 ………………………………… 287
　2.1　概況 ……………………………… 287
　2.2　CFメーカー別開発動向 ………… 288
3　炭素繊維・複合材料の今後の展望 …… 288

第1章　炭素繊維の概観

前田　豊*

1　はじめに

　炭素繊維（CF）は，19世紀末のエジソンの白熱灯用フィラメントにまでその歴史を遡ることができるが，今日の構造材料を含む多用途に使用されるCFの開発は，米国での軍用用途，航空宇宙材料の開発を契機に始まったといえる。

　その後，英国や日本でも精力的に開発が進められ，性能，価格の両面で著しい進歩があった。特に，日本のPAN系CFメーカーが主流となって，炭素繊維の開発，製造が進められ，鉄，アルミに続く，第3の構造用基本材料として考えられるまでに成長してきた。

　一方，PAN系以外に，熱伝導性や超高弾性を特徴とするピッチ系炭素繊維の開発，製造が，日本を中心として進められてきた。

　これらの経緯を簡単にまとめるとともに，PAN系，ピッチ系以外の炭素繊維の開発状況についてもふれる。

　なお，更に詳細な状況を知る必要がある方々には，既に優れた成書や文献があるので，そちらを参照願いたい[1]。

2　炭素繊維の開発・工業化の歴史

2.1　PAN系CF（ポリアクリロニトリル系炭素繊維）

　今日の構造材料を含む多用途に使用される炭素繊維の開発の歴史は，UCC（米国ユニオンカーバイド社）によるレーヨンを原料とする汎用炭素繊維の工業化（1959年）に始まる[2]。

　当初は，宇宙開発や軍用用途の耐熱材料の開発に求められたが，これら航空宇宙材料以外に，断熱材料やシール材料などの一般工業用途での利用も積極的に進められており，このような用途開発の努力が今日の炭素繊維工業の発展の基礎となった。

　高強度・高弾性率の高性能CFの開発は，等方性構造の汎用CFを2,500℃前後の高温下で延伸することによって得られることが見出され，1965年からレーヨンを原料とした高性能CFが商業

---

*　Yutaka Maeda　前田技術事務所　代表

生産された。

現在，生産量のもっとも多いPAN系CFは，1962年に大阪工業試験所の進藤博士によって開発され，その基本特許がPAN系CFの製造技術の原点となっている[3]。

この技術によってPAN系汎用CFが1962年に日本カーボンによって工業化されている。

一方，高性能CFについては，1964年に米国UCC社がレーヨン系HPCFを上市した。この年は，進藤博士によってPAN系高性能CFの特許が出願された年でもある。

英国の王立航空機研究所のグループによってPAN系高性能CFの開発が進められ，炭素繊維は新しい産業革命をもたらす基幹技術になるとの見極めから，英国各社で企業化があいついだ。

英国の開発に刺激され，米国や日本でもPAN系高性能CFの開発が進められたが，日本では，最初に日本カーボンおよび東海電極が自社技術によってPAN系高性能CFを工業化した。1971年に，東レと東邦ベスロン（現東邦テナックス）が独自の技術でPAN系CFの企業化を進め，三菱レイヨンはCoutaulds社（英）よりCFを輸入してプリプレグを生産する事業から始め，1982年にHITCO社（米）との技術提携によってCFの製造にも進出した。

1980年代初頭，相前後して住友化学工業はHercules社との合弁でプリプレグなどの中間基材の生産を始め，旭化成が日本カーボンと旭日本カーボンファイバーを設立してこの分野に参入したが，その後の需要拡大は見込みどおりとはならず，1990年代に入って，事業展開に見切りをつけ撤退している。

一方，米国では，先行していたレーヨン系CFで様々な開発が進められていた事情もあって，PAN系CFの企業化は日本ほど急速かつ活発には行われなかった。

CFの先駆者であるUCCは，かなり遅れて東レより技術ライセンスを受けて工業化しており，また早い時期に独自に工業化していたCelanese社も本格的なプラントの建設は東邦ベスロンの技術によっている。

炭素繊維の企業化にあたり，炭素の専門メーカーが必ずしも成功しておらず，むしろ炭素工業にまったく関係のなかった繊維製造業者が成功しているのは興味深いことである。

表1　世界のPAN系CFのメーカー（2000年9月現在）

欧 州	日 本	米 国
TENAX	東レ	ATC（東レ）
	東邦レーヨン（現東邦テナックス）	Hexcel（Hercules）
AKZO-Fortafil	三菱レイヨン	Grafil（三菱レ）
		AMOCO
RKCarbon-SGL		Aldila
Zoltec		

第1章　炭素繊維の概観

ところで，PAN系CFの工業化を幅広く進めていた英国であるが，ロールスロイス社のRB.211ターボファンエンジン開発で炭素繊維のファンブレード適用に失敗し，それが引き金となって同社が倒産（1969年）した。

同じ時期に，英国のICI社も炭素繊維の企業化を試み，多額の調査費を使って市場調査を行っているが，はっきりした市場がないということで開発研究を中止している。現実に存在せず将来創造されるかも知れない市場は容易に判明するものではなく，これによってICI社は炭素繊維の企業化に乗り遅れた。

この時期から応用開発の中心は英国から米国へ移行する。当時の米国は，軽量・高剛性材料に対する社会的要求があり，しかもその開発を可能とする豊かさと強さがあった。

このころの日本の炭素繊維市場は，一般工業分野や民生用に限られていた。ロールスロイスの事件のインパクトは大きかったと思われるが，驚異的な高度成長の活力を背景に中断することなくCFの開発と工業化は進められた。

第一次石油危機（1973年）に起こったゴルフ業界でのブラックシャフトブームは，幸いにも高性能CFを工業製品として定着させ，需要の飛躍的拡大をもたらした[4]。

これ以後，ゴルフクラブに始まりテニスラケット，釣竿，ボートなどのスポーツ，レジャー分野で着実な商品化が進められた。

これにより，1970年代後半に始まる航空機分野での利用の本格化とともに，第二の飛躍時期を迎えることになる。

ついで，1980年代に日本を中心としたブラックシャフトブームが起こり，ラケットはデカラケブームで需要は拡大したが，生産の中心は台湾に移行していく。また大型民間航空機の2次構造材だけでなく，1次構造材への適用が開始した。

ここで，炭素繊維基材をベースとする，先進複合材料は，航空宇宙，軍用途や先進スポーツレジャー用途に適性を認められ，急速な需要拡大を続けるかに見えた。しかし，1990年代に入って，世界政治の冷戦体制が終了したことに伴い，軍事，航空宇宙用途における先進複合材料の需要停滞を引き起こし，炭素繊維工業も構造転換が必要となった。

これにより，米欧炭素繊維メーカーの事業撤退が続くほか，日本各社も事業見直しが起こり，最終的には，東レ，東邦テナックス，三菱レイヨンの3社が，業界に生き残り，事業継続が図られることとなった。

海外のCFメーカーも，上記3社に系列化されるところが多く，1995年には，世界需要の70%以上が，この3社によって供給される体制となった。

時あたかもこのころ，米国でのブラックシャフトブームおよび，土木・建築用途，CNGタンクなど産業用途分野の需要が立ち上がり始めた。特に米国・カリフォルニア地震，日本の阪神大

震災によって，耐震補強分野でのPAN系炭素繊維の有用性が認識されるに至った。

これによって，欧米では，炭素繊維の需要が引き続き拡大する傾向を見せ，その主体が低価格の産業用途にあるとの見極めから，太デニルのラージトウCFの生産を開始する企業が続出した。欧州のZoltek，Fortafil，RKCarbon，米国のAmocoなどがその代表として挙げられる。

このような経緯で，現在日本は世界第一位の生産能力をもつに至っている。このような発展が可能であった裏には，実用化が進むにしたがって，一段と厳しくかつ多様化する性能と価格上の要求に対して，品質の改良，新製品の開発，製造プロセスの合理化などで積極的に対応してきたことがある。

また，用途面からみて，従来柱となっていた航空・宇宙産業の市場は，国内では小さく，最近では，表2に示したような国際的な企業提携ないし系列化が進行した。

そして，新たな市場として浮上してきた用途には，輸送機器，機械部品などの工業用途，エネルギー貯蔵用フライホイルや燃料電池などエネルギー関連技術分野などがあり，21世紀に入って炭素繊維の本格需要が起きることが期待されている。

表2 炭素繊維のメーカーの生産能力[4,5]

PAN系レギュラートウ（1998年）

国名	メーカー	生産能力（トン／年）
日本	東レ	4,700 (5,500 → 7,300)*
	東邦レーヨン（現東邦テナックス）	3,500 (5,300 → 7,100)*
	三菱レイヨン	2,700 (3,400)*
米国	HEXCEL	2,000
	AMOCO	2,260
	GRAFIL-MRC	700
欧州	TENAX(独)-TOHO	1,800
	SOFICAR(仏)-TORAY	800
アジア他	台湾プラスチックス	750
	計	19,210
ラージトウ		
日本	東レ	1,000
米国	FORTAFIL	3,500
	ZOLTEK	2,260
	ALDILA	1,000
欧州	SGL(英)	780
	計	8,540
世界	全社計	27,750
	日本全社計	11,900（系列会社合計 14,200）

（注）＊印：系列会社合計数値

第1章　炭素繊維の概観

2.2　ピッチ系炭素繊維（CF）

　ピッチ系CFは，1963年の群馬大学の大谷教授による，PVCピッチの熔融紡糸，熱安定化，炭化という発明を原点としている[6]。

　当初は，等方性ピッチを原料としたCFが工業化されたが，1970年代に入りメソフェーズピッチを原料とした高性能のCFの開発が行われ，一時は30社近くが参入し工業化・実用化の競争が行われた。

　ピッチ系CFの企業化には，より安価なCFを求める市場の要求に加えて，石炭，石油利用企業の副生物の高度利用という目的もあった。

　世界で初めてピッチ系CFの生産を始めたのは，呉羽化学工業で，1970年当時には，汎用グレードのCFの市場はアブレーション材料，その他ごく限られたものでしかなかった。また，スポーツ用品などの民生分野での利用も期待できなかったので，用途開発はPAN系高性能CFと違った形で進められた。

　このような背景に加えてピッチ系CFの生産が国内1社でしかなかったという事情もあって，商品として定着するまでにPAN系より少し時間を要している。

　それでも1970年代後半には，断熱材，しゅう動材，シール材あるいは樹脂系機能材料などの分野を中心に本格的に使用され始めた。従来，石綿が主要基材に用いられてきた摩擦材料や建材などでは，石綿の発ガン性の問題が大きく取り上げられ，石綿代替材料としての材料開発が積極的に行われ，ピッチ系CFの利用が進められるようになった。

　等方性ピッチ系CFは，光学的等方性の組織をもち，高温の熱処理によっても構造的に顕著な変化は見られないし，またメソフェーズピッチ系CFに比べて原料の調整・紡糸が比較的容易であるという特徴がある。

　用途に関しては，フェルトおよびそれを円筒や板状に加工して高温炉用断熱材，編組した耐熱・耐薬品性グランドパッキング，チョップ・ミルドをプラスチックに混ぜた耐摩耗・しゅう動材料など広範囲の産業分野にわたるようになった。

　このようにピッチ系CFの将来の展開も期待されるようになり，一方では重質油の有効利用や石炭液化技術の開発などの背景もあって，その後多くの企業でピッチ系CFの企業化計画が進められた。

　PAN系高性能CFの工業生産に入り始めた頃，高性能のピッチ系CFが米国UCCによって工業化されている。UCCの方法は，光学的異方性のピッチ（メソフェーズピッチ，液晶含有ピッチ）を前駆体原料に使用する点に特徴をもつが，基本的には大谷の研究を発展させた技術といえる。この頃UCCの上市品の引張り強さは2,000MPa程度しかなく，そのため利用できる分野が比較的限られると見られていた。

ところが、その後ピッチの科学と技術上の進歩により、すぐれた前駆体原料の調整方法が開発されたので、現在では引張り強さが3,000MPaを超え、引張り弾性率が500〜1,000Gpaを超えるピッチ系CFも得られるようになった。これら高品質のピッチ系高性能CFの開発も、PAN系のそれの場合と同様、日本で主導的に進められている。

メソフェーズピッチ系CF（MPCF）は、等方性ピッチCFに比べて高強度・高弾性であり、主に長繊維として利用されている。多数の参入企業の中で、現在までに商品化に成功した企業は1974年に製品を販売開始した米UCC社（現在AMOCO社が製造）と国内の三菱化学、日本グラファイトファイバーの3社である。

生産規模はPAN系CFに比べるとかなり少ないが、MPCFは高弾性率、高熱伝導性など、PAN系CFにない優れた特徴をもっており、この特徴を生かせる産業分野へ市場の拡大が期待されている。

表3　ピッチ系炭素繊維の公称生産能力[5]

地域	会社	生産能力（トン／年）	特徴
日本	三菱化学	600	MPCF長繊維
	日本グラファイトファイバー	120	MPCF長繊維
	ペトカ	1,300	MPCF短繊維
	呉羽化学（現クレハ）	600	等方性短繊維
	ドナック	300	等方性短繊維
米国	AMOCO	230	MPCF長繊維
	合計	3,150	

(注)　1998年データ

2.3　その他の炭素繊維（CF）

現在、市販されているCFは、殆どが前駆体として有機繊維やピッチ系繊維を炭化焼成してつくられているが、最近、炭化水素／水素混合気体の気相炭素化によってCFをつくる方法もわが国で開発され、機械的特性にすぐれるだけでなく、きわめて高い導電性をもつCFが得られることが報告されている[1]。

現時点では、まだ研究室レベルの開発段階であるが、米AMOCO社が2000年に入って、実用化したとの情報がある[7]。

これまで述べてきた開発の過程における様々な市場要求の中から、特異な性能をもつCFが開発されてきた。

その1つは、PAN繊維に耐炎化処理を施した耐炎繊維（OF）であり、耐炎性、耐熱性、耐食性を活かして防火服やパッキングなどで広く利用されている。

また、吸着性能をもつ活性炭素繊維ACFは、レーヨンやPANからつくられたものが上市され

第1章　炭素繊維の概観

ている。ACFは吸着性能をもつ上，繊維状であるため好ましい形状につくれるので，脱臭や溶剤回収などのガス処理システムや，生理用品などで実用化されている。

フェノール樹脂系汎用CFもごく少量生産されており，開発の過程では様々な有機繊維が研究開発され，中にはリグニン系のようにきわめて早い時期に上市されたものの（1967年），様々な理由から中止されたプロセスもある。

従来，PAN系CF，ピッチ系CFとは異なる用途を細々と開拓を進めてきた感は否めないが，環境浄化などの観点から，見直される機運にあるようだ。

3　炭素繊維製造の概要

炭素繊維は，レーヨン，石油・石炭ピッチ，ポリアクリロニトリル（PAN）繊維などから製造される。実際には，前節に述べたように，CFの殆どはPANやピッチからつくられているので，ここではPAN系およびピッチ系のCFの製造に焦点を絞り，レーヨン系CF，気相成長CFについては簡単に概要を述べる。

3.1　PAN系CFの製造

強度・弾性率の高いHPCFと，それらが比較的低い一般グレードCFの差異は，基本的には繊維構造の存在の差に基づいている。高性能CFの原料にPAN繊維やピッチ系繊維が選定されてきた最大の理由は，高性能CFの製造が原理的に容易であったからである[1]。

PAN系前駆体（プレカーサー）については，繊維に一軸配向を賦与した状態で，炭化焼成した場合，全過程で配向が保持され，最終的に繊維構造を有するCFが容易に得られるという特徴をもっている。

PAN系CFは，図1に示す製造プロセスのフローシートのように，PAN系繊維に耐炎化処理を施して安定化した後，不活性雰囲気中で炭化焼成，あるいは必要に応じて高温で黒鉛化処理する方法によってつくられる。

PAN系CFの製造でもっとも重要な工程は耐炎化工程であり，この工程でPAN分子は，炭素化反応を制御しやすい，ピリミジン環を主成分とするラダーポリマーとなる。

耐炎化繊維（OF）は，この工程で取り出したものである（図2）。

耐炎化処理を行うと熱収縮のため分子の配向が崩壊するので，高性能CFをつくる場合には，通常緊張下ないし延伸操作を加えながら耐炎化処理を行う方法が，製造技術として確立されている。

衣料用などに用いられている通常のPAN繊維は，そのままでは望ましいはしご型の分子構造

炭素繊維の最先端技術

```
ANモノマー
  ↓    重合
ポリアクリロニトリル (PAN)
  ↓    紡糸
アクリル繊維
  ↓    耐炎化 (空気中200－300℃)
耐炎化繊維 ・・・・・・・・・ 製品
  ↓    炭素化 (不活性雰囲気中1,000－1,500℃)
炭素化繊維 ・・・・・・・・・ 製品
  ↓    黒鉛化 (不活性雰囲気中2,000－3,000℃)
黒鉛化繊維 ・・・・・・・・・ 製品
```

図1 PAN系炭素繊維の製造プロセス[1, 8]

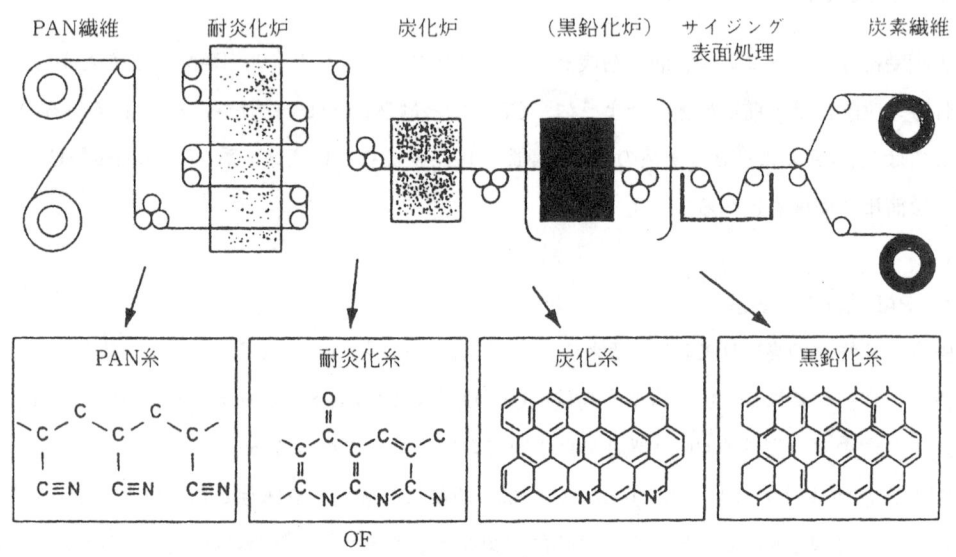

図2 炭素繊維の製造プロセス
(*JETI*, Vol.47, No.13 (1999))

が形成されにくいので，共重合などの手段によって繊維性能や生産性の面で改質された前駆体原料が使用される。

PAN繊維は，通常，湿式または乾式紡糸法で製造される。製法によって溶剤や凝固液などはかなり異なるが，その違いは最終製品にはほとんど反映されない。

続く炭素化工程や黒鉛化工程で，その性質(特に強度，弾性率)をかなりの範囲で変えることができる。そこで用途に応じた各種タイプの製品を得るため，様々な工夫がなされ，炭素繊維メーカーのノウハウとなっている。

このような工程を経て製造された炭素繊維は，そのまま製品として出荷される場合もあるが，一般には表面処理，サイジング処理を行って製品として仕上げられる。

3.2 ピッチ系CFの製造

ピッチ系CFの製造プロセスも大筋ではPAN系CFのそれと同じといえるが，PAN系とは異なる面もある（図3）。

現在市販されているピッチ系CFは，石油系が主体であるが，石炭タールや液化石炭からも製造されているものもある。

縮合多環芳香族炭化水素の混合物であるピッチは，通常無定形で，光学的に等方性である。一定の性状の等方性ピッチを不活性ガス雰囲気中で適当な温度（350〜500℃）に加熱すると，様々な経路を通って最終的には光学的に異方性を示す，ネマチック相のピッチ液晶を含むメソ相ピッチ（メソフェーズピッチ，これを異方性ピッチAと呼ぶ）に転換される。

異方性ピッチAは等方性ピッチに比べて高分子量で軟化温度も高いので，一般に紡糸温度を高くする必要がある。その後開発された，潜在的異方性ピッチおよび，プリメソ相ピッチと呼ばれる新規のメソ相ピッチ（これを異方性ピッチBと呼ぶ）は，異方性ピッチAの欠点がかなり改良されているといわれている[9]。

ピッチ繊維はきわめて脆弱で伸びが殆どないため，取り扱いは極めて難しい。また，不融化工程での延伸がほとんど行えないため，紡糸工程における糸径の制御が製造上の1つのポイントといわれている。

PAN系では工程を変えることによって一般グレードと高性能グレードとがつくられるが，ピッチ系の場合には前駆体によって決まり，等方性ピッチからは一般グレードが，また異方性ピッチ（AおよびB）を使用することにより高性能HPがつくられる。

なお，ピッチ系高性能CFを製造する際には，外力を加える必要は基本的にはない。ピッチ系

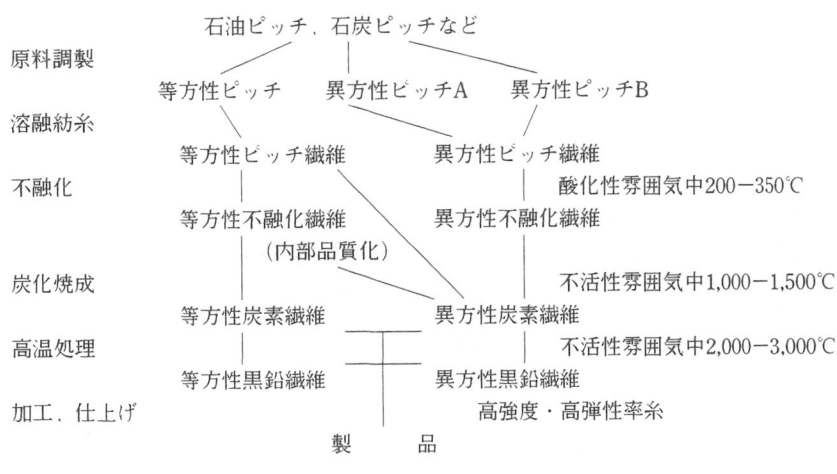

図3 ピッチ系炭素繊維の製造プロセスの概要[1, 8]

では数種の異なる高次構造が存在し，それが繊維物性に優れて反映されるので，PAN系とは，また違った意味で原料の性状は重要である。

なお，ピッチ系CFの弾性率は芳香族縮合環の程度と結晶化の程度によって決まる。メソフェーズピッチ系CFは，原料段階で結晶性が高く，黒鉛になりやすい構造をもっているため，比較的低温で短時間に弾性率が向上する。そのためPAN系炭素繊維に比べ，比較的安価で高弾性率CFを製造することが可能である。

仕上げ，加工などは基本的にはPAN系と変わりがない。

3.3 その他原料の炭素繊維

3.3.1 レーヨン系CF

米国ユニオンカーバイド社は，1959年に織物状CFを上市したが，その製造法は，織物状或いは，フェルト状のレーヨンを，約900℃までゆっくりとバッチ方式で蒸し焼きにした後，最高2,500℃以上の温度まで加熱して黒鉛化する方法であった[1]。

レーヨンをあらかじめ，燐酸誘導体や硝酸塩などに浸して膨潤させる化学処理を行ってから炭化すると，炭化に要する時間が短縮されることが分かり，連続プロセスが可能となった。

初期の連続繊維は，強度・弾性率ともに低かったが，2,500℃以上の温度で延伸することにより，高弾性率（500GPa）のCFが得られるまでになった。

しかし，プロセスが高価であるため，その後PANやピッチを原料とする高弾性CFに置き換えられ製造中止となっている。

3.3.2 気相成長CF

鉄の微粒子を内壁に塗った反応塔を，1,100℃に加熱し，その中にベンゼンと水素の混合気体を流すと，内壁から炭素繊維が成長することが信州大学の小山教授によって見出された[10]。

このCFは，繊維軸を中心に炭素結晶面が何層にも，年輪のように同心円状に成長したバウムクーヘンのような構造である。

気相成長CFは，ピッチ系高弾性率CFと同じように，低い伸度のものしか得られず，PAN系CFのような軽量構造材料用途には適していないといわれる。

しかし，最近米AMOCO社が，気相成長CFの商業生産に移行したという情報が流れている[7]。

また，岐阜大学の元島教授らは，アセチレンガスを原料に用いたコイル状気相成長CFの開発を進め，実用化段階に達している。その特徴は，電磁波シールド性に顕著に表れている[11]。

3.3.3 その他

活性炭素繊維は，PAN系又はピッチ系CFを，高温の炭酸ガス，水の存在下で処理することによって得ることが出来る。反応を効率的に行うため，前駆体に金属触媒を分散させるなどの方法

が取られている[51]。

4 炭素繊維の利用の概況

　炭素繊維の利用が考えられている用途は，当初の開発目標であった航空宇宙用途から発展して，スポーツレジャー用途，自動車を含む移動体工業から，土木・建築，エネルギー産業その他ほとんどの産業や民生用途におよんでいる。

　それは，CFが，金属，セラミックスおよび有機高分子のそれぞれと共通する物性を一部もち，三者の接点に位置する炭素材料からなる繊維であるためである。つまり，軽量，高剛性，耐熱性，耐食性，耐磨耗性，導電性，生体親和性（吸着能も付与できる）など諸々の優れた特性をあわせもつ材料であるからである。

　いわば，CFは鉄，アルミにつづいて世に現われた，第3の構造用基本材料ということが出来よう。

　例えば，日本の大型CF需要用途として，最初に立ち上がったアドバンスドスポーツ用途のゴルフクラブ，ラケット，釣竿などでは主として，機械的特性を利用して商品開発がなされているが，これらは従来材料製品では到達できない程の，すぐれた性能をもつ用具ということで今日のような普及をみているわけである。

　この場合には，当然，スポーツ科学の進歩，材料設計や成形加工などの利用技術と母材樹脂材料の開発があって初めて実用化できたものである。

　今までに実用化されているほとんどすべての用途でも，その探さ，広がり，時間，難易度などには大きな差があるとしても，同様の状況が存在しているといえる。

　まだ充分に利用できないでいる特性や，製造技術の進歩によって賦与できる特性も少なくない。周辺の科学，技術の進歩と利用技術の開発が前提であるが，CFの用途は今後さらに大きく拡がり，大きく成長していくものと期待できる。

文　　献

1) 炭素繊維懇話会企画／監修，炭素繊維の応用技術，シーエムシー出版 (1984. 6)
   大谷杉郎，奥田謙介，松田滋著，炭素繊維，近代編集社 (1986. 3 増補改定)
   森田健一著，炭素繊維産業，近代編集社 (1984. 7)

2) UCC, 特公昭36-13113その他
3) 進藤昭男, 特公昭37-4405
4) 炭素繊維協会セミナー, 東京 (2000. 3), (2005. 3)
5) 工業材料, 特集応用広がる新カーボン材料と炭素繊維, **47** (3), p17-79 (1999)
   佐藤卓治, 工業材料, **48**, (10), p42-45 (2000)
6) 大谷杉郎, 特公昭41-15728
7) 新聞情報 (2000. 7)
8) 炭素繊維協会, 炭素繊維の性質と取り扱い (改訂版) (2000. 6)
9) 本田英昌, 炭素, No.113, 66 (1983)
10) T. Koyama, *Carbon*, **10**, 757 (1972)
11) 元島栖二, 岩永浩, 材料技術, **18** (1), p12-19 (2000)

第2章　炭素繊維の特性

前田　豊*

1　はじめに

　炭素繊維は出発原料，製造方法，製品形態および性能からみて多様なものが存在する．

　出発原料や，製造工程による差異があり，同一原料からでも処理工程の各段階で異なる特性の製品が得られる．例えばPAN系繊維は不融化・耐炎化，炭素化，黒鉛化をへて炭素繊維になるが，この各工程に対応した製品があり，それぞれ耐炎繊維，炭素繊維および黒鉛繊維と呼ばれている．

　炭素繊維は「実質的に炭素元素だけからなる繊維」といえるが，ISO472補遺5（1996年）によれば，「有機物を原料プリカーサーとし，熱処理によって90％以上の炭素からなる繊維」と定義されている．そこで，耐炎繊維は炭素繊維の範疇には入らないが，同一系統の繊維として，防炎他の必要な衣料，インテリアに使用されている．

　炭素繊維，黒鉛繊維の特性は製造方法によって変化し，炭素化，黒鉛化時に緊張または延伸をかけるか否かにより微視的な構造に差を生じ，機械的性質も変わる．緊張または延伸下に焼成したものは，高強度，高弾性率を与え，また繊維軸方向と直角方向の物性の異方性を示し，高性能グレードと呼ばれている．

　無緊張下に焼成されたものは低強度，低弾性率で，等方性を示し，繊維状の炭素として機械的特性を主目的としない用途に用いられることから汎用グレードと呼ばれている．このグレードは価格の低廉なところも特徴である．

　炭素繊維（CF）が注目されるようになったのは，高性能グレード品を複合材料の強化繊維に用いると金属の代替材料になることが発見されて以来である．このような目的に使用される他の繊維としてガラス繊維（GF），ボロン繊維（BF），アラミド繊維（ArF），炭化けい素繊維（SiCF），アルミナ繊維（AaF），金属繊維などがあるが，これらはCFと競合関係にあるとともに補完関係にもあり，混合・混成（ハイブリット）して使用されることも多い．

　CFは繊維としての性質と炭素としての性質を兼ね備えていて，補強繊維の他に炭素としての化学的，熱的，電気・電磁気的性質を活用していろいろの用途が拓けている．

---

*　Yutaka Maeda　前田技術事務所　代表

炭素繊維製品には，糸，短繊維，織物，組物，不織布（フェルト，マット，紙）などの諸形態がある。またこれらを更に，繊維の結合材としての樹脂マトリックスと組み合わせて，炭素繊維の特性をうまく活用できる用途に合わせた加工利用がなされている。

2 炭素繊維の分類

2.1 炭素繊維の分類の背景

炭素繊維（CF）には，性能，形態，製造方法，出発原料によって多様な製品があり，また各種の段階の技術開発が進んでいる。従って，炭素繊維製品も工業規模で生産されているものから，実験室段階で将来の見極めのつけ難いものまであり，幅が広い。

たとえば，性能についても高性能グレード，汎用グレード，高強度タイプ，高弾性率タイプ，中弾性率タイプ，低弾性率タイプ，活性炭素繊維など，名称，呼称に混乱を招いているのが実情である。また高性能CFの繊維束の太さについても，従来はフィラメント数1,000～12,000のスモールトウ（レギュラートウ）が主流であったが，最近では48,000～320,000という，いわゆるラージトウの重要性が増してきている。

形態的には同じ織物であっても，高性能グレードのフィラメント糸を製織して作った複合材料の補強用もあれば，前駆体物質の織物を焼成し，シール材に用いるためにつくったものも同じCF織物と呼ばれている。レーヨン系，PAN系，ピッチ系と出発物質を区分に用いることもあるが，性能および使用目的からすればこの区分は何の意味ももたない場合もある。

さらに用語上の混乱もあって，日本では炭素繊維，黒鉛繊維をひっくるめて炭素繊維（カーボンファイバー，Carbon Fiber）と呼んでいるが，米国ではGraphite FiberともCarbon Fiberとも呼ばれている。これは米国における開発の当初レーヨンが出発原料であったため，2,000℃以上で焼成され，黒鉛化した繊維になっていたのでGraphite Fiberと名付けられた。後にPAN繊維を1,000～1,500℃で焼成して，レーヨン系黒鉛化繊維と同等の性能の炭素化繊維が得られるようになった。しかし，名前だけはすでに一般化している低弾性率品Graphite Fiberがそのまま使われていたことに由来している。

ちなみに英国ではCarbon Fiber，仏国ではFibre de Carbone，西独はKohlenstoff Faserと日本型の呼び方をしている。

このようにいろいろな呼び方，分類がされてはいるが，CFが複合材料の補強繊維として注目され，発展してきた経緯から，その機械的性質とくに引張り強度，引張り弾性率を用いて分類することが多い[1,2]。

一般的には，力学特性に基づく分類と，原料に基づく分類が併用されている。

第2章　炭素繊維の特性

また，慣用的な呼称としては，汎用グレード，高性能グレードがよく用いられる。

日本における炭素繊維協会（強化プラスチック協会の下部委員会，1978年に炭素繊維懇話会として発足し，1988年に炭素繊維協会と改称した）では炭素繊維を，原料別（表1），製品性能別分類（表2）を採用している。各種炭素繊維の力学特性で分類すると，表3のようになる。

なお，炭素繊維協会や国際標準機構（ISO）では，前駆体物質の種類（PAN，ピッチ，レーヨンなど），形態（連続糸，短繊維），熱処理温度（炭素化熱処理温度，黒鉛化熱処理温度），引張

表1　CFの原料別分類[3]

名　称	特　徴
PAN系炭素繊維 (PAN based carbon fiber)	PANプリカーサー（前駆体）を炭素化して得られる繊維。 レーヨン系，ピッチ系に比べて高強度が得やすい。
ピッチ系炭素繊維 (Pitch based carbon fiber)	ピッチプリカーサーを炭素化して得られる繊維。 光学的等方性ピッチCFは結晶構造少なく，低強度低弾性。 メソフェーズピッチ系CFは，結晶構造が発達し，高強度高弾性。
レーヨン系炭素繊維 (Rayon based carbon fiber)	レーヨン（セルロース）から作った炭素繊維。 レーヨンを延伸しないで炭化すると等方性に，延伸すると異方性化して強度が発現する。

表2　CFの製品性能別分類[3]

名　称	特　徴
高弾性率タイプ炭素繊維 (HM type)	引張弾性率350Gpa以上をいう。 HTタイプに比べ，結晶化が進んで黒鉛質を有する。 弾性率600Gpa以上を，UHM（超高弾性率タイプ）に分類する場合もある。
標準弾性率タイプ炭素繊維 (Regular Modulus type)	引張弾性率200-280Gpa，引張強度が約2,500Mpa以上をいう。
中弾性率タイプ炭素繊維 (IM type)	引張弾性率が約300Gpa，引張強度が約4,500Mpa以上を指すことが多い。
低弾性率タイプ炭素繊維 (LM type)	引張弾性率200Gpa以下，引張強度が約3,000Mpa程度以下をいう。

表3　力学的特性に基づくCFの分類

分類	引張強度 Mpa	弾性率 Gpa	伸度 %	密度 g/cc
高強度・高伸度品，HT	4,100-5,000	230-250	1.7-2.0	1.77-1.83
高強度品，HT	2,700-4,200	210-250	1.4-1.6	1.77-1.82
中間弾性率・高強度品，IM	3,500-5,000	300-305	1.2-1.7	1.73-1.78
高弾性率品，HM	1,950-3,500	350-400	0.6-0.9	1.78-2.02
超高弾性率品　UHM	2,000-3,000	450-720	0.3-0.7	1.88-2.1
低弾性率品	700-1,000	40-100	1.0-2.5	1.5-1.7
グラファイトの理論値	180,000	1,020		

り強さ，引張り弾性率，線密度（繊度），などを盛り込んだ分類方法を提案している。

ISOの例を示すと，ISO/DIS13002は連続繊維を対象にして，原料-P（ピッチ），形態-C（連続繊維），弾性率-760GPa，強さ-3,700MPa，線密度-270テックスの場合，次のように表記する。

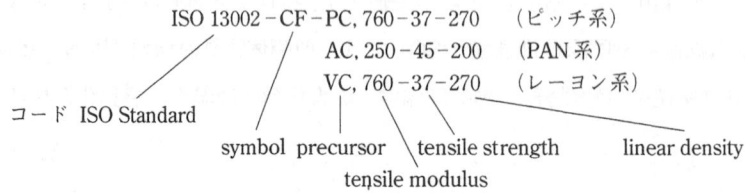

短繊維については，まだISOの取り決めがない。

また，弾性率，強さを重視した表記方法であり，電気的特性や熱的性質については配慮されていないので，全ての炭素繊維に適用できるところまでは至っていない[4]。

2.2 CFの慣用的な分類

2.2.1 汎用グレード（General Purpose Grade：GPグレード）

この分類に属するCFは，引張り強さ1,000MPa，引張り弾性率100GPa前後の機械的性質をもつ。前駆体物質はレーヨン，PAN，ピッチ，フェノール樹脂などがあり，CF，GrFの両方がある。出発原料の形態としてフィラメント糸，ステープル糸，織物，組物，フェルトなどあらゆるものがある。なかでも最も生産量の多いのはピッチ系のトウ形状のものであり，高性能グレードに比べ低廉な価格で入手しうる点も特徴にあげられる。

2.2.2 高性能グレード（High Performance Grade：HPグレード）

このグレードはさらに高強度（High Tensile：HT）タイプ，中弾性率・高強度（Intermediate Modulus；IM）タイプ，高弾性率（High Modulus：HM）タイプに分けられる。近年航空機の主翼など1次構造部材，宇宙機器，スポーツ用品のCFRP化が進み，これにともなってCFに対する要求が細分化している。

航空機1次構造部材としては複合材料の設計許容歪をより大きくするため，CFの引張り弾性率はHTタイプと同レベルで，破断歪を大きくすること，つまり高強度化が求められている。

これに対応して高伸度・超高強度（Ultra High Strength：UHT）タイプが開発された。宇宙機器はとくに軽量化の意味が大きく，薄肉構造が好んで用いられるため剛性向上の要求が強い。このため弾性率450GPa，500GPa級の超高弾性率（Ultra High Modulus：UHM）タイプが開発されている。市販品ではピッチ系の700～900Gpa級が製造されているし，小規模では900GPaを超えるものもあるといわれる。

高強度化と高弾性率化技術を総合しHTタイプよりも弾性率が高く，しかも高強度をもつ中間

弾性率（Intermediate Modulus：IM）タイプがある。

3 炭素繊維の形態

3.1 炭素繊維製品の分類

炭素繊維を実際に使用するにあたっては、加工方法や最終製品の形状などから、いろいろの形態が求められる。例えば、糸、短繊維、織物、組物、紙状のものが入手可能であり、以下のように分類される。

① 長繊維CFの製品形態

	加工	製品
フィラメント		フィラメント
	製織・編組	織布・編物・組物
	ウエブ	ペーパー・マット
	切断・粉砕	チョップド糸・ミルド

② 短繊維CFの製品形態

	加工	製品
ステープル	紡績	紡績糸
	製織・編組	織布・編物・組物
	ウエブ	フェルト・マット
	抄造	ペーパー
	切断・粉砕	チョップド糸・ミルド

3.1.1 連続繊維

(1) フィラメント糸（Filament Yarn）

多数のフィラメントから構成される糸のことで、ヨリ（Twist）のかかった糸、ヨリのかかっていない糸、ヨリを戻した糸などがある。きわめて多数のフィラメントから構成される繊維束でヨリのかかっていないものをトウ（Tow）とも呼ぶ。

GFの場合、CFのフィラメント糸に相当する形態をストランド（Strand）と呼び、この関係でCFに対してもストランドという言葉を用いることがあるが、フィラメント糸に統一することが望ましい。

(2) スモールトウ（レギュラートウ）とラージトウ

既述の通り、ヨリのかかっていない連続フィラメント束をトウと呼ぶが、CFの開発当初から、フィラメント数1,000～12,000のものが取り扱われ、商業生産されてきた。その後、CFのコストダウン、後加工の生産性向上を目指して、フィラメント数が48,000～320,000といった大幅に拡大されたフィラメント束の生産が、主として欧米で進められ、量産段階に入っている。このような大フィラメント数の束を、通称ラージトウと称し、従来の生産品であるフィラメント束をス

モールトウ（レギュラートウ）と称している。

スモールトウは，CFの標準品であり，CFRPの商品開発のあらゆる分野の基本素材となっているが，織物には，細デニルトウが適性を持つ場合が多く，引き抜き成形や,フィラメントワインデイング成形には，太物のCFトウが好んで用いられる傾向がある。

ラージトウは，開発当初CF性能の向上に難点があったり，加工工程での取り扱いに苦労が多かったようであるが，技術の進展でこれらが解決され，大型，大量成形用途の材料として，好んで用いられる向きも出始めている。

(3) ステープル糸（Staple Yarn）

ステープルを紡績して得られる糸で，単糸，双糸などがある。CFトウからステープルを経て製造される場合と，ステープル糸形態の前駆体物質を焼成して製造する場合がある。

3.1.2 短繊維

(1) チョップドファイバー（Chopped Fiber）

CFの利用形態の中で，フィラメント糸あるいは，トウを一定の長さに切断した形態のものをチョップドファイバーまたは単にチョップと呼ぶ。このチョップドファイバーの長さは，その用途によっても異なるが，一般に100mm位のものから1mm位のものまである。チョップドファイバーのカット長とその主な用途は，およそ次のようになっている。

カット長（mm）	用途
100-75	フェルト，マット
50-25	ステープル糸，SMC用
15-10	セメント用
10-6	ペーパー用，CFRTP用
3-2	板状複合体，導電，静電防止用

チョップドファイバーはそれ自身でも使用されるが，同時にフェルト，マット，ペーパー，ステープル糸，CFRTPなどの加工原料ともなるもので，それぞれ用途や加工法などによって長さが決められる。一般に3〜25mm程度のものが標準銘柄となっているが，チョップドファイバーの用途は多岐にわたるため，引合の都度仕様に合わせて生産されることが多い。

また，これらのチョップドファイバーには，サイジンク処理されたものとされないものとがある。

加工原料としてのフィラメント糸やトウは，数千本ないし数万本の単繊維から構成されているので，これをそのまま切断すると繊維がバラけ，嵩が大きくなるだけでなく飛散しやすい状態になる。これを防止するために，サイジング剤を用いて，あらかじめ繊維を収束しておく。こうすることによってチョップドファイバーは，取り扱いや輸送上の問題，また使途によっては工程中での重大な支障をさけることができる。

第2章　炭素繊維の特性

(2)　ミルドファイバー（Milled Fiber）

チョップドファイバーまたはフィラメント糸をすりつぶしてつくった粉末状の製品である。

チョップドファイバーよりさらに長さの短いものの要求には，数十から数百μmの粉末状をしたミルドファイバーが使用される。

一般に，CFの切断長さは1mm程度が限度であるため，粉砕されている。したがって，このミルドファイバーの長さは，上記範囲内に分布したものとなっている。

ミルドファイバーは，導電性，静電防止・耐摩耗性，寸法安定性，耐荷重，断熱，低熱膨張など種々の特性を付与する目的で，樹脂，ゴム，カーボンなどの添加材として用いられる。

3.1.3　ファブリック

(1)　織物（Woven Fabric Cloth）

CFフィラメント糸あるいはステープル糸を用いて製織することで，通常の繊維織物と同様にCF織物を製造することが出来る。また，あらかじめ製織した前駆体を焼成炭素化してつくることもできる。

HPグレードによる織物はCF100%のものの他に，他の繊維とのハイブリッド化された織物が生産されている。最も多いのがGFとのハイブリッド織物である。タテ，ヨコの一方ずつに分けたもの，あるいはタテ，ヨコいずれかをある割合で配置したもの，あるいはそれをタテ，ヨコともに組み合せたものなど多彩である。

GPグレードの織物についても，当然のことながら市販のGF織物とほぼ同等の形状のものをつくることができる。

さらに補強繊維の目的から，その性能を発揮できるように新しい織物の開発が進められており，この中には斜行織物，3軸織物の他，3次元補強織物や円形織物などがある。

また，この他にタテ糸とヨコ糸にクリンプのない織物や，タテ糸とヨコ糸を接着したものも開発されている。

(2)　組物又は編組品（Braid）

組物はフィラメント糸，ステープル糸を管状に組んでつくる。ときには組物状の前駆体物質を焼成してつくることもある。

組物は中空パイプ状のものと，円柱あるいは角柱状で中まで充填されているものに分けられる。

中空パイプ状組物は主としてHPグレードが使われており，補強を目的としたものである。8本以上の偶数本の糸によって円周状に組み合わせ，これを長さ方向に展開させることにより中空パイプ状のものが組み上がる。

打込み数は16，32，64，96などが主である。これらの編組品にはある範囲内で各々の糸に角度をつけることができるので，この角度により工程の加工性や，最終製品の特性などを自由に設

計することができる。またこのものはフレキシブルであるため，種々の曲面，曲管あるいは径の変化にも追随できるので，特異な用途がある。

他方，円柱ないし角柱状の組物は製紐する際，内部まで糸を充填するように工夫している。組物の種類には，撚糸形，八つ編形，袋編形，格子編形などがある。

これらの組物はその製造方法によって，それぞれの特徴があり，シール材として使用する場合には，密度，柔軟性，弾性，耐圧性，浸透性の他表面の一部が切断しても全体が破壊しないなどの特徴が利用される。

(3) フェルト（Felt）

チョップドファイバーを抄紙法，または乾式法によって加工した不織の無方向性フェルトと，あらかじめフェルト化した有機質の前駆体を焼成炭素化したものとの2種類に分けられる。両者ともニードルパンチ方式によるフェルトで，繊維自身のからみ合いによってフェルト状を保っているもので，CF100%の製品であり，それぞれ異なる外観を有している。

チョップドCF系フェルトはクリンプのない直線的な繊維からなり，伸びが低い。

フェルト化前駆体焼成品は，市販インテリア用フェルトと同様の外観を呈し，厚み方向に腰の強いものとなっている。

これらのフェルトは，嵩比重がきわめて小さく，しかも軽量で弾力性に富むもので，そのまま断熱材や高温用クッション材に用いられたり，あるいは導電性，静電防止，耐熱性，耐クリープ性，耐摩耗性などの特性を付与する目的で複合材料の基材としても用いられる。

(4) マット，ペーパー（Mat, Paper）

フェルトよりさらに薄いものとして，マットおよびペーパーがある。

マットはチョップドファイバーを乾式法により薄く二次元に展開し，これに有機質バインダーを用いて繊維を軽く接着したもので，ペーパーに似た外観を有している製品である。マットは面方向に自由度があるため，平面だけでなく曲面にも対応できる特徴を有している。しかし，CFマットはGFのサーフェスマットに近く，ストランドマットのように補強材として使用するには適していない。

一方，ペーパーは，チョップドファイバーと有機質バインダーをともに湿式法により，通常のペーパーの製法と同様に抄造してつくる。この製品はGFのペーパーとほぼ同様の形状，外観を有している。CFはパルプのように繊維自身がからみ合ったり，接着する性質がないため，バインダーを用いなければならない。したがってCF100%のペーパーといってもバインダーを用いたものであって，CF以外に他の繊維は配合していないという意味で用いられている。

またCFペーパーの中には，パルプとの混抄品がある。この製品は，パルプの自己接着性を利用して他にバインダーを用いていないものもあるが，この製品の目的は，CFの含有量の調整や，

第2章　炭素繊維の特性

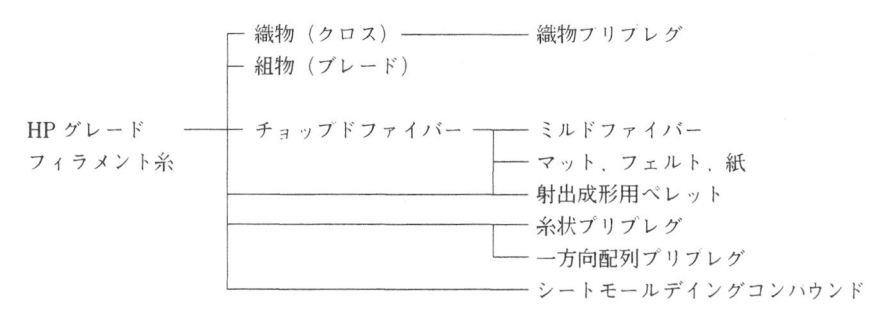

図1　CF（HPグレード）の各種製品形態

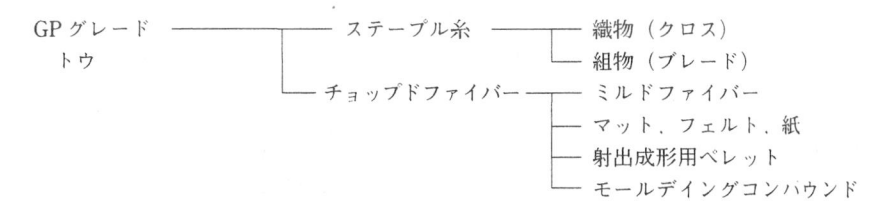

図2　CF（ピッチ系GPグレード）の各種製品形態

それによって得られる電気的特性の変化をねらったものである。

　これらの製品はいずれもCFが有する耐熱性、電気伝導性、静電防止、機械的強さ、耐食性、耐摩耗性などの諸特性を利用した用途に向けられている。主なものに電気集塵機の極板、電池の電極、面状発熱体の素子、電磁波シールド材料、電気接点材、GFRP静電除去、シール材、研磨材の基材などがある。

4　炭素繊維の性質

　炭素繊維は、炭素としての性質と、繊維としての性質を兼ね備えており、従来の有機繊維、無機繊維のいずれにも属さない、優れた特性を発揮することができる。

4.1　炭素繊維の形状

　HPグレードのフィラメント糸を例にとると、直径5～8μmの円形または長円形断面の単繊維が1,000本から数万本ひきそろえてボビンに巻かれている。ボビン1本の糸の巻き量は通常、糸を構成する単繊維の数（フィラメント数）や糸扱い上の理由から決められている。当初HTタイプ糸の巻き量は、1～2kg巻きが多かったが、近年では、太物で引き抜き成形や、フィラメントワインデイング成形が長時間可能となるように、巻き量の増大が図られている。

　HMタイプ糸は、通常HTタイプ糸よりも巻き量が小さく、巻き長さも短めである。

表4 CFの特性

特性の分類	CFの特性
(1) 形態的性質	細く，長く，しなやか。いろいろの形態に加工できる。 マトリックスと組み合わせて繊維補強材がつくれる。 繊維軸方向と直角方向の性質に異方性を示すことが多い。
(2) 化学的・物理化学的性質	ほとんど炭素元素からできている。 不燃性。化学的に安定で，酸，塩基，溶媒に侵されない。 酸化を受けて劣化する。 高温の空気，酸化性酸に対しては弱い。 高温下に金属炭化物を形成する。 溶融金属に濡れない。 多孔性で，表面の活性化されたCFは吸着脱着能がある。
(3) 機械的性質	密度が金属に比べ小さい。 引張り強さ，引張り弾性率が高い。 耐磨耗性，潤滑性がすぐれている。
(4) 熱的性質	線膨張率係数が小さく，寸法の安定性がよい。 高温下においても機械的性質の低下が小さい。 極低温域での熱伝導率が小さい。
(5) 電気的・電磁的性質	導電性である。 電波を反射し，電波シールド性能がある。 X線の透過性が良好。

　一本一本の単繊維を顕微鏡観察すると，さまざまの形がみられる。出発原料の形をそのまま残しており，ピッチを前駆体物質とするものは溶融紡糸でつくられるため，CF断面は円形で表面は平滑である。

　PAN系の場合，溶媒と凝固液の組み合わせから円形，長円形，扁平まで，また表面も平滑なものから浅い溝のついたものまで得られる。つまり，凝固力の強い組み合わせでは，紡出直後に表面が形成され，次いで脱溶媒が進行するため長円断面形状をとることになる。凝固力の弱い組み合わせは円形断面を与えるが，断面積のバラツキがやや大きくなる傾向にある。

　レーヨンは凝固力の強い組み合わせがとられており，深い溝をもつ複雑な断面をもつ。断面形状，表面の平滑性とCFおよびその複合材料の機械的性質の間には，明確な関係は認められていない。

　単繊維断面寸法は前駆体物質の寸法によって決まる他，焼成条件にもより，温度が高くなると細くなる。PAN系の場合，直径 $12 \sim 13 \mu m$ の前駆体物質が，炭素化によって直径 $7 \sim 8 \mu m$ になる。

　CFの引張り強さは直径が小さいほど高くなるが，弾性率には影響しないとの関係が認められる。超高弾性CFで高強度を維持するため，フィラメント径を小さくする手段がとられており，これらのCFの場合直径 $5 \sim 6 \mu m$ のものが実用化されている。

第2章 炭素繊維の特性

4.2 炭素繊維の化学組成

　CFの主成分は炭素である。組成は前駆体物質の種類と焼成条件によって変化し，PAN系の場合CFは炭素含有率93～98％，GrFは99％以上である。

　CFの第2成分は窒素であり，4～7％がピリミジン環構造をとって存在する。窒素含有率は焼成度が高いほど低く，GrFは0.5％以下である。

　ピッチ系は，前駆体物質のピッチ繊維そのものの炭素含有率が90％以上あり，CF，GrFとも99％以上炭素から成り立っている。レーヨン系の場合には，高強度・高弾性率を得るため2,000℃以上で延伸を行いつつ熱処理し黒鉛化されているため炭素含有率99％以上である。

　CFRP補強用HPグレード品はマトリックス樹脂との親和性を与えるため酸化表面処理が施されている。しかし，酸素含有率は0.1～0.2％であり，かつ表面近傍に限られている。

　また，金属類の含有率については，注目すべきはNa，K，Ca，Mgである。CF中のこれらの金属は酸化反応の触媒として働き，高温空気中での劣化に影響する。CFを生体内で利用する際，重金属の存在が懸念されるが，分析例によると，ごく微量である。黒鉛化処理によって，これら無機質含有率はより少なくなる。

4.3 炭素繊維の水分

　HPグレードCFの水分は0.05％以下で，実質上吸湿しないといってもよい。複合材料の吸湿による性能低下は，この材料の耐環境性の点で重大な関心を集めている。CFそのものは水分の影響を受けず安定であって，GFやArFを用いた場合よりもすぐれた耐水性を示す。

　CFは全て水分が低いわけではなく，GPグレードのCFは，相対湿度6.5％で水分10％前後ときわめて吸湿しやすいものがある。とくに1,000℃以下で焼成された場合に，この性質が顕著である。同じGPグレードでも2,000℃焼成品の水分は0.5％と低い。

　ロケットの噴射孔用アブレージョン材に用いるCF／フェノール樹脂複合材料として，低温焼成したタイプを使用したため，吸湿によって寸法が変化するという不具合を生じた例がある。高温焼成品に変更してこの問題が解決されたことにみられるように，水分の影響が無視しえない用途にCFを用いる場合にはこの点注意を払う必要がある。

4.4 炭素繊維の耐薬品性

　CFの耐薬品性は一般の炭素材料とほぼ同様であり，たいていの薬品には侵されず，きわめて安定な材料である。ただし，注意しなければならない化学反応性をあげると，次のようなものがある。

　① 酸化を受ける。

空気中では350℃でも徐々に酸化を受け、質量の減少と強さ低下が起こる。酸化は焼成温度が高いほど受けにくく、CFに比べGrFの耐酸化性は良好である。

また存在するNa、K、Ca、Mgなどの金属は触媒として働き、酸化を促進する。酸化防止にはりん系化合物が効果的といわれる。

酸化性酸によって侵される。とくに高濃度、高温下の劣化が著しい。

発煙硝酸、濃硝酸・濃硫酸・濃硝酸混酸、硫酸・重クロム酸混酸、などは要注意。

FRPの耐食試験に用いられる10％硝酸で25℃のような緩い条件では強度低下は小さい。

② 高温下に金属、金属酸化物と反応する。

Na、Li、K、Fe_2O_3とは400〜500℃で、Fe、Alとは600〜800℃で、Si、SiO_2、TiO_2、MgOとは1,100〜1,300℃で反応する。

しかし、Cu、Zn、Mg、Ag、Hg、Auとは反応しない。

繊維補強金属（FRM）の分野で、CFの研究開発が進められているが、金属との反応性がFRMの性能を制約することもありうる。また、酸化物系セラミックスの補強材に使用できないのは焼成中に繊維が酸化物と反応して劣化することに起因する。

③ 層間化合物を形成する。

GrFはK、HNO_3、H_2SO_4、Br_2などと層間化合物を形成し、強さ・弾性率が低下する。

以上の3種の反応以外には、CFはきわめて安定である。

シール材、摺動材用として使用される石綿と比べると、CFは強酸に対して強く、その耐熱性、自己潤滑性とあいまって高級シール分野に広く用いられている。FRPの補強材料としてEガラス繊維と比べると、GFが低濃度の鉱酸類および高温の塩基性水溶液に侵されるのに対し、CFはきわめて安定である。

また、Eガラス繊維はスチーム雰囲気下に置くと急速に強さが低下するが、CFは全く劣化せず高温多湿下での補強材料としてもすぐれた性能をもっている。このようにCFは耐食FRP用途のポテンシャルは高いが、コスト上の理由で実用はまだそれほど多くない。

最近セメント、コンクリートの補強にGPグレード品の利用が進んでいるが、同じ目的に用いる金属繊維、耐アルカリGFに比べアルカリ他の高い環境下での強さ保持率にすぐれている点が評価されている。

4.5 炭素繊維の機械的性質

CFの引張り強さ、引張り弾性率はグレード、タイプによって異なるが、他の繊維に比べきわめて高く、複合材料用補強材としてすぐれている。

また、航空宇宙用途、プレミアムスポーツ用具をはじめ軽量化の求められる分野においては、

第2章 炭素繊維の特性

比強度，比弾性率が比較の尺度となるが，この見地からもCFは好ましい材料である。

図3に各種材料の引張り強さ，引張り弾性率の対比を，図4に比強度，比弾性率の関係を示した[2]。

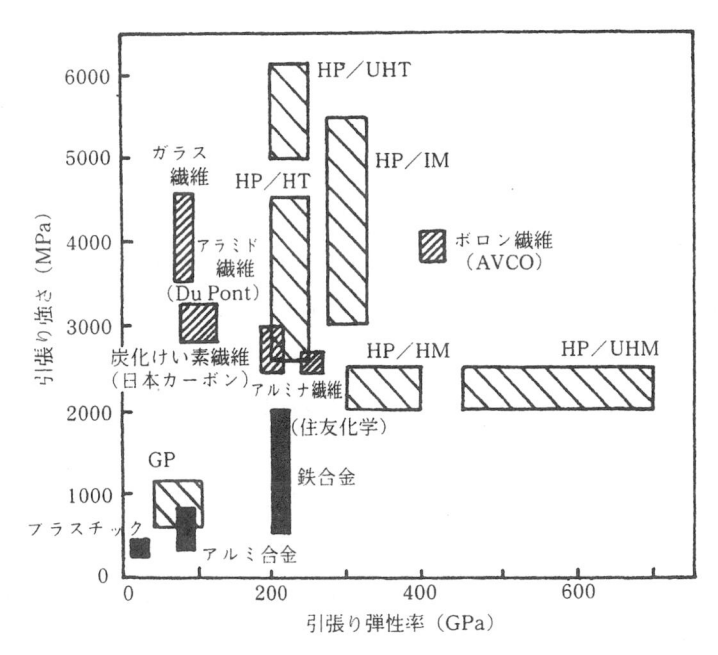

図3 各種材料の引張り強さ，引張り弾性率

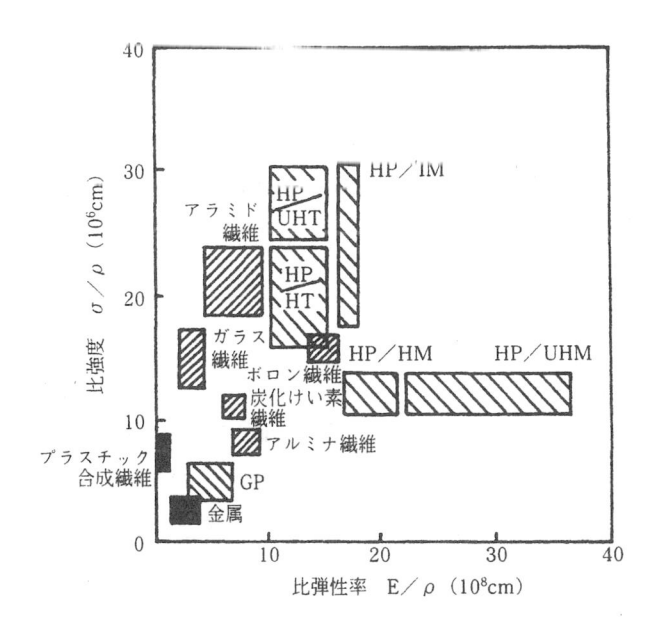

図4 各種材料の比強度，比弾性率
（注）比強度＝強さ／密度，比弾性率＝弾性率／密度

炭素繊維の最先端技術

　繊維は一般に結晶性と配向性が高いため引張り強さ，引張り弾性率が高いが，そのままでは金属，プラスチック，木材のような構造材料としては使用できず，何らかのマトリックスによって繊維相互を結合一体化する必要がある。したがって金属，プラスチックとの性能比較は複合材料としてなされねばならず，図表中の繊維の値は参考にすぎない。

　また，金属，プラスチックの性能は，タテ方向，ヨコ方向，厚さ方向ともだいたい同じで，等方性をもっている。しかし，複合材料は繊維配列方向には高強度・高弾性率を発揮するが，繊維の配列と直角方向に対してはきわめて低い値しかもたない。実用上等方性が必要とされる場合には繊維配列をランダム化しなければならず，一方向配列時の性能の1/3〜1/4に低下する。

　もうひとつ注意すべき点は，繊維の形態上の制限から，強さ弾性率といえば"引張り"についてのみ測定され，論議されているが，複合材料として金属，プラスチックなどと対比される場合には，引張りの他に圧縮，ねじり，曲げ，せん断の負荷された時の比較も必要である。

　これら引張り以外の特性に対してはマトリックスの寄与が大きいが，繊維の側からみると，繊維とマトリックス間の接着性が関与している。

　CFの空気中での劣化について4.4項で述べたが，ポリイミド樹脂をマトリックスとする複合材料がスペースシャトルに用いられ320℃で600時間の使用に耐えた実績，またビスマレイミド樹脂をマトリックスとしてマッハ2.5で飛行する航空機の翼に使用し，空気との摩擦発熱によって300℃前後の温度になっても良好な性能を発揮した。このようにマトリックスを選べばCFRPは高温下での使用に耐える。これはCF自体の高温下における引張り強さ，引張り弾性率の低下の少ないところによるものである。

　CFは，不活性雰囲気下においては2,500℃でも強さが保たれており，他の材料にはみられない特徴となっている。AaFやSiCFは空気中で800〜1,000℃までの耐熱強度があるといわれるが，2,000℃以上はもたない。CFのこの特性はロケットの噴射孔，ノーズコーンあるいは，航空機用ブレーキディスクのように2,000℃以上で使用される特殊な材料に活用され，炭素をマトリックスとするC/Cコンポジットに使用されている。

4.6　炭素繊維の熱的性質

　CFの比熱は0.7〜0.9kJ/kgK（室温から70℃の平均値）であり，鉄，アルミニウム，チタン合金の0.5〜1.0kJ/kgK（室温から100℃）とほぼ同一であり，プラスチックの1.5〜2.0kJ/kgKの約1/2である。CFの比熱は温度が高くなると大きくなり，室温から1,500℃までの平均値は1.7kJ/kgKである。

　CFの線膨張率係数は$-1〜+5\times10^{-6}$/Kであり，他の材料に比べて小さい。また負の値をとる場合がある。鉄，チタン合金は$9〜12\times10^{-6}$/K，アルミニウム，マグネシウム合金は20〜

第2章　炭素繊維の特性

25×10^{-6}/Kであり，ナイロン，ポリカーボネートは$60\sim80\times10^{-6}$/K，CFRPのマトリックスに用いられているエポキシ樹脂は$45\sim65\times10^{-6}$/Kに比べると一桁小さい。

GPグレードとHPグレードに差があり，繊維構造をもたない等方性のGPグレードは繊維軸方向に対し$+2\sim+5\times10^{-6}$/Kをもつのに対し，HPグレードは繊維軸方向に$-0.1\sim-1.1\times10^{-6}$/Kと負の，繊維軸に対し直角方向に$+1\sim+3.3\times10^{-6}$/Kと線膨張率係数の異方性を示す。

線膨張率係数の小さいことは，温度の変化に対する寸法変化が小さいわけで，昼夜の温度差の大きい宇宙空間で使用する部品，たとえばパラボラアンテナ，太陽電池用パドルにはきわめて好都合な材料である。高い精度の要求される地上用大口径パラボラアンテナにも同様の目的から利用され，効果が確認されている。

一方，CFとマトリックス樹脂の線膨張係数に大きい差があるため，高温下，たとえば120℃とか180℃で成形加工を行うと室温まで冷却された時，熱応力が残留し製品が反ったり捩れたりする。もっと極端な場合には積層した層間がわれたり，層内に微少なクラックを生ずることもある。このように線膨張係数の小さいことが不都合な場合もある。この残留熱応力によるトラブルは，積層構成の選択によって回避されている。

CFの熱伝導率は，直接測定することが難しく複合材料の値から推定されている。室温下の熱伝導率はCF $5\sim10$ W/mK，GrF $80\sim150$ W/mKと熱処理温度に依存する。CFの特徴は，極低温領域において熱伝導率の低いところにあり，液体ヘリウム，LNGなどの容器の断熱支持材料などCFRPとして冷熱分野への応用が進みつつある。

CFの耐熱性を利用し，真空炉などの高温の断熱材にGPグレード品がフェルト，マットあるいは多孔性複合材料として実用されている。

4.7　炭素繊維の電気的・電磁気的性質

CFは焼成温度がおよそ1,000℃以上で電気伝導性が良好になる。市販されているCFは体積抵抗率$15\sim30\times10^{-4}$ Ω・cm，GrF $5\sim8\times10^{-4}$ Ω・cmである。また，体積抵抗率は雰囲気温度にも依存し温度が高くなれば小さくなる。

CFが導電性であるため，プラスチックやゴムに添加して導電性を付与したり，静電気の除去に使用されるし，通電による発熱体にも用いられる。また，ラジオ波，マイクロ波などを反射するため電波シールド効果がある。GFRPに混入して通信器のハウジングに，あるいは自動車のボンネットに応用される。テレビのアンテナ，反射板への利用もこの性質による。

CFの導電性は好ましくない面もあり，糸の取り扱い中に飛散した糸屑が電気系統の短絡事故の原因になる。計測器，遮断器などは端子に電気絶縁塗料を塗布する，エアパージをする，糸屑の除去設備をするなどの対策が必要である。また糸屑がコンセントに巻きついて短絡事故を起こ

すこともあり，作業場の清掃に留意しなければならない。

　CFは金属やGFに比べX線の透過性が良好である。CFRPのX線吸収はアルミやGFRPなどの比較材料の約1/10で，しかも強さ，剛性が高いので人体のX線検査用機器に使用され被曝量の減少に貢献している。

4.8　その他の性質

(1)　生物親和性

　炭素繊維が，微生物親和性を有することが発見され，水の浄化に用途開発されてきている。群馬高専の小島教授らによって，その機能が発見され，各地の湖沼で水の浄化や，漁礁，藻場の開発が進められている[5]。

(2)　吸着性

　化学物質吸着性を有することから，電極材料，化学物質の分離などに利用される。

5　炭素繊維周辺繊維の特性

5.1　耐炎繊維

　従来から，耐熱，耐炎，難燃各種繊維として，ケブラー，コーネックス，ノーメックス，カイノールなどが市販されているが，耐炎繊維 (OF) についての明確な定義はない。CFが，有機繊維の不融化，耐炎化炭素化工程を経て作られることはすでに述べたが，この最初の段階である耐炎化によって得られる繊維をここではOFという。

　最近，PAN繊維を原料として得られるOFは，防炎性と耐熱性を合わせ持った素材として，防炎，耐熱材料，防災安全製品として，注目されている。すでに，家庭用防災用具や，熔接服などが市販されている他，航空機や自動車などの内装，防炎カーテンとしても開発が進められている。また，OFは石綿のように人体への悪影響のおそれがないことから，その代替としての用途にも需要が拡大している[6,7]。

(1)　耐炎繊維の化学的特性

　PAN繊維からOFが得られることは，すでに米国で50年前に発表され，その後，多くの研究がなされてきた。また，CF製造の中間工程から得られることから，耐炎化工程の研究がOFの開発にもつながっている。そのため原料繊維は，CF用の特殊PAN繊維が多く使用されているが，一部では別の特殊PAN繊維や衣料用PAN繊維も使用されている。これらは，製造段階における工程の安定化，品質の均一化を達成する目的だけでなく，通常の紡績，織布工程で必要な繊維物性を得ることも，原料繊維選択の大きな要素となっている。

第2章 炭素繊維の特性

OFの製造には、200～300℃でPAN前駆体を空気酸化して製造する方法が多く採用されている。原料は、トウ、フィラメント、織物、フェルトなどの形態で用いられる。

PAN繊維の熱安定化における化学構造の変化に関しては、多くの提案がなされているが、基本的には、

① ニトリル基の閉環反応によるハシゴ型構造（ラダーポリマー）への移行
② 酸素による脱水素反応
③ 酸素付加反応

である。

ハシゴ型構造への移行と、脱水素反応によって、分子内の共役系が多くなるため、繊維は黒色に変化する。また、酸化工程で酸素が10%以上も分子内に取りこまれるため、高温における分子内の切断が抑制される結果、熱的に安定な繊維に変わると考えられる。OFが、黒化繊維、熱安定化繊維、酸化繊維などと呼ばれるのもこのためである。

ニトリル基の閉環反応は発熱反応であり、その発熱量は、1,000kcal/kgにも達することがあり、製造に際しては、この反応熱をいかに除くかが鍵となる。

(2) 繊維物性

OFは、つぎのような特徴を有している。

① 紡績繊維として十分な強さと伸びを有しており、紡織加工性にすぐれている。
② 石綿やGFにないドレープ性と柔軟性を有し、取り扱いが容易である。
③ 比重が小さく、かつ、木綿と同程度の水分を有しているため、衣料としても適当である。
④ 電気絶縁性がある。
⑤ 断熱性に優れている。

(3) 耐炎性

耐炎性の目安として、LOI（限界酸素指数）がある。

OFのLOIは55～62の値を示し、従来繊維が18～31であるのに比べ、非常に高いLOI値を有している。また、燃焼特性の比較においても、軟化、収縮せず、原形をほぼ保持したまま炭化に至る。このため、在来の合成繊維の中で不燃性、難燃性のある繊維で高温に暴露したとき、しばしば問題となる衣類の人体への粘着、融着による火傷などが起こらないという利点がある。

(4) 耐熱性

OFは、製造時にすでに熱安定化されているので、300℃付近まで急速昇温しても繊維性能的にはほとんど変化しない。OFで作られた織物の高温熱処理後の強度変化は300℃まで殆ど起こらず、石綿やケブラーと比較しても、高温になるほどOFの優位性が明らかである。

特に、OF織物の場合、1,300℃の溶融鉄を注いでも3分以上穴が開かない。溶接のスパッタは

もちろん，溶断鉄の落下にも穴が開かないことがこれを物語っている。さらに，高温における重量変化寸法安定性に関しても，在来の有機繊維にない特徴を有している。

(5) **耐薬品性**

OFは，有機溶剤に対する抵抗性が非常に優れている。例えば，原料PAN繊維の溶剤であるジメチノホルムアミドにもよい抵抗性を示す。次いで，弱酸，弱アルカリにも良好な抵抗性を持っている。

強酸・強アルカリでは，繊維物性の低下が見られるが，短時間の使用は可能である。OFの薬品浸漬の際の重量減少は，有機溶剤ではほとんどなく，無機系の薬品で2～3％程度と微量である。

(6) **安全性**

石綿は，繊維直径が小さく，人体内に吸入，沈着され，健康障害を引き起こすとされている。OFは，この点，繊維直径が，在来の有機繊維と同等であり，問題とはならない。また，OFを用いて衣料とする場合，問題となる皮膚刺激に関しても，マウスを用いた実験では，特に，異常が認められていない報告がある。

また，OFは加熱されると，青酸ガスが発生するが，その量は微々たるもので，タバコ1本喫煙する時に吸入する青酸ガス量よりも少ない。これらの結果からのみで，安全であると決断するのは早計であるが，一応の安全性は確認されたと考えてよい。

(7) **耐炎繊維の用途**

用途としては，耐熱性を利用した各種断熱，耐熱材料として，また防災用衣料として，すでに用いられている。これらは，従来，使用されていた石綿に代わるものとして，今後，需要の伸びが期待されている。また，耐炎性を利用して，航空機，自動車，鉄道車輌の内装，家具，調度品，博物館など公共施設の防火カーテンなどへの適用も検討されている。

製品形態としては，チョップドファイバー，ペーパー，ステープル，フェルト，ヤーン，織物などがある。さらに，他の繊維（ArF，GFなど）と混紡，交織することにより，OFのもつ特性に他繊維の特性（例えば強さ）を付加した商品も開発されている。

第2章 炭素繊維の特性

文　　献

1) 大谷杉郎, 奥田謙介, 松田滋著, 炭素繊維, p173-175, 近代編集社 (1986.3 増補改定)
2) 炭素繊維懇話会企画／監修, 炭素繊維の応用技術, p14-17, シーエムシー出版 (1984.6)
3) 炭素繊維協会発行,「炭素繊維の性質と取り扱い」改訂版 (2000.6)
4) 松井醇一, 強化プラスチックス, Vol.43, No.9, p341-345 (1996)
5) 工業材料,「特集応用広がる新カーボン材料と炭素繊維」, **47** (3), p17-79 (1999)
6) 高橋卓, 耐炎繊維 "タスラン．PMA", 化繊月報, 2000 (8), 10-19
7) 笠井秀夫, JETI, **53** (13), 93-94 (2005)
   パイロメックスー東邦レーヨン, 大阪ケミカル調査資料 (1990)

第3章　炭素繊維（CF）複合材料の概観

飯塚健治*

1　CF複合材料補強材

複合材料の品質と性能を決定する要素としては，補強用繊維の物性，マトリックスの物性，補助用繊維とマトリックスの比率，繊維とマトリックスが複合材を形成するための複合方法，などが挙げられる。

複合材部材の性能は，単一要素だけには依存しないが，繊維が荷重を負担する最大の機能を提供する。従って補強繊維の選択が，複合材料の性能を決める最も重要な要素である。

補強繊維の選択基準としては，コスト，強度，剛性，比重，耐熱温度，対環境性，入手可能性，（繊維とその形態），機械的／対環境的なデータベース，設計実績，成形性と取扱い易さ，などの観点から十分な検討が必要となる。

炭素繊維は，高機能性複合材料の補強繊維の中で，最も比剛性が大きい繊維で，かつ広範囲にわたる多種の強度，剛性を有する繊維が生産可能である。このため航空宇宙分野からスポーツ用途，さらには産業用途へと，その高物性，高機能性を活用した複合材料の需要が1970年以降，現在まで拡大発展を続けて来ている。

2　CF複合材料の中間基材（テキスタイル・プリフォーム）

2.1　CFテキスタイルプリフォーム開発の歴史[1]

1970年の初めに，米国でNASAが，複合材料を旅客機に適用するための研究開発をリードするプロジェクトを推進した。オイルコストの高騰に対する燃料節減が，その第一目的であった。

1976年から1985年に至る間には，このAircraft Energy Efficiency（ACEE）Programの目標を，新しい商業用航空機の一次構造材に複合材料を使用するためと設定した。

そこでBoeing，Douglas，Lockheedと研究契約を結び，①尾翼，主翼，胴体の構造設計と生産方法の開発，並びに②複合材構造物のフライトサービス評価を実施した。

ACEEプログラムは，機体メーカーに重要な技術を提供したが，複合材による主翼と胴体を開

---

*　Kenji Iizuka　飯塚テクノシステム㈲　代表取締役

第3章　炭素繊維（CF）複合材料の概観

発する当初の目標は達成できないままに終了した。

　NASAの技術開発プログラムが無ければ、機体メーカーはリスクの高い一次構造材を生産する確信を持てなかったし、特にその障害となったのは、高い調達コストと損傷許容性の低さであった。

　ACEEの開発契約から推測されたコスト資料によれば、主翼と胴体はアルミ製より遥かに高くなった。さらに損傷許容性の低さは、タフなエポキシ樹脂の開発と応用への努力にもかかわらず、依然として複合材料の欠点として留まってきた。

　航空機産業は、激しいフライト運行にも耐えうるダメージに強い頑丈な構造体を求めたのである。

　高コストと損傷許容性の低さの問題点は、研究者達に新しい複合材料のコンセプトとして、テキスタイル工業の生産方法を取り入れることと、厚さ方向（Through-the-Thickness）の強度アップを計る方向に努力を傾注させて来た。

　このコンセプトの支持者達は、それまでの積層タイプ複合材料の長年にわたる問題を克服するには、革新的な技術を開発する必要があるのではと討議した。

　新しい複合材料構造体は織物、ニット、ブレイドやスティッチした炭素繊維ファブリックなどを使ってドライプリフォームを作り、これをレジン・トランスファー・モールディングによって、厚さ方向（Through-the-Thickness）を強化した複合材料を生産するものである。

　この論理によれば、この新複合材料は、自動成形プロセスと、既存の繊維工業の品質管理法を採用するために、コスト・パーフォーマンスが良くなると考えられた。これに基づき、1988年にNASAはAdvanced Composites Technology（ACT）Programを発足させた。ACTプログラムでは、主要な航空宇宙会社に、テキスタイル構造部材開発のための資金を提供し、かつ政府機関、産業界、大学に対しても工学、科学面での研究資金を提供した。

　このACTプログラムは、その後1997年まで継続し、その間にLockheedによりスティッチした織物や、2D、3Dブレード、さらにはトウプレースメントなどによる主翼や胴体の開発がBoeingとの共同で進められ、一方Douglas Aircraftとは、ノンクリンプファブリック／スティッチングでのプリフォームを、レジンフイルム・インフュージョン方式で樹脂含浸して成形した主翼の開発計画を推進した。現在のBoeing 787のテーププレースメントによる複合材胴体構造は、このプログラムによる開発の延長線上にあるとも言いうる。

　一方欧州では、1970年の中ごろに、フランスSEP社がロケットエンジンのノズルなどに、3D織物によるC/C（Carbon/Carbon）コンポジットを開発した。米国でもHercules社（現在のATK社）が3D織物によるC/Cを大型ミサイルのノズルなどに開発し使用されている。

　現在、複合材成形用炭素繊維材料として最も多く使用されているプリプレグ・プロセスは、そ

の高性能品質のため，今後とも引き続き主流の位置を占めると見られている。UDテープや種々の織組織の織物は，特に航空宇宙用の複合材として，今日の主要な材料である。

これに対して，過去20年の間に航空宇宙用の一次構造材の成形に向けてレジン・インフュージョンによる，ダイレクト成形法の技術開発が進歩し，これまでのプリプレグ・プロセスを代替し得る可能性を持つ，低コストの成形法として注目を集めてきている[2]。

このリキッド・レジン・インフュージョン方式のプロセスは，複雑な形状の成形が可能，部品の一体成形化，設計の融通性，寸法許容性，成形再現性などの点で，優位性があると考えられている。リキッド・レジン・インフュージョン方式には，現在数多くの呼称をつけたプロセスが業界に存在しているが，代表的なものとしては，以下のようなものが挙げられる[2]。

　　RTM（Resin Transfer Molding）
　　VaRTM（Vacuum Assisted Resin Transfer Molding）
　　RFI（Resin Film Infusion）
　　LRI（Liquid Resin Infusion）
　　SCRIMP（Seeman Composite Resin Infusion Molding Process）などが挙げられる。

テキスタイル・プリフォームは，このレジン・インフュージョンプロセスとの組合わせによって，複合材料のコストを大幅に低減し得る可能性があるため，欧米では過去20年間にわたり数多くの新しいテキスタイル・プリフォーム生産技術や装置が，繊維企業，機械メーカー，大学，研究機関，航空機メーカー，自動車メーカーなどのエンドユーザーとの連携により，研究開発されて来た。

2.2　CFテキスタイル・プリフォームの種類と，それぞれの長所・短所[3]

NASAのACTプログラムに付随したテキスタイル用語の定義によれば，プリフォームとは次の通り解説されている。

Preform：A pre-shaped fibrous reinforcement of carbon fabric incorporating various structural details and formed to the designed shape before being placed in tooling to be filled with resin.

プリフォーム：炭素繊維の予め賦形した繊維強化材料で，多様な構造を一体化し，設計した形状に作られて，樹脂を注入するために成形型上に配置されるもの。

(1)　**2D織物（Two Dimensional Woven Fabric，二次元織物）**

生産技術や，織物の種類などの詳細は，既に周知のことゆえ省略する。

RTM用として使用するには，織物を重ねてドライレイアップしたものを成形型に挿入し，樹脂を注入する。プリフォームにするためにはカット＆ソーによるか，または樹脂バインダーにより加熱タック粘着して，求める形状を作る。

第3章　炭素繊維（CF）複合材料の概観

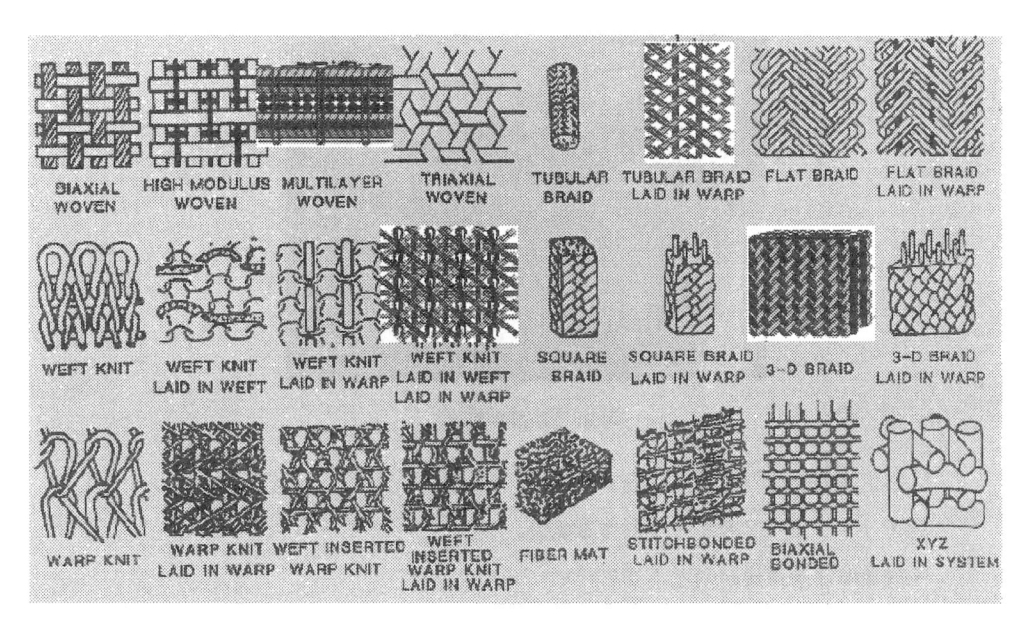

図1　CFテキスタイル・プリフォームの種類
（Dr. Frank Ko による資料）

長所：①現在プリプレグとして一般的に使用されている生産品である。

②平板の積層品の性能は、既に十分認知されている。

③複合材業界では、織物を使うことに抵抗がない。

④非常に多様性がある（0°/90°、±45°、3軸、UDタイプ、ハイブリッドなど）。

短所：現在ではプリフォームの作製のためのレイアップに、かなりの労力が必要。

用途：①少数量の航空機部品、アクセスドア、スキンパネルなど、自動車用部品など。

②カット＆ソーのプリフォームにして使用。

(2)　**3D織物**（Three Dimensional Woven Fabric，三次元織物）

長所：①一体化した形状を作製できる。

②層間強度が大きい。

短所：①プロセスコストが高い。

②製織スピードが2D織物と比較して遅い。

用途：①ロケットノズルなどの焼損部品（Ablation）。

②複雑な、また耐衝撃性を要する構造体。

(3)　ニット

横編みと経編みの両方がある。

長所：①ストレッチ性があるため、ツールの表面に沿いやすい。

図2 3D織物織機[4]

　　　②再生産のための自動化が容易。

　　　③ネットシェープのパーツを作る能力。

　　　④操業時に手作業が殆ど不要のため，コストが安い。

　短所：①バルキー性のため，繊維含有率を高く出来ない。

　　　②等方性を達成できない。

　　　③複合材の性能が比較的低い。

　用途：ニット構造体は荷重のかからぬ部材，航空機のダクトやノーズコーンなど。

(4) **多軸ノンクリンプ・ファブリック N.C.F（Multiaxial Non Crimp Fabric）**

　ドイツのLIBA社やKarl Mayer社の経編みをベースとした，多軸，多層に繊維を挿入する機械によるもの。

　長所：①繊維の方向性や，構成繊維のバラエティを多く出来る。

　　　②高繊維含有率が可能。

　　　③曲面に沿いやすい。

　　　④目付けが多いため，レイアップスピードを早く出来る。

　　　⑤クリンプの無い構造が可能。

　　　⑥負荷の多い部品にも適用が可能。

　短所：①UDと同様に層間強度が低い。

　　　②トニードルが炭素繊維を突き刺し，引張強度を幾分低下させる。

　　　③トウ間のギャップが生じる。

　用途：中庸の複雑な構造体や，擬似等方性を要する部材。

　　　主翼のスキンや胴体のパネル，バルクヘッド（隔壁）など。

　　　スポーツカーの構造材や，ボンネットなど。

第3章　炭素繊維（CF）複合材料の概観

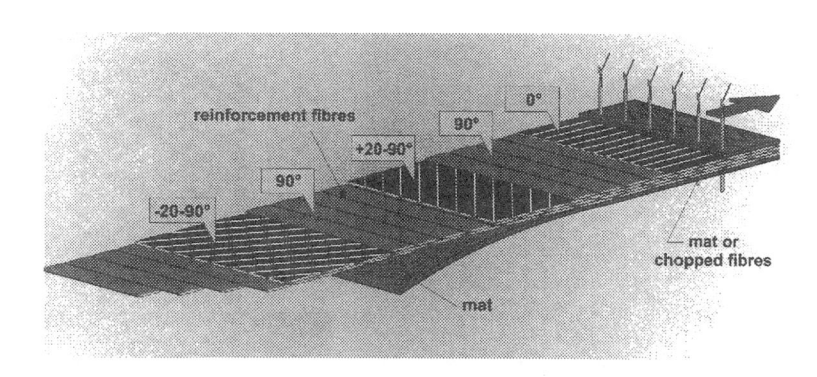

図3　N.C.Fの繊維ヤーン基本構成

(5)　2Dブレイディング（2D Braiding 二次元製紐）

2Dブレイディングは，靴紐やケーブルなどに広く使われているプロセスである。

ブレイディング（製紐）は，その部品のアスペクト比が大きくて，直径が30cm以下で，凹面が無いものに適用される。

ブレイディング工程は比較的簡単である。すなわちブレイダー機（製紐機）は，何個かのヤーンキャリヤー（駒）から構成される。一般には16個から144個のキャリヤーが糸をインターロックしつつ，トラックを移動する。

ブレイダー機と巻き取り装置の速度次第で，ブレイドを構成するヤーンの角度が10度から80度まで変化するが，最も普通な角度は45度である。

一方向の強度が必要な場合には，0度方向にヤーンを挿入する。これはTriaxial，3軸ブレイディングと称する。ブレイディングは，長くて比較的低肉厚の部品が目標であるため，この一方向への挿入は軸方向の要求を満たすものである。

ブレイディングは，チューブ状のスリーブやフラットな生地を作ることも可能である。さらにネットシェープ・プリフォームをブレイダー機の上で，形のあるマンドレルの周りにブレイドすることにより生産可能になる。

ブレイディングは自動化に最適である。機械が駆動とファイバープレースメントを制御するためである。必要性能に基づくブレイド・プリフォームの設計と，これを機械へ指示し転換するコンピュータールーチンが存在している。

　長所：①労務費が低く，オートメ化が可能。
　　　　②シームレスのプリフォームが作れる。
　　　　③部品は捩り強度と剛性が高い。
　　　　④損傷許容性に優れている。
　短所：①凸面形状に限界あり。

図4 2Dブレイディング機(550個のヤーンキャリアー)

②ヤーンの角度に限界があるため,擬似等方性が得にくい。

③機械的な制約上,直径30cm以上の部品を商業生産する製紐機は限定される。

用途:長尺のクローズドセクションの部品,例えば,ミサイルケース,ドライブシャフト,航空機部品,コントロールロッドなどのチューブ状部品。自動車のAピラーやストラットなど。

(6) 3Dブレイディング (3D Braiding 三次元製紐)

3Dブレイディングは,2Dブレイディングの延長で,2D織物と3D織物との関係に類似している。Cartesian 3Dブレイディング・プロセスでは,基本的運動は,全部のキャリアーが1ステップ動き,これにコンパクションステップが続き,さらにキャリアーが動く。キャリアーはキャリヤー列上の部品作成計画に沿って,プログラムされた経路を0度または90度に動く。事実上いかなる3D形状も,このプロセスで生産できる。

一方,その他の3Dブレイディングプロセスとしては,マルチレイヤー・インターロック・ブレイディング (MLIB) がある。

これは,インターロック・ブレイディングのトラックの経路を利用し,チューブ状材料を2Dブレイディングで作成するのと同様に,各々のMLIBレイヤー近接するレイヤーにインターレースするようにする。

使用するキャリアー数の多さのため,3Dブレイド機はより大きく,価格も高いがスピードは遅くなる。通常,やはり部品サイズの限界がある。

長所:①複雑で,フルに一体化した3D形状が可能。

②損傷許容性が高い構造。

短所:①小さい部品に限定される。

②スピードが遅く,コストが高くなる。

③量産型製品には適合できない。

第3章 炭素繊維 (CF) 複合材料の概観

図5　3D Braiding

用途：小さく，複雑で，ストレスがかかる部品。
　　　例えば，ノズル，ノーズチップ。

(7) カットアンドソープリフォーム

カットアンドソープリフォームは，二次元の材料を三次元化してRTMのモールド内に投入する方式で，アパレルの縫製と同じプロセス。プリプレグと同様に複合材部品を作るのに，幅広く適合する方法。2D織物やN.C.Fを使って方向や厚みを自由に出来，プライドロップも容易で，フォームやメタルなどのインサートも可能である。

プリプレグ材はレイアップの前にカットするが，カットアンドソープリフォームは，一般にモールドの外で予め作成される。パターンがカットされると，集めて部品の形状に作り，これを手縫いやミシンで縫製してシェープを保持する。

現在一般に使われている別の方法として，触媒なしのエポキシ樹脂を層間にスプレイするか，パウダーを熱で付着させシェープを保持するやり方がある。

普通2〜4％程度のエポキシ樹脂が，プリフォームの形状保持には必要とされている。さらにカットアンドソープリフォームの生産方法を，スピードアップするために，ブランケット方式が開発されている。

これは重ねた織物のロールを，自動化ミシンでスティッチ，あるいはキルティングする方式で，さらにカッティング装置と組み合わせることも可能である。さらに連続的にアングル，ハットやTシェープを作成し，それを必要な長さにカットすることも可能である。

長所：①プリフォームは，ニアネットシェープに作りうる。
　　　②プリフォームは通常，高度の構造一体性がある。

③種々の織物，N.C.F などを使用できる。

④繊維含有率や物性の高いものが得られる。

⑤平板ラミネートのデータをベースに，設計が容易となる。

⑥部品がどのような形状にも作れ，再現性がある。

短所：①全般にプロセスが，かなり労働集約的である。

②スティッチングやタッキー材によっては，構造材の性能が低下する。

用途：①一体的に強化された構造体．スキン，バルクヘッド，ハウジング。

②複雑な3D構造物でフォームコアやメタルインサートのあるプロペラブレードなど。

(8) その他のプリフォーム

1) Non Woven Mat（不織布マット）

ガラス繊維や炭素繊維のチョップドストランドを，賦形したネット上にエアガンで吹き付け

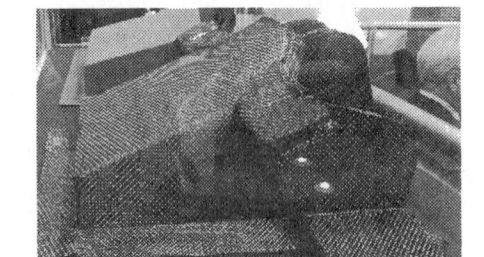

図6 カットアンドソーによる A330・A340 のコンポジットスポイラー部品
（Cytec 社．PRIFORM ヤーンによりスティッチしたプリフォーム）

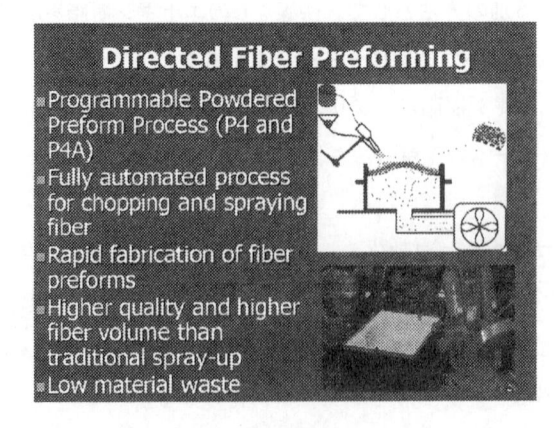

図7 P4 プロセス[4]

第3章 炭素繊維（CF）複合材料の概観

て，樹脂を含浸するレジン・トランスファー・モールディングプロセス。

Owens Corning 社のP4プロセスが著名であるが，Fordが改良して3Pプロセスを開発し，既にAston Martinの車体に採用されている。

2）ドライファイバー・プレースメント

炭素繊維のトウを，直接にミシンで形状を刺繍してプリフォームを作る方法が，ドイツのHightex 社で開発されている（日本の田島ミシンも，刺繍機を欧州業界に紹介している）。

さらには，HEXCELでは樹脂を付着させたトウを，ロボットによりツール上に配置して，求める形状のプリフォームを作製するプロセスを開発した。

自動化，最適，反復継続的な炭素繊維トウ配置が可能で，形状の変化への対応性もあるので，今後の応用発展が進むものと予測される。

2.3 ハイブリッド材料

炭素繊維CFのみでは要求性能が得られない場合の解決策として，他の繊維とハイブリッドによるテキスタイル・プリフォームが活用されている。

アラミド繊維や，ガラス繊維が炭素繊維と共に交織，交編されて，複合材料の損傷許容性の向上，あるいはコストの削減を図るために使用される。

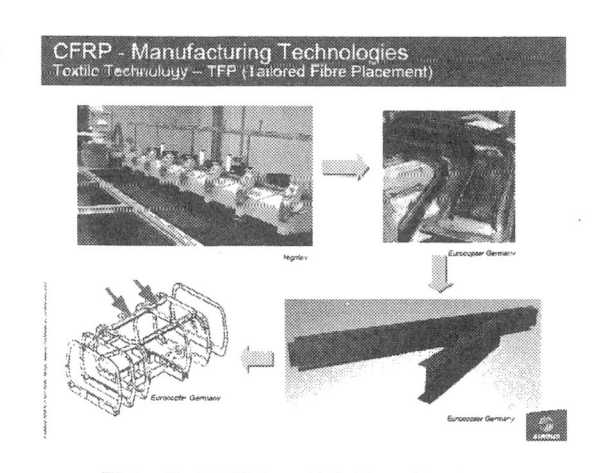

図8　ドイツ Hightex 社の Fiber Placement　　　図9　Hexcel 社カタログより[5]

文　　献

1) SAMPE Monograph, Resin Transfer Molding Engineered Textile Preform for RTM, by Steve Clark, Albany International
2) SAMPE Journal, 2003～2005の関連文献
3) NASA Advanced Composites Technology (ACT) Program
4) Dr. Scott Beckwith, SAMPE International Technical DirectorのSAMPE講演資料
5) Hexcel社カタログ資料

第4章 複合材料の設計・成形・後加工・試験検査

前田　豊*

1　はじめに

　炭素繊維・複合材料（CFRP）は，航空機，スポーツ・レジャー，一般産業用途に広く応用される状況に到達している。これらの用途で使用されるまでには，CFRPを具体的，製品・部品に仕上げるため，用途適性を持った製品とするための設計，開発，試験を行う。また，実製品を生産するには，前章に述べた原料や中間材料をベースに，成形，後加工，仕上げ，検査という工程を踏まなければならない。
　本章では，CFRP製品開発，生産の基本工程となる，設計，成形，後加工，試験検査について概説する。

2　複合材料の設計

　ある用途にCFRPを採用すべく検討する場合，金属や他の材料による実績データがあれば，それに相当する剛性や強度，その他要求される主要性能が発現される材料構成や形態を設計し，適性のある成形法を採用した上で，試作品を作成して，強度，耐久性などの実用性を確認することによって開発が進められる。あらたな製品の場合にも，設計データが揃っていれば，これらを用いてコンピュータを用いた有限要素法（FEM）などを駆使して一応の設計を行い，試作品により実用性を確認するなどの方法で開発される。しかし，いまだ実績データが少ない段階で開発の見通しを出す必要に迫られる場合，開発責任者は頭を痛めることが多い。応力集中や特殊環境条件が要求されることもあり，問題がさらに難しくなる。

2.1　複合材料設計の概要

　CFRPの設計には，積層単板の弾性および強さ特性，積層板の面内および曲げ特性，有限要素法を用いた構造設計計算などがある。単純な外力条件下ではかなり検討が進められており，データも集積されつつあるが，この場合でも，そり，寸法精度とくに厚さ精度およびせん断応力に対

---

*　Yutaka Maeda　前田技術事務所　代表

する配慮が必要となる。また環境条件としては，高温条件での問題が多く，疲労についても相当の安全を見込む必要がある。

　実用化に当たって考慮すべき重要な点は，品質以外にはコストがある。材料コストは当初CFの価格が高いことが特徴であるとまで言われていたが，今日では相当安価な品番や，形態が出現してきており，従来に比較すると格段に使いやすい材料となってきている。しかし，CF製品に相変わらず，Affordable（手頃な値段）の材料要望がテーマとして取り上げられているのも事実である。コストパフォーマンスの点から，CFRPの用途は当面ある程度制約された分野にならざるを得ないきらいはあるが，今や単純な板やパイプ類を含む各種の製品で機能を考慮するとかなりの実用化の機会はあると考えられる。

　ただし，複雑な形状や異種材料との組み合わせ成形，さらには複雑な機械加工を必要とする場合には，コストがかなり高くなることがあるので，設計前の企画段階でこれらの点は慎重に検討して見極める必要がある。

　設計の手法自体は相当進展しており，有限要素法を駆使して安全対策は充分とれるまでになってきており，航空・宇宙，スポーツ・レジャー，一般産業用途への大きく展開が図られる時期がきたと考えてよい。しかし，製品分野によっては，裏付けの実績データがいまだ少ない点もあり，用途に応じた性能，品質試験検査が必要である。

2.2　複合材料設計の特徴

　CFRPの製品設計を行う際には，CFRPの持つ大きな異方性に最も留意すべきである。繊維方向の弾性率と強さはアルミニウム合金をはるかに凌ぐが，繊維直角方向については補強部材としてマトリックス樹脂と同等の低いレベルにある。したがって設計に当たっては負荷方向に対して±45度と90度層を加えて最低3方向に繊維を配向させる方法などがとられる。

　CFRPは製品の軽量化および固有振動数の向上による高速化・高効率化などの目的に使用されることが多く，その上価格が高い傾向があるため，経済的観点から材料特性の限度一杯の利用が要求されるので，その最適設計にコンピュータが果たす役割は極めて大きい。

　しかし素材の選定，積層構成，製品ディメンジョンの最適化を行っても，製造時におけるマトリックス樹脂の不完全硬化やボイドの生成，成形後の寸法変化など成形技術に起因する物性低下が考えられるので，データの蓄積が不十分な場合には，プロトタイプを作成し性能を確認する必要がある。

2.3　基本的設計事項

　積層板の場合，強度，弾性率の面内方向特性，曲げ方向特性などの材料設計，外力－変位，曲

第4章 複合材料の設計・成形・後加工・試験検査

げモーメントおよび座屈などが,構造設計の基本的事項となる。また,ハイブリッド板,サンドイッチ板についても同様の積層板理論で対応できる。その他穴周りの応力集中,疲労,クリープ特性,剛性や強さの温度依存性などを設計に考慮していく必要がある。

2.4 複合材料の構造設計

構造物の基本的要素は,梁,板,シェルなどであり,それらの結合によって全ての構造物が構成されている。また構造設計は材料設計と不可分の関係にあり,積層板の理論より材料定数を決め,構造に働く外力条件,固定条件より,剛性,強さの解析を行い,これらの結果が要求条件或いは許容応力を満足しない場合は,材料,形状の変更を行い,最適値に集束するまで繰り返す。構造解析は主として有限要素法を用いて行われる。

有限要素法は,大別して変位法と応力法の2つの手法がある。変位法は構造物の節点変位を未知量とする剛性方程式を解くのに対し,応力法では要素力を未知量とするつり合い方程式が解かれる。両者とも広義の最小歪みエネルギーの原理によっており,剛性マトリックスの逆マトリックスが,たわみ性マトリックスである。変位法の原理は古くから考えられていたが,1950年代にTurner, Clough, Martinらが3角形,4角形要素による平板問題の解析法を開発し,航空機主翼のモデルである箱形梁に応用することによって,一般の薄板構造解析に対する糸口を作った。その後変位法は急速な発展を遂げて,これに基づく大型計算システムが次々開発され,現在NASTRANで集大成されている[1]。

3 複合材料の成形加工

設計に次いで重要な問題は,成形およびそれ以降の技術にある。しかも,設計と成形加工がいまだ充分分離して進められる状態にあるとは言えず,その上成形品の品質保証問題が関係してくるので,新規な成形方法を採用するには充分な検討が必要となる。

ここでは,CFRP製品の一般的な成形方法を紹介し,主要成形加工機の概要について述べる。

3.1 成形加工技術の概要

CFRPに形態を賦与し,必要な特性を発現させる成形加工工程は,製品製造上で最も重要な工程である。採用される成形方法は,原料のCFとマトリックス樹脂のタイプ,形態および用途に応じて多様化する。基本的成形プロセスを模式化して図1に示す。

複合材料成形法は,従来GFRPを中心に発展してきたが,CFRPに対してもGFRPの成形法のほとんどが適用できると言える。

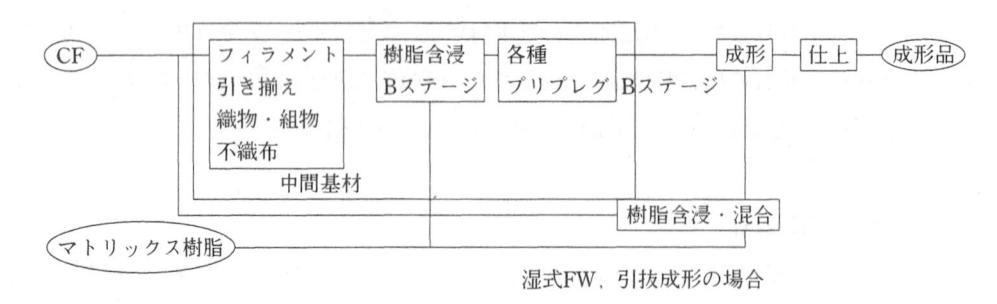

図1　成形加工のフロー

　成形法は，①繊維と樹脂の供給法，②賦形時の加熱・加圧の有無，③型の使用の有無，④連続／非連続成形法などにより分類される。また，CFRPの成形法と得られる製品の性能特徴については，繊維長，繊維配向度，Vなどのコントロール性の優劣差から，その物性発現度は，一般的に，

　FW法＞プレス成形法＞オートクレーブ法＞プルトルージョン（引抜）法＞SMC法＞BMC法＞インジェクション成形法

の通りに順序づけられている。

　最近，先端成形加工技術に関する優れた成書が発刊されているので参照されたい[2]。

　以下に各成形法の特徴を述べる。

表1　長繊維強化複合材の成形方法の概要

成形方法	特徴	主な適用例	成形加工機
オートクレーブ	高性能 FRP ボイド発生少ない	航空機部材	オートクレーブ
積層加圧	生産性良好	スポーツ用品	真空加圧 プレス
シートワインディング	小口径パイプ成形	スポーツ用品	プレスワインダー
レジンインジェクション RIM，RTM レジントランスファー	汎用品	バスタブ，家電製品 飛行機，船舶	RTMマシン
フィラメントワインディング (FW)	高補強効率	圧力容器 大型ロール，シャフト	FWマシン
引き抜き成形 (PLT)	断面形状一定 連続成形	スポーツ用品 FRPロッド	引抜成形機
ハンドレーアップ	作業容易 ボイド発生大	船舶 耐震補強	フィルムバッグ
ファイバープレースメント	トウプレグ プリプレグテープ	航空機 大型構造体	ファイバープレースメント装置
電子線硬化	即硬化	航空機 大型構造体	電子線硬化装置

第4章 複合材料の設計・成形・後加工・試験検査

3.2 成形法各論

3.2.1 オープンモールド成形

　湿式積層・加熱加圧を積極的に行わない成形法の代表として，ハンドレイアップ(手積法)とスプレーアップ法がある。

　ハンドレイアップ成形法は，各種成形法の出発点とも言うべき成形法で，成形のための特別な装置を必要とせず，成形品の形状寸法などの自由度が大きいので，CFRPに対しても有力な生産手段である。雄または雌型に対し手作業で強化繊維基材と樹脂を塗り付け付着させ，常温ないしやや加温し常圧にて賦形硬化させる。土木構造材，舟艇，飛行機機体，X線天板などの成形に使用される。

　スプレーアップ成形法は，補強繊維を切断して樹脂とともに型に吹きつける方法であり，ハンドレイアップ作業の機械化，省力化手段のひとつである。CFRPへの適用はCFのコストダウンとともに実施されてくるであろうが，高物性を必要とする用途分野に対してはあまり適切な方法とは言えない。

3.2.2 加圧成形

　CFRP成形の大部分がこの方法による。

　加圧方法に特徴をもたせることにより各種の成形法が展開される。雌雄型を用いた加圧成形については別項マッチドダイ成形において述べる。

　① オートクレーブ成形法

　ハンドレイアップ成形品の肉厚精度，表面品質材質特性などの向上法として，積層面にフィルムやシートを被せて圧力を加え材料を型に押しつけながら硬化させる。真空バック，加圧バック，オートクレーブ加圧法などのバック成形法がある。これらの中オートクレーブ成形法は，最も信頼性のある成形法として航空宇宙関係用途で多用されている。この方法自体は既に完成された技術であるが，樹脂のタイプ(ブリード，ノンブリードなど)に応じて，成形プロファイルを最適化させ製品の物性を向上させる検討が進められている。

　オートクレーブ成形の技術動向は，部品，継ぎ手部などを少なくする一体成形，自動化，各種センサーを活用した成形のスマート化などである。

　しかし，オートクレーブ成形法は，一般に加工時間が長くコスト高の要因となっており，Affordable化と称して脱オートクレーブ成形が進められている。その候補はRTM法や電子線硬化法などである。

　② プレス成形法

　プレス成形機を使用し，加圧賦形を行う方法で，最も一般的な成形方法である。各種の樹脂を含浸したUDPPや織物・組物などのプリプレグを用いて，プレス成形機にて加熱加圧成形する。

加圧体としてプレートや型を使用することにより高性能のCFRP平板や各種形状物，たとえば航空宇宙機器部品 ラケット，S字型パイプなどの成形品を得ることができる。

3.2.3 フィラメントワインディング成形法（FW法）

この方法は補強繊維の強さをもっとも活かし得る成形法といわれる。基本的なプロセスは繊維の束に液状の樹脂を含浸し，これを型に巻きつけた後，常温或いは炉内で加熱して硬化させ，離型して製品とするものである（湿式FW法）。これに対して予め樹脂を含浸し，B-ステージ化したプリプレグ（ヤーン，ローピンクテープなど）を加熱しつつ巻きつける方法を乾式法とよぶ。FW法で成形されるものには汎用のパイプ，タンクなど円筒状のものが多いが，多角形飛行機機材，風車スバーのような異形断面体の成形も可能である。

FWにおける技術的ポイントとして軸方向の補強が行いにくいため，①多系条リング状ガイド方式，②プルトルージョンとの組み合せ，③FWのフープ巻とスプレーアップの組み合せ，④広幅テープのフープ巻などの改良法が開発されている。

FW成形の克服すべき課題として，マンドレルのクラッシャブル化，プロセスのドライ化，FEMによる設計，高効率化，新規用途開発などがある。

3.2.4 プルトルージョン（引抜成形）

プルトルージョンは成形品を金型から連続的に引き抜く（pull）賦形方法である。すなわち繊維束に樹脂を含浸し，ダイの中心を加熱し，ゲル化した状態で賦形固化させる。連続生産が可能で，加熱方法については予備硬化段階をマイクロウェーブ加熱あるいは誘導加熱を採用する方法もある。FRP成形法の中では最も機械化され，量産に向く方法であるが，生産性，形状，特性の方向性などで短所があり用途が限定されていたが，昨今はこれらの点が次々改良され，欧米では着実に伸展している。

引抜成形の技術動向は，引き抜き速度を大きくする生産性向上と，性能面の改善を目的とした複合化（ハイブリッド化）である。また，熱可塑性樹脂を用いた引き抜き成形も注目されている。

3.2.5 マッチドダイ成形法（MDM）

マッチドダイ成形法はFRPの機械成形法として発展してきた。既述のプレス成形法のバリエーションと考えることができる。

雌雄金型を用いたマッチドメタルダイプレス成形にはプリフォームプレス成形，マットレス成形，敷物プリプレグ成形，プリプレグシートプレス成形などがある。

また以下に述べる成形法もMDMのバリエーションである。

① レジンインジェクション成形（レジントランスファー，レジンインフュージョン；RI・RTM）

RIは一般に雌雄一対の型を用い，あらかじめ繊維およびインサート物（プリフォーム）を型内

第4章 複合材料の設計・成形・後加工・試験検査

に入れ、次いで液状樹脂(不飽和ポリエステル樹脂、エポキシ樹脂、アクリル樹脂など比較的低粘度で、速やかに重合硬化反応が進む樹脂系)を圧力(およそ7 kg/cm^2)充填し、低温(およそ50℃)で硬化成形する方法である。樹脂と硬化剤を予め配合する一液系と、樹脂と硬化剤を別々に注入して型内で一気に硬化反応させる二液系の2通りがある。前者をRTM(resin transfer molding)、後者をS-RIM(structural reaction injection molding、SCRIMP)と総称している[21]。

RIは多品種少量〜中量生産に適すると言われ、両面平滑でかつゲルコートした成形品を得ることができ、小型舟艇ファンブレードなどの成形に用いられる。

また真空圧入法などによりコストダウンを図る方法が開発されヨット生産などに実用されている。

RTM、S-RIMは、プリフォームされた補強繊維材料を型内に配置し、樹脂を注入、含浸、硬化させることに特徴があるが、成形サイクルを短縮しようとすると、型内や補強基材の中に空気が残存する問題がある。そこで、型内を減圧にする成形法が試みられている。これらは、VI(vacuum injection)法、VARI(vacuum assisted resin injection)法、RIV(resin injection with vacuum)法、VAS(vacuum assisted squeeze molding)法などである。

またSCRIMP(Seeman Composites Resin Infusion Molding Process)技術も、RTMに近い低コストの優れたコンポジット成形技術、ドライ繊維積層で、樹脂注入はクローズシステムで行うため、スチレン蒸気は10ppm以下である。TPI Composites社が開発し、特許化された技術で、船舶、バス車両、風車、浴槽向けにコンポジット製品を提供している。

② スクイズモールデイング

内面に所定量の繊維強化材と樹脂とを積層した後、型を閉じ雌雄の型のクリアランスが所定値になり、かつそのときに材料がこのクリアランスをちょうど充填するように加圧しながら硬化させる方法で、マッチドメタルダイプレス成形のプロトタイプなどの製作に利用される。

③ フォームリザーバーモールド

圧縮スクイズモールデインクとも言えるものでフォームリザーバーモールド成形プロセスは、サンドイッチ構造体の簡便割安成形法であるが、形状的制限がある。

④ シートモールデイングコンパウンド(SMC)成形

SMC(sheet molding compound)は、熱硬化性樹脂、硬化剤、増粘剤、内部離型剤などからなる樹脂混合物を、一定長に切断して均一厚のシート状にした補強繊維に含浸させた成形材料である。圧縮成形によって、所望の形状の製品部品に加工することが出来る。

CFRP用SMCも近年実用化が進められており、マッチドメタルダイプレス法により、積極的に加熱加圧を行う最も量産指向型成形法とされている。成形過程でコンパウンドが流れるためプリフォーム工程を必要とせず、厚み変化やボスのある成形が可能である。CF系SMC成形によっ

てゴルフヘッド，釣用リール，繊維機械などの用途で実績が積まれ，今後自動車用途などにも使用されていくことになろう。

　低圧成形SMCが開発されたり，樹脂系を不飽和ポリエステルからエポキシやアクリル樹脂に変更したSMCなどが開発されてきている。

　⑤　バルクモールデイングコンパウンド（BMC）成形

　BMCは樹脂ペーストにチョップドファイバーを加えて，混練したものである。BMC成形にはマッチドメタルダイプレス成形の他にトランスファー成形，射出成形によっても成形される。

　MDM法としては，ほぼSMC成形と同様であり，大型部品の成形に用いられる。

　⑥　トランスファー成形

　この方法では金型のポット部に所定量のBMCを入れ，プランジャーで材料をキャビティー部に圧入する方法がとられる。成形品の肉厚が正確，寸法精度が良いなどの特徴がある。

　⑦　リアクションインジェクションモールデインク（RIM）

　反応射出成形（RIM）は射出成形用高温高圧型の中で化学反応と成形を同時に行う方法であるが，近年高強度・高剛性を得る手段として，強化繊維を含むR-RIMが開発された。ミルドファイバーの使用が一般的で，CFを使用するメリットは少ない。

　⑧　インジェクションモールド（IM）

　インジェクションモールドは，別項既述のペレットを中間基材とし，射出成形機により成形する方法である。CFRTPの射出成形は，CFRPのプレス成形などに比べると成形サイクルが短く，後仕上げがほとんど不要であり，自動化しやすい。また複雑な形状の成形が可能であり，寸法精度も優れる。他方力学特性の面から見ると，繊維長が小さく，Wfが最大40％前後と小さく，繊維の配向が制御出来ないなどの欠点もある。BMCの射出成形では自動車のフロントエンドが成形されている。

　⑨　スタンプ成形

　プレス成形が金型で物体を加熱成形するのに対し，スタンプ成形では金型で冷却しつつ賦形する点に特徴がある。

　金型にはマッチドメタルダイを用い，プレスは，FRP用の油圧プレスの他，板金プレスなども使用できる。成形サイクルがペレット射出成形より短く，大型成形品の場合，成形設備や金型が射出成形より安くなる。この方法は曲率や締りの大きくない自動車部品を量産する手段と考えられたが，R-RIMに押されているせいか，開発当初の期待ほど伸びていない。

3.2.6　その他特殊成形法

　①　テープラッピング成形法

　加熱時のテープ収縮力を加圧源として用いる成形法で，マンドレル法（芯金にシートを巻きつ

第4章　複合材料の設計・成形・後加工・試験検査

ける方法やFW法）によってパイプ状の各種材料，たとえば釣竿ロッド，クラブシャフトの他各種工業用パイプや繊維機械部品，ロケットノズルなどが生産される。

② サーマルエキスパンジョン・モールド

シリコンゴムなどのエラストマの熱膨張を利用して，圧力を賦与するものである。成形品によってはオートクレーブ成形に代わり得る。Iビームの成形などに利用できる。

③ その他の成形法

遠心成形や回転成形，回転積層成形，注型などの方法があるが，CFRPの成形法として，いまだ重要性はない。

3.3 成形加工機

CFRPの成形機には基本的にはGFRPに使用される成形機が適用される。とくに高性能成形品の製造にはオートクレーブ，プレス，フィラメントワインディング（FW），プルトルージョンなどの成形機が使用される。また，高生産性・低コストの成形には射出成形機，スタンピングプレス機などが重要性を持っている。

3.3.1 オートクレーブ

加圧・加熱・冷却・ガス循環・真空装置などを備えた熱電式オートクレーブがCFRP成形に使用される。ヨコ型およびタテ型があり，以前は米国Baron社製のものが実績と信頼性の点で優れていると言われていたが，最近では国内製品の性能も向上している。国内ではトリニティー工業，芦田製作所，タクマなどがオートクレーブを生産販売している。仕様は大型機で $\phi 10 \times 20m$ ，最高温度427℃，圧力35～210MPaに耐えるオートクレーブが存在する。

3.3.2 プレス成形機

CFRP成形用プレスは通常のFRP成形用のものが使用される。小型の10トン単動式プレスから大型の300～1,000トンプレスによる大型品までの成形が可能である。最近は加圧タイミングをコンピュータコントロールする精密成形プレスがある。

3.3.3 フィラメントワインディング成形機（FW機）

FW成形機の大部分は自社設計によるものと見られるが，主な成形機メーカーとしては米国Benas，McClean Anderson社，BMM Mimfaeturing社，Engineering Technology社，Loblex社，デンマークDorstforum社などがある。

Benas社のFW装置は直径3m，長さ12mの管体を毎分2,667mのスピードでフルオートマチックに成形することができる。

またMcClean Anderson社のFW機はコンピュータコントロールシステムになっており単純な管体の成形だけでなく，ドウェルワインディンク，円周捲き，非直線捲き，ロービング成形法と

いった幅広い応用成形が可能である。

3.3.4 プルトルージョン成形機（引抜成形機）

米国 Glasstrusion 社，New Plastic 社，Coppers 社，西独 Grelowerke 社，米国 Goldworthsy 社，英国 Pultrex 社などが引抜成形機を製造している。国内でも自社設計装置を開発したところが多い。

Goldworthsy 社の 900×450m の厚肉製品を高速で成形できる引抜成形機は現時点で世界最大と言える。Goldworthsy 社は，引抜成形技術を発展させ自動車用リーフスプリングなどを従来の成形法より，経済的かつ効率的に生産できるブルフォーミング成形技術を開発した。

3.3.5 レジンインジェクション成形機（RI機）

英国 Bovier Newlove 社の成形装置はフラットな製品の成形用に開発されたが，深絞り品の成形には注入圧が不足したため，日商岩井（現 双日）・日東紡・丸加化工機の3社共同で，国内向け RI 注入装置を開発した他，国産化があいついでいる。

3.3.6 射出成形機

最近の射出成形機の世界的傾向としては，用途拡大と多様化に合せて超大型化，高速化，自動化，特殊専用化が進められている。

プリミックス，BMC 用射出成形機としては，西独 Zeidael 社の射出成形機が 1969 年に輸入された。その後日本製鋼所がインラインスクリュ方式で材料押込装置付射出成形機を発売して以来，石川島播磨重工業，川崎油工，東芝機械，住友重機械工業，川口鉄工などの主な射出成形機メーカーが揃って FRP 用射出成形機市場に進出している。

CFRTP の射出成形には，GFRTP 用成形機を使用し得るが，CF の導電性，スクリュー摩耗性などに注意を払う必要がある。

4 機械加工

ここでは，CFRP 製品の機械加工として，切断，切削，穴あけ，研削，打抜などについて述べ，最後に機械加工機・治工具などについて簡単な紹介を行う。

4.1 機械加工上の留意点

一般に FRP 成形品の機械加工には，切削，切断，仕上げなどの加工法があり，それぞれ，表2に示すような種類に分類される[3]。

CFRP の場合，金属またはプラスチックの機械加工に対し，特に，次のような注意が必要である。

第4章 複合材料の設計・成形・後加工・試験検査

表2 CFRPに用いられる機械加工法の種類と分類

A	切削加工法	単一刃工具を用いる加工	旋削, 形削り, 立て削り, 平削り, 中ぐり, きさげ
		多数刃工具を用いる加工	フライス, 穴開け, リーマ, ブローチ, ねじ切り, 歯切り, 型彫り, やすり
B	切断法	刃物(のこ)による切断	金切のこ, 帯のこ, 丸のこ
		砥粒による切断	
		固定砥粒による切断	研削切断, ダイヤモンド切断
		遊離砥粒による切断	噴射切断, 超音波切断
		せん断	せん断, 繰り返しせん断
		加熱融解による切断	摩擦切断, 電熱切断
C	仕上法	固定砥粒による仕上法	研削加工, 研磨布紙加工
		遊離砥粒による仕上法	ラッピング, ポリシング, バレル, バフ, 噴射, 超音波

① せん断強度が小さい。とくに繊維と直交する方向の強度が, 繊維と平行の強さに対し1/10～1/20となる。

② 工具の摩耗が著しく大きい(GFRPより大きい)。

③ 熱伝導率が小さい。金属に比べて熱の不良導体であるので, 機械加工時に発生する熱の冷却を考慮する必要がある。

④ 切り屑, 研摩粉が飛散しやすい。とくにCFは電導性があるのでモータなどの駆動源に入り込むと短絡の原因となる。

⑤ 変形を起こすことがある。CFRPの成形時の残留内部応力が, 機械加工によって開放され, 変形を起こしたり, 寸法限度をはみ出すことがある。

⑥ 材料表面が柔かく, 加工機に取り付けるとき締め過ぎたり, 片締になると傷または破損の原因となる。

4.2 切断加工

CFRP板から直線や曲線輪郭形状を切り抜いたり, 一定寸法に切り揃えたり, 大きな板から小さな部品を切り出すときに, 切断加工が行われる。切断加工で問題となるのは, 作業能率, 切断面の状況(切断面の変質, 寸法精度, 切断面のあらも, 欠けなど), および作業経費(取り代, 切断工具の消耗, 電力消費量, 人件費など)である。

従来, プラスチックの切断に用いられて来た切断法をまとめると表2Bのようになる。

CFRPの場合も同様の方法を取り得るが, 板厚0.5mm程度以下の薄板であれば, 簡便的に織物用ハサミやカッター, あるいはシャーリンクでも切断できる。板厚が大きくなるとシャーリンク法では切断面が荒れてくる。またプラスチックに既に用いられているレーザによる切断, ウォー

タージェットによる切断も一部実用化されてきている。

実用的な直線切断法として推奨できるのは，ダイヤモンドホイールによる研削切断法であり，切断の寸法精度，切断面の良好さ，加工速度などの点で優れている。

4.3 切削加工

刃物（切削工具）を使って板や丸棒を削る切削加工法としては，表2Aに示すような加工法が挙げられる。CFRPの切削工具は超硬合金工具またはダイヤモンド工具を用いることが推奨される。また切削粉を吸引除去するための集塵装置が必要である。

① 旋削

旋削工具としては，超硬バイトやダイヤモンドバイトを使用し，送り速度を遅くする。鋼の旋削の2倍程度の作業時間が必要である。仕上表面は送り速度が遅い方がよい。

切り込み深さを大きくとると，刃先の摩耗が激しく，長尺の旋削をするとき長手方向に径の寸法差を生じやすいので注意を要する。

② フライス加工

フライス工具としては，超硬合金カッターを用い，カッターの回転方向は積層を剥がす方向に削る上向き削りより，下向き削りの方が優れている。また端部の欠け，かえりを防ぐため，適当な材料で当て板をして切削すると好結果が得られる。切り込み量は少ないことが望ましい。

4.4 穴あけ加工

ドリルを用いてCFRP部品に穴あけすることは，実際かなり多く行われ，小さい穴は通常の卓上ボール盤で加工できる。キリの深さが長くなると，切削屑が穴の中に滞留し，キリの回転による摩擦熱が発生し，穴周りにヤケや積層物のフクレを生じるので，キリを適宜もどして，切削屑を排除することが必要である。

積層板の穴あけ加工では，繊維の離脱が起こりやすいため，次のような注意が必要である。

① 工具材質は高速度鋼より，超硬合金の方がよい。
② キリ進入側および出口側で層剥離を起こしやすいので，木やアルミの当て板をしてキリの極端な抵抗変化を防ぐ。
③ 水または石鹸水で冷却し，工具摩耗を防ぐことが望ましい。

なお，加工穴径はキリ径より若干小さくなる。

穴径の大きいものについてはホイールソーが用いられる。炭素工具鋼より超硬合金製のものが，切れ味が落ちず耐久性がよい。

第4章　複合材料の設計・成形・後加工・試験検査

4.5　研削加工

　CFRP製品の寸法精度を向上するため、金属加工用の研削盤を使って研削加工を行ったり、表面仕上げや、接着、塗装の前処理のために研削研摩を行う。

　表面精度を要求される場合の円筒や平面については、金属加工に用いられる円筒研削盤、芯なし研削盤（センターレス）、平面研削盤が金属加工と同様に使用できる。

　実際の研削作業では、砥粒間隔が広く結合部が低い砥石を用い、研摩発熱を減らし、目詰まりを防ぐために大量の研削液を使うのがよい。

　表面仕上には、ベルトサンダー、携帯式グラインダ、手持研摩機などが使われる。研摩は湿式で行うことが望ましいが、乾式で行う場合には、研摩粉を吸引する集塵装置を併用することが必要である。

4.6　プレス加工（打ち抜き加工）

　CFRP板の厚みが3mm程度まではプレス加工が可能であるが、切口面の平滑度はキリ加工などに劣る。

　通常のプレス加工は、パンチとダイの間に加工材料を置き、パンチの下降によって材料の板厚方向にせん断力を与えて分断する。クリアランスの選定には充分注意が必要で金属の打ち抜き加工よりも小さくし、板厚の1～2％程度とする。せん断切口と材料の縁あるいは他の穴との距離（さん幅）が小さいと切口面が悪くなり、層間剥離が生じることがあるので、最小さん幅は材料板厚の2倍以上にする必要がある。

4.7　その他の加工

4.7.1　歯切り加工

　ホブ盤、歯車シェーバー、フライス盤などの一般歯切機械で加工出来るが、歯切り工具は超硬工具を使用するのがよいが、工具の摩耗が激しい。

4.7.2　ネジ切り、タップ立て

　ネジ山が欠けやすいので、接手強度が期待される加工は出来ない。別途金属インサートなどを埋め込むなどの方法が望ましい。

　CFRTPの場合には金属と同様の方法で加工ができる。

5　複合材料の接合

　ここでは、CFRP製品の接合法として、機械的接合および接着接合の概要について述べる。

本来，複合材料は一体成形できることが大きな特徴であり，この特徴を生かしていない接合構造体は良い製作法とはいえないものの，構造体への組立には何らかの接合はさけられず，接合技術は複合材料の構造体への応用の鍵ともなっている。

複合材料の接合法には，①機械的接合と，②接着接合があり，前者はリベット，ボルト，ビスなどの金属材料のせん断強さと被接合体の面圧強さに依存するもの，またねじ成形など被接合体のせん断強さに依存する接合である。後者は接着剤を用いた接合部のせん断強さに依存する接合である[3]。

5.1 機械的接合

機械的接合の特徴は，①高温のクリープ強さが大きい，②接合強度のバラツキが小さい，③引きはがし抗力が大きい，④検査，分解，組立が容易である，などの長所がある。

一方，応力集中，断面積の減少による強さ低下などの欠点がある。

接合方式として，基本的な機械的接合方式には，シングルラップ方式，オフセットラップ方式，ダブルせん断ラップ方式，シングルせん断ラップ方式，ダブルせん断ラップ方式などがある。

機械的接合強さに関する因子は，材料因子，接合具因子，設計因子の3つに大別される。

材料因子には，複合材料の繊維，樹脂の種類，繊維の表面処理，形態(UDPP，織物材，マット材など)，繊維含有率Vf，積層法，積層角度などがある。

接合具因子には，接合具の種類（ボルト，リベット，ネジなど），接合具の寸法，接合具の固定法（締め付け力，孔径と許容誤差，座金など）など。

設計因子には，接合方式，配置（ピッチ，孔の配置パターン），積層板の肉厚，荷重方向，荷重速度，荷重の種類などが挙げられる。

以上からもわかるように接合への影響因子は極めて多く，また機械的接合の特性を理論的に詳しく解明する研究も充分とは言えない。

さらに複合材料の機械的接合の破壊モードも(a)圧縮，(b)引張り，(c)せん断，(d)裂けがあり，単一の破壊モードでないことも問題を複雑化している。

接合体の強さは，一般に面圧強さとして評価される。面圧強さσBは次式で表わされる。

$\sigma B = P_m / dtn$　　P_m：最大引張り荷重，d：孔径，t：板厚，n：孔数を示す。

5.1.1 繊維配向の影響

CFRPでは孔周りの応力集中が大きくなるため，±45層を入れて応力軽減がなされている。この他0，90層を用いることが多く，結局のところ，接合部は0，±45，90の三種類の積層の組

第4章　複合材料の設計・成形・後加工・試験検査

み合わせが最適となるが，積層順序によって面圧強さに相違がある。

5.1.2　接合具の影響

接合具としては，基本的にネジ，ボルト，リベットがあるが，ボルトが最高の接合強度を与えてくれる。締めつけ力を増やすと強さは向上するが，締めつけすぎは強さの低下をまねく結果となる。ボルト接合において重要なのは孔の寸法精度である。

5.1.3　形状の影響

面圧強さ σB に影響を与える因子として，孔径／板厚（d/t），側辺距離／孔径（w/d）などがある。d/t の増加とともに σB は低下する。また w/d において，ある程度以上大きくなると σB が発揮できない。概ね3～5以上が必要である。

5.2　接着接合

接着剤を用いて，2つの構造要素を結合する方法をいう。接着接合の優れている点は，下記に示す通りである。

① せん孔による応力集中，繊維の切断，耐荷重面積の減少がない。
② 機械的接合に比べて，二次構造材で約25％，一次構造材で約5～10％の重量減になる。
③ 滑らかな外面が得られ，クラック伝播しにくい。
④ 大面積接合で，安価である。
⑤ 異種材料の組立が可能である。
⑥ 保証荷重負荷後の永久変形が少ない。

基本的な接着接合方式には，表3に示すようなものがある。これらの結合方式の長短所を示しておく。

シングルラップ接合はせん断応力による応力集中の他に偏心による曲げが作用し，これが破壊

表3　接着接合法一覧

接着接合法	利点	欠点
1）突き合わせつぎ 　（バットジョイント）		接合面小さく応力伝達に不適
2）そぎつぎ 　（スカーフジョイント）	非常に高い強度が得られる。	高価
3）シングルオーバーラップ	作業容易，薄物に適す。	大荷重で余分な曲げモーメント発生
4）ダブルオーバーラップ	非常に高い強度が得られる。	
5）シングルストラップ	普通荷重下で充分な応力伝達可。	引き剥がし応力下で変形
6）ダブルストラップ	大荷重下で良好な応力伝達可。	両接合面が平滑でない
7）管状接合	大きな耐力が得られる。 ねじれ，せん断力に耐える。	

の原因になることが多い。

ダブルラップ接合はせん断応力分布の問題があるが、偏心によるモーメントもなく、接着剤と被着材の特性による強さが保証される有効な接合法であるが、ある厚み以上では、せん断応力分布以上に不均一な引き剥がし力が働き、強さが低下する。

複合材料ではこの引き剥がし強さが接着剤自体のそれより低いので致命的である。テーパーラップ接合の場合、ダブルラップの引き剥がし応力による破壊を防止して、せん断で保持する。

ステップラップ接合は、せん断力分布を緩和して効率を上げるものではあるが、実際の構造物などでは施行が容易でないのが欠点である。

接着接合の場合も機械的接合と同様の因子が接合強さに関与しているが、接着接合の場合は接着剤の特性が鍵となる。

5.2.1 接合強さに関与する因子

① オーバーラップ長の形手

一般にオーバーラップ長の増加に従って平均せん断強さは低下し、被接合体の肉厚が増加するにしたがって大きくなる。すなわち、種々のシングルラップ接合は同一の平均せん断応力によって破断される。

② 被接着複合材料の影響

接着接合の破壊は、①接着剤自体の破壊、②複合材料の層間せん断強さが接着剤より小さく、複合材料層で破壊する2つの場合がある。織物とマットの材料の平均せん断強さτを比較すると織物の方が大きい。被接着複合材料の積層方位と平均せん断強さの関係は、一般に一方向性材料が強度最大で擬似等方性になるにしたがって強さは低下する。

5.2.2 接着接合の実施例

一般に円筒、棒状の複合材料と金属との接合に接着剤が用いられることが多い。

この場合にはOリングを用いて接着剤の厚みを均一にすると同時に接合体の芯出しを行うのが普通である。その他、接着接合と機械的接合を併用して接合する場合もある。

6 試験方法の規定

炭素繊維の使われ方は多岐にわたっており、非常に幅広い特性をもつ糸が上市され、またそれぞれの用途に適した多種類の中間基材が用意されている。

このような多様な製品をつくり、またそれらを有効に利用するためには、糸や末端製品の信頼できる試験方法が必要であることは自明である。

しかしながら、CFの開発が先進的ないし極限的な材料の開発を目的として始められたせいか、

第4章 複合材料の設計・成形・後加工・試験検査

いわゆる先進複合材料関連 (ACM) の試験方法がとくに米国で先行して検討され,たとえばASTMのような国家規格も制定されている.

基本となる糸あるいは中間基材については,わが国で試験方法の標準化が精力的に進められ,糸の強さなどの試験方法はすでに日本工業規格として制定されており,現在は炭素繊維協会が主体となって,国際規格 (ISO) 化が進められている[4].

なお,樹脂母材系複合材料以外の製品,たとえばCF充てんエンジニアリングプラスチック,シール材,C/Cコンポジットあるいはセメント系複合材料などの試験方法は既存の方法が十分に適用できる.あるいは特殊な場合には試験方法の検討から始めなければならない.

CFは多結晶体であるため複雑な高次構造をもっており,繊維物性は一次および高次構造に支配される.また,複合材料の特性については,バルクの繊維物性だけでなく,表面の構造や物性も重要な因子である.したがって,繊維構造や表面特性の解析や試験は,一般的特性と同様に重要ではあるが,実際に使用する際には試験することは少ないと思われる.

7　検査技術

炭素繊維複合材料に関する技術で,異色なところは,赤外線サーモグラフィによる欠陥検出装置である.赤外線検出器を用いて,材料表面,内部の亀裂や,剥離,気泡などを比破壊で検出できる方法の実用化が進んでいる (通産省工業技術院,技術研究所)[5].

また,光ファイバー埋め込みによる使用劣化時の欠陥検出技術が提案されている.

8　品質の安定化,品質保証

構造用複合材料として使用する場合,品質の安定化と品質保証に対する要求が厳しい.

このためCFの評価,試験方法の確立,複合材料としての評価,製品規格の制定,品質データの解析,生産設備面の配慮,使用実績に基づく信頼性の確認などが着実に行われてる.

日本のCFメーカーは品質向上に努力し,その結果すぐれた製品をつくりだしてきた.

この成果を反映して,わが国はCFの供給者として高いシェアを確保している.一方,品質保証体制面の整備も進み,工場認定制度や商品認定制度が採用されている.

文　　献

1) 川井忠彦, 川島矩郎, 三本木茂夫, 薄膜構造解析, 培風館 (1973)
   ツイエンキーヴィッツ, 吉識監訳, マトリックス有限要素法, 培風館 (1982)
2) プラスチック成形加工学会編,「先端成形加工技術」(テキストシリーズ プラスチック成形加工学Ⅳ), シグマ出版 (1999.12.25)
3) 炭素繊維懇話会企画／監修,「炭素繊維の応用技術」, シーエムシー出版 (1984.6)
   前田豊著,「炭素繊維の最新応用技術と市場展望」, シーエムシー出版 (2000.11.30)
4) 炭素繊維協会, 技術委員会資料
5) 通産省工業技術院, 技術研究所資料

第5章　炭素繊維の性能向上

1　PAN系炭素繊維

前田　豊*

1.1　はじめに

　PAN系CFは，比強度，比弾性率が実用材料の中で，最大であるという特性を武器に，金属を代替しうる先端複合材料基材として認知され，航空宇宙用基材，高性能スポーツ用品等として多用されるようになってきた。

　近年，その性能を生かす地道な用途開発の努力によって，工業用途を含む産業用途での炭素繊維の利用が急増する気運にある。特に土木建材用途は，耐震補修・補強の必要性から注目を浴びている。本節では，このような，PAN系CFの用途開発の基になる性能向上技術について概論する。

1.2　PAN系CF性能付与の基本的工程と技術動向

1.2.1　CFの高強度，高弾性率化

　すでに述べたように高性能グレードのCFは，高強度HTタイプから超高強度UHTタイプに，高弾性HMタイプから超高弾性UHMタイプに展開されると共に，高強度化技術と高弾性率化技術の組み合わせとして中弾性高強度IMタイプが開発されてきた。

　今日までHTタイプと180℃硬化型エポキシ樹脂の複合材料が航空機部品用途の主流を占め，1970年代初期から莫大な材料データ，加工実績，飛行機に搭載しての実用実績が積み上げられてきた。この経験からCFの強さ，弾性率に対する更なる要求がだされた。

　これに対し，PAN系CFの製造工程において，CFの強度，弾性率の向上を創りこむ過程を概説しておきたい[1]。

　PANからのCF製造方法は，出発原料（プリカーサー）として衣料用アクリル繊維，または，炭素繊維用の特殊グレードのアクリル繊維を用いて，脱水素や架橋反応を行う安定化工程を経て，不活性ガス中で千数百度に加熱する炭化工程を経る。そして，さらに表面処理工程を経て製品となる。

　この方法で得られる高強度CFは，弾性率と伸度がともに高く，しかも引っ張りおよび圧縮特

＊　Yutaka Maeda　前田技術事務所　代表

性がほどよくバランスしている。この高強度CF製造工程において、炭化温度を、2千数百度にすると、高弾性率CFが得られる。

　この製法において、プリカーサーの分子構造や紡糸方法、安定化、炭素化の各工程の通過時間、温度、緊張度等を調節することによって、強度、弾性率、圧縮強度などの調整が可能であるが、条件の詳細は、CFメーカーのノウハウとなっている。

　PANの紡糸方法には、乾式紡糸と湿式紡糸の2種類がある。湿式紡糸はポリマーの溶液を水中に押し出して糸にする方法であり、乾式紡糸法はポリマーの溶液を空気中に押し出して糸にする方法である。CFの原料としては、湿式法で紡糸したPANを使っている場合が多い。

　湿式紡糸のとき、水が繊維の外周から浸入して、ポリマーが凝固するが、このとき、繊維の方向に沿って細かい円筒状の構造が多発する。これをフィブリルと呼ぶが、繊維の外側と内側では、フィブリルの大きさ、形状および向きが異なる。すなわち内外層差が発生し、繊維の外周は円周方向に配列し、内側は放射線状に配列する。

　CFの強度に、このフィブリル構造が関係してくる。

　ポリアクリロニトリル繊維(PAN)から、高強度炭素繊維を製造する工程の概略は、第1章に記したが、大別すると3つに区分して考えることができる。

　第1の工程は、安定化工程、酸化工程、あるいは耐炎化工程と呼ばれる。通常200～300℃の温度、空気中でニトリル基の重合および、脂肪族炭素の酸化が進められる。PANを急激に加熱すると、発熱反応が急激に進み、反応が暴走して燃えてしまう。しかし安定化工程を経た黒色繊維は、窒素原子を含む多環直鎖高分子構造になっているため、安定化し、加熱しても暴走反応を起こさない。これが安定化工程と呼ばれる由縁である。この工程は、通常空気酸化によって達成されるので、酸化工程とも呼ばれる。この繊維に炎を当てると、燃えずに赤熱され炭化するので、耐炎化繊維と呼ばれる。

　第2の工程は、300～400℃、窒素中で、直線状ポリマーの切断反応および架橋反応が開始される。さらに、400～900℃、窒素中で加熱され、HCNが脱離する縮合環の環数増大、NH_3、CH_4、H_2および高分子分解物が発生する。この工程は、前炭化工程と呼ばれる。

　第3の工程は、900℃以上、窒素中で加熱される炭化工程で、N_2がとれる縮合環の環数の増大、乱層構造生成が起こる。この工程は、第2の工程と同じ不活性ガスで加熱されるため、必ずしも別に分けて行う必要はない。このようにして、高強度CFが得られる。

　この段階では、完全に黒鉛構造になっているのではなく、乱層構造と呼ばれる不完全な黒鉛結晶網面ができている。高強度CFを更に、窒素中で2千数百度(2,300℃以上)の条件で炭化すると、高弾性率CFが得られる。この工程は、黒鉛化工程と呼ばれている。

　初期に発表された炭素繊維製造工程では、安定化工程に数10時間、炭化工程に数10時間がか

第5章 炭素繊維の性能向上

かっていたが，現在では分オーダーに短縮されている[2]。

また，繊維と樹脂の接着をよくするために，表面処理を行って製品とする。

1.2.2 PAN系CFの性能向上工程

Johnson，PhillipsおよびWattは，安定化工程で延伸すると，CFの強度が著しく向上すると報告されたが[3]，その後の検討で，安定化工程での延伸は，CFの弾性率に影響を与えるが，伸度に与える影響は小さいことが判明している[4]。

安定化工程で，延伸を行い配向させると，その配向がCFまで影響し，得られるCFの弾性率が向上すると考えられている。

炭化工程の温度を千数百度から，100℃上昇させると，CFの弾性率は約30GPa向上するが，安定化工程で10%延伸しても弾性率の向上は，高々3GPaである。

炭化温度とCFの弾性率，および強度の関係を図1に示した。弾性率は，炭化温度とともに上昇するが，強度は炭化温度1,300℃位までは向上するが，それ以上の温度では横ばいとなる。

1.2.3 PAN系CFの強度向上

通常の構造材料では，伸度1.3～1.5%のCFが要求されるが，大型航空機材料用には，1.5～2.0%のものが要求される。強度が向上すれば，弾性率のより高いCFの利用による設計が可能となる。このため，CFの強度を向上する研究が盛んに行われている。東レが1971年に高強度CFの市販を始めたときの，CFの弾性率は230～235GPaであり，強度は約2.3GPaであったが，1984年には4.5GPaのCFが販売され，実験室的には5.5GPaのCFが試作されている。樹脂含浸法による伸度2%のCFが1977年に初めて公開された。

CFの強度に影響を及ぼす要因はいくつかあるが，大きな欠陥が存在すれば，そこから破断が起きる。糸に物理的な欠陥が生じる原因としては，ポリマー中に存在した異物が入り込む場合や，

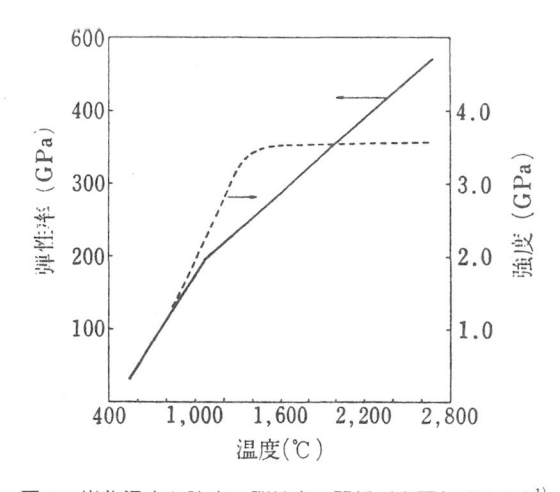

図1 炭化温度と強度・弾性率の関係（表面処理なし）[1]

ポリマーを糸にする際に糸同志がくっついて、炭素繊維にしたときに表面欠陥として残る場合などがある。製糸時に発生する欠陥は、繊維の表面部分にでき易く、低強度部分は、繊維表層近くの何らかの物理的欠陥構造に起因するものと推定される。

大きな欠陥が減少した場合には、分子レベルの欠陥（ミクロボイド）即ち構造要因の影響の比重が大きく現れるようになる。ミクロボイドが生成する原因の一つは、炭化時の分解ガスの影響にあり、急速に温度を上げると、一時に多量の分解ガスが発生するため、細かい穴が開いてミクロボイドとなる。分解ガス成分として、酸素、窒素、イオウなど構成する分子が大きいほどミクロボイドの発生量が大きくなる。分解ガスは、繊維の内部から外へ抜けるため、繊維の中心部より外周部の方がミクロボイドの量が多い。高強度炭素繊維の外側を削ると、小角X線散乱強度でミクロボイドの減少が計測されるが、ミクロボイドの減少と繊維強度の向上に相関関係が認められている[5]。

炭素繊維を製造する場合、炭化温度を上げて弾性率を上げると、強伸度が低下する原因は、構造因子によるものとして説明されている[6]。

炭化温度を上げると結晶が大きくなると共に、ポア（小さい穴）の増大が認められ、窒素含量の減り方と配向の乱れ部分の量の減少に相関があることから、窒素が含まれた部分は配向の乱れた構造になっていると推定されている。

結晶配向が進むほど、窒素原子が少なくなるほど引っ張り強度は高くなり、ミクロボイドが増えるほど、引っ張り強度が落ちる関係式が提案されている[1]。

焼成温度と炭素繊維の引っ張り強度の関係は、図1に示した通りである。焼成温度1,300℃位までは強度が向上するが、それ以上の温度では横ばいとなっている。1,300℃付近までは、黒鉛の結晶化と配向が進み、引っ張り強度が向上するが、それ以上の温度では、ミクロボイド増加による強度低下分が、結晶化と配向上昇分をキャンセルしていると推定されている。

PAN系プリカーサーの場合、紡糸条件によってフィブリルの大きさが変わり、フィブリル構造は、炭素繊維となっても残っており、炭素繊維の強度に影響を及ぼすと考えられている。

PAN系炭素繊維は、繊維の内外層に差があり、外周部の方が中心部より弾性率が高い[1]。炭素繊維の場合も残留応力が強度に影響を及ぼしている可能性が考えられている。

〈先端技術レベル〉

CF強度は技術改良によって向上してきた。PAN系CFの場合、1970年頃には2.3GPaであった引っ張り強度は8GPaを超えるまで向上してきている。PAN系CFの繊維構造は、Diefendorfによって、微細構造モデルが示されている[1]。

高強度CFの一般的なものは、3～4GPaであるが、理想的な黒鉛結晶であるホイスカーの引っ張り強度は21GPaであり、炭素繊維が発揮しうる理論値の約1/5程度に相当する。それでも、ス

第5章 炭素繊維の性能向上

チールの引っ張り強度0.45GPaと比較すると遥かに高い値である。

炭素繊維強度は，欠陥によって支配されており，原料プリカーサーの改善，製造設備の改善，生産プロセスの改善により，欠陥の大きさを小さくし，その数を減らすことで強度改善を達成してきた[9]。T社の紹介によると，1987年に約7GPa（1,000KSi）の強度をもつCFを試作し，その後コスト，物性のバランスをとって，約6.3GPaの製品（T1000G）が販売されているという。

CFの開発当初は，破断伸度が低いことが指摘されたが，その後強度が改善され，標準品（弾性率約24GPa）で破断伸度が1.5%から2.1%まで改善され，定番品化（T700S）がなされて10年以上経過している。

破断伸度の向上によってもたらされる効果として，取り扱い性の向上が挙げられる。例えば，ハンドレイアップ成形プロセスに耐えるプリフォームが出来るようになり，土木建築のコンクリート補修補強など，新しい用途展開がもたらされている。

1.2.4 PAN系CFの弾性率向上

CFの強度は，黒鉛結晶の理論強度に比べると，遥かに低いものしか得られていないが，弾性率は黒鉛結晶に理論弾性率（1,020GPa）の80%程度のものまで試作されている。焼成温度と弾性率の関係は図1に示した通りである。

PAN系およびピッチ系の焼成温度と弾性率の関係が，図2のようにまとめられている。

PAN系の場合，プリカーサー原糸の配向度やプロセス条件によって得られる炭素繊維の弾性率が変わる。図2は平均的な弾性率のデータを表している。PAN系とメソフェーズピッチ系を比較すると，2,000℃以下の焼成温度では，PAN系の方が弾性率が高いが，2,000℃以上ではピッチ系の方が弾性率が高くなる。黒鉛結晶の配向度が炭素繊維の弾性率に大きな影響を与えていると考えられている[7]。

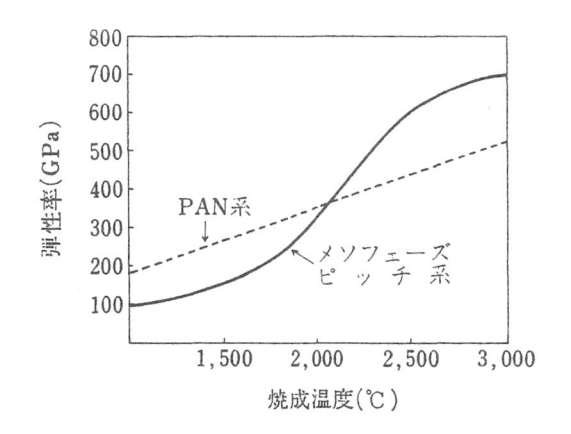

図2 PAN系およびピッチ系の焼成温度と弾性率の関係[1]

〈先端技術レベル〉

　CFの弾性率向上を図るには，繊維の内部構造を，いかに黒鉛構造に近づけるかにある[10]。純粋な黒鉛構造の理論弾性率は，1,020GPaといわれる。

　CFで実際に作られた最高の弾性率は，約800GPaであるが，現在最も多く使われているCFは，弾性率200～250GPaのものである。この値は理論値の約1/5である。黒鉛結晶に縮合ベンゼン環の面に垂直な方向の弾性率は36GPaであり，もっとも多く使われているCFの場合，繊維軸に垂直な方向の弾性率は，並行方向の弾性率の約1/6である。

　PAN系高弾性率CFは350～400GPa（35-40×10^3Kgf/mm^2）の生産から始まり，次第に高弾性率化，高強度化が進展し，現在は弾性率690GPa（70×10^3kgf/mm^2）のものが開発されている[9]。

1.2.5　PAN系CFの圧縮強度向上[10, 11]

　CFは一般に，引っ張り特性に比べて圧縮特性が低いというのが現状である。ピッチ系CFよりPAN系CFの方が圧縮強度は高いが，高弾性率化するにつれて圧縮強度は低下する傾向がある。松久らはPAN系CFに硼素イオンを高電圧で加速照射し，結晶構造を微細化することで，イオン注入CF単繊維の圧縮強度が1.3～2.0倍に向上し，ねじり弾性率，引張強度も同様の傾向が見られることを発見した[10]。

1.2.6　PAN系CFの表面改質

　炭素繊維は，マトリックス樹脂と結合させて，アドバンスドコンポジットとして使用される場合が多い。

　前駆体物質を焼成しただけのCFは，マトリックス樹脂との接着性が悪く，複合材料としての圧縮，曲げ，せん断特性が低い。

　GFの場合，接着性を改良するためシリコン化合物あるいはクロム化合物による処理を行い，ガラス層と樹脂層間に親和性をもたせることが行われている。

　CFの場合，主成分が炭素であり，炭素が化学反応的に不活性であるためGFと同様の方法は利用できない。CFの表面処理方法はいろいろ考案されているが，実際に用いられているのは，よくコントロールされた条件下の酸化処理であり，繊維の強度低下を起こさず，しかも表面に官能基を導入することよりなっている。

　接着性改善処理によって表面の
　　　－CO－，C＝O，COOH
などの官能基が増大する。

　処理する前でも酸化性官能基が含まれているが，処理によって2～3倍に増加する。官能基種の存在比率は変わらない。表面積が増加する。複合材料の層間せん断強度も繊維配列に対し直角方向の引張り強さ，曲げ強さが向上すること，などが判明している。

第5章　炭素繊維の性能向上

　市販されているHPグレードCFは，特にことわらない限り接着性改良の表面処理が施されているものとみてよい。

　繊維と樹脂の接着を強固にするため，表面処理を施し，マトリックス樹脂との界面での濡れ性を改善する技術が開発されている。また，炭素繊維は破断伸度が小さく，取り扱い中に毛羽が出やすいため，通常サイジング剤で被覆する。

　炭素繊維を強化材として，金属やセラミックスをマトリックスとする複合材料の場合，マトリックスの種類によって，炭素繊維の最適表面状態は異なったものが要求される。カーボン／カーボンコンポジットの場合は，炭素繊維の表面に官能基が存在しない方がよいとされている。

　炭素繊維の表面構造は，形態については電子顕微鏡観察法により解析される。分子構造に関しては，電子線回折，X線回折，ESR，ラマンスペクトル法が利用され，化学的な官能基に関しては，ESCA（Electron Spectroscopy for Chemical Analysis）や赤外スペクトル法，ラマンスペクトル法，固体NMR法などが解析に適用される。

　ESCAでは，表面に存在する水酸基，カルボニル基，NO基などの定量が可能であるため，炭素繊維の表面改質を進める上で，有力な分析方法である。

(1) 炭素繊維の界面制御

　乗田らは，表面処理の程度と各種コンポジット物性の関係を調べ，全ての物性を最適にする表面処理の程度はなく，バランスをとることが重要であると結論づけた[12]。

　表面処理により界面接着力が増大するメカニズムについては，機械的結合効果，CF表面の官能基と樹脂末端基の化学結合効果，CF表面の脆弱層除去効果など種々の説があるが，まだ最終結論が出ていないのが現状であろう。

(2) 炭素繊維の表面処理技術

　炭素繊維の表面処理技術については，多くの方法が提案されているが，大きく分けると2つの技術の流れに分類できる。

　一つは，炭素繊維表面を酸化して，官能基を生成させるものである。いま一つは，炭素繊維表面にコーティングあるいは他のポリマーをグラフト重合して表面特性を改善するものである。

　酸化法については，液相酸化法と気相酸化法があり，液相酸化には，硝酸や過マンガン酸カリなどの酸化剤を用いた薬液酸化法と，酸，アルカリ，塩類などの電解質を用いた電解酸化法がある。気相酸化法については，空気，酸素，オゾン，窒素酸化物，ハロゲンなどによる酸化法がある。

　コーティング法としては，各種ポリマーを含む有機化合物や無機化合物による被覆法のほか，グラフト法では，重合触媒を付着，各種の官能基をもったモノマーの重合や，ウイスカライジングなどの方法がある。

薬液酸化では，硝酸酸化法がよく研究されており，煮沸条件で（約120℃）24時間の条件での表面処理によって，層間せん断強度が向上する。高強度糸の場合，表面処理をしない時約70MPaのせん断強度が100MPa程度まで上昇させることができる。しかし，条件が強すぎると表面に欠陥が生成して，引っ張り強度とせん断強度が低下する。

電解酸化では，電解質を溶解した水溶液に直流電流を通じて炭素繊維を陽極とし，陽極側で起こる酸化反応を利用する。炭素繊維自身の導電性を活用して陽極とし，そこで発生する活性酸素で表面を酸化する。

気相酸化では，早くから検討されている代表的なものは，空気酸化法である。例えば炭素繊維を450℃で10分間空気酸化した場合，繊維破断強度が若干向上すると共に，層間せん断強度が向上する。これは，繊維の表面の欠陥やボイドが酸化によるエッチング効果で取り除かれ，表面官能基が増加したためと考えられる。酸素などで急激に酸化すると表面欠陥が発生し，強度低下を来たす場合がある。そこで酸素に塩素を加えて，1,000℃以上の高温で数秒で表面酸化する方法が提案されている[8]。

1.2.7 高次加工性の改良

炭素繊維から目的に応じたCFRP製品に加工するためには，引き抜き，フィラメントワインディング，製織，樹脂含浸，プリプレグ加工など各種の加工工程を経る。

この間糸に張力を与えたり，配列させるために，多かれ少なかれ糸を擦過する。

CFは破断伸びが0.5〜2％ときわめて小さく，単繊維径が5〜8μmと普通の繊維の1/2程度，断面積では1/4と極細のため単繊維1本の強さが低く，ちょっとしたことで切断して毛羽を生ずる傾向がある。一旦毛羽が生ずると擦過点に蓄積され毛羽玉となり，ついには糸束の切断に至ることもある。

この欠点を改良するためCFのサイジング剤処理を行う。

サイジング剤は，糸に収束性を与え，糸束表面を被覆し，また滑性を与えるため，擦過による単繊維の切断，毛羽玉の発生，糸束の切断を防ぎ，あわせて製品の外観品位の向上に効果を発揮する。

しかし，マトリックス樹脂にとっては異物ともなりうるので，組成の選択には充分注意が必要である。

通常マトリックス樹脂としては，エポキシ樹脂が使用されることが多いため，サイジング剤としてもエポキシ樹脂を成分に選ぶことが多い。また，付着量は通常0.5〜2％の範囲にある。

第 5 章　炭素繊維の性能向上

文　　献

1) 森田健一, 炭素繊維産業, 近代編集社, p43-71 (1974. 7. 1)
   R. J. Diefendorf, E. W. Tokarsky, AMFL-TR-72-133 (A. D. 760573)
2) K. Morita, Y. Kinoshita and S. Kasio, U. S. Pat. 3, 935, 301 (1976)
3) W. Johnson, L. N. Phillips and W. Watt, Brit. Pat. 1, 110, 791 (1968)
4) T. Hiramatsu snd Morita, Brit, Pat. 1535442 (1978)
5) K. Morita, H. Miyachi, K. Kobori and I. Matsubara, *High Temperatures-High Pressures*, **9**, 193 (1977)
6) C. N. Tyson, *J. Phys. D, Appl. Phys.*, **8**, 749 (1975)
7) W. Ruland, Intn. Conf. Carbon Fibers, London, 57 (1971)
8) 西岡ら, 第 1 回複合材料シンポジウム予稿集 (1975)
9) 山本泰正, *JETI*, **53** (13), 83-87 (2005. 12)
10) Y. Matsuhisa *et al.*, Ext. Abs. 20th Biennial Conf. on Carbon, 226 (1991)
11) 清水一治, 繊維学会誌, Vol.51, No.9, pp376-380 (1955)
12) T. Norita *et al.*, Int. Conf. on Compos. Interfaces. 123 (1986)

2 ピッチ系炭素繊維

荒井　豊*

2.1　はじめに

　ピッチ系炭素繊維は出発原料から大きく2つに分類される。難黒鉛化性である等方性ピッチを原料にするものは一般的に汎用グレード炭素繊維と呼ばれ，これは高温焼成でも黒鉛構造は発達しない。一方，易黒鉛化性のメソフェーズピッチ由来の炭素繊維は，高温焼成で黒鉛構造が発達し，高強度，高弾性率のものが得られ，高性能ピッチ系炭素繊維と呼ばれる。汎用グレードのピッチ系炭素繊維は主に短繊維としての形態で工業化されているが，これはPANに比べ連続繊維を安定的に製造するのが極めて難しいためである。短繊維法は安価に大量に製造する方法として適しており，産業用資材向け炭素繊維としての地位を築いている。一方，連続繊維の工業化は短繊維法よりも困難なものの，PAN系炭素繊維と同様に2次加工性に優れる等の理由で応用分野が広い。

　ピッチ系炭素繊維は大谷（当時群馬大学）の研究[1]をもとに1970年に呉羽化学工業（現在クレハ）で等方性ピッチを原料に世界最初の工業化が実施された。高性能ピッチ系炭素繊維を世界で最初に発明したのはやはり大谷であるが[2]，工業化は1975年に米国Union Carbide社（Amoco Performance Productsを経て現在はCytec Engineered Materials）によってメソフェーズピッチを原料とした炭素繊維の工業化[3,4]が行なわれた。

2.2　ピッチ系炭素繊維の特性と構造[5,6]

　紡糸用原料ピッチを溶融紡糸により繊維状にした後，不融化処理しその後不活性雰囲気で炭化ならびに黒鉛化と呼ぶ熱処理を経ることでピッチ系炭素繊維は作られる。紡糸用ピッチを偏光顕微鏡で観察すると液晶性を示さない等方性ピッチ（図1(A)）と液晶性を示すメソフェーズピッチ（図1(B)）に分かれ，両者は全く異なる様相を示す。液晶性を示すメソフェーズピッチを原料に溶融紡糸を行うと，ノズルの細管を流れる際に液晶高分子が図2[7]の模式図に示すように配向し，繊維軸方向に平板状の芳香族分子が並ぶ。不融化とはこのピッチ繊維を通常は気相で酸化することで架橋構造をもたらし，熱で溶融しない状態にする処理である。その後は不活性雰囲気で高温熱処理することで炭素以外の元素が離脱し炭素繊維となる。熱処理温度の違いで炭化と呼ばれたり黒鉛化と呼ばれるが，黒鉛化と呼ばれるものは通常2,000℃以上の熱処理を指す。

　メソフェーズピッチを原料とした炭素繊維は図3[8]に示すように繊維軸方向に黒鉛層面が配向した構造を呈する。黒鉛結晶は図4[9]に示すように黒鉛層面の広がり方向（a軸方向と呼ぶ）

---

　*　Yutaka Arai　日本グラファイトファイバー㈱　広畑工場　取締役工場長

第5章　炭素繊維の性能向上

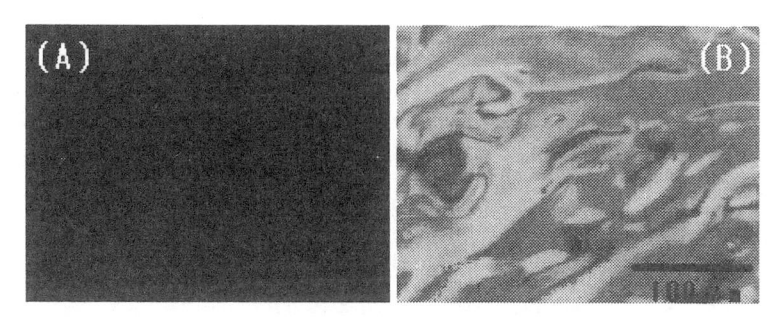

図1　紡糸用ピッチの偏光顕微鏡写真
(A)等方性ピッチ，(B)メソフェーズピッチ

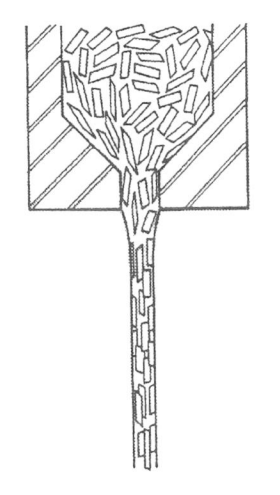

図2　紡糸によるピッチの配向模式

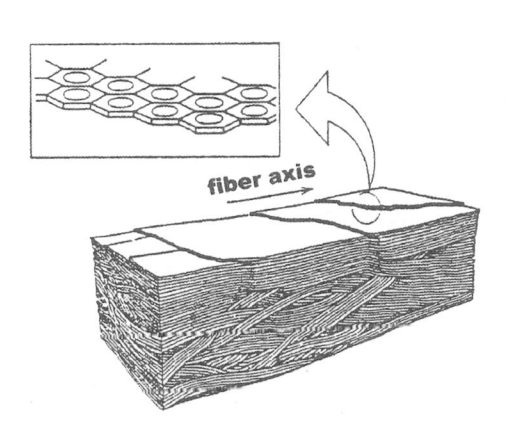

図3　炭素繊維の構造モデル

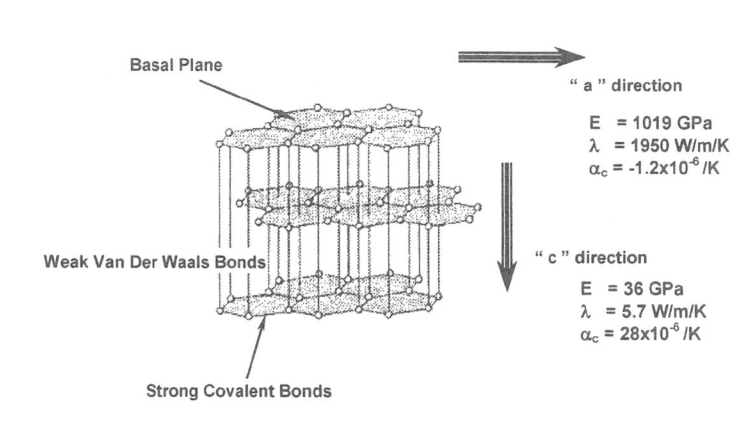

図4　黒鉛の構造と特性

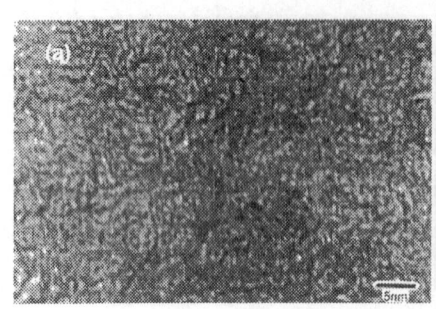

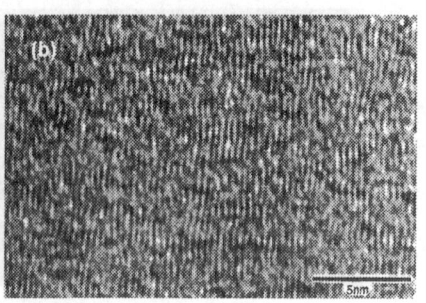

図5 ピッチ系炭素繊維の繊維軸方向断面の格子像
(a)等方性ピッチ由来, (b)メソフェーズピッチ由来の炭素繊維

には炭素一炭素原子の強力な二重結合により，極めて高い強度と剛性を有し，この特性が炭素繊維にも反映される。また，黒鉛の a 軸方向の特徴として，熱膨張率が室温前後で負の膨張係数を示すこと，熱伝導率が極めて高いことなどが上げられ，これらはすべて，黒鉛結晶の発達したメソフェーズピッチ系炭素繊維の特徴となっている。一方，液晶性を示さない等方性ピッチを原料とした場合，上記した繊維軸方向への配向も弱く，また，黒鉛結晶の発達も少ない。このため弾性率，強度，熱伝導率も低く，熱膨張率も正の値となり，PAN系も含めた一般的な炭素繊維の特徴とは異なるものが得られる。メソフェーズピッチから得られた炭素繊維は図5(b)の電子顕微鏡による格子像で示されるように繊維軸方向に並んだ規則正しい黒鉛結晶構造をとるのに対して等方性ピッチを原料とした炭素繊維では図5(a)の様に乱れた組織であることがわかる。

このように，ピッチ系炭素繊維は原料ピッチを変えたり，あるいは繊維製造の過程で黒鉛結晶の成長を制御することで，他の材料には見られない多様な特徴をもたらすことが可能となる。

2.3 メソフェーズピッチ系炭素繊維の性能改善

黒鉛化結晶を成長させたメソフェーズピッチ系炭素繊維は繊維軸方向に高い熱伝導率と弾性率を有するようになる。黒鉛結晶を繊維方向に高度に配向させることで熱伝導率は金属を遥かに超える1,000W/(m・K) 以上，繊維軸方向の弾性率は950GPa程度の炭素繊維が得られる。一般的に黒鉛化性が高い原料ピッチを用い，紡糸の際に配向を乱さないような工夫をすることで，黒鉛結晶が繊維軸方向に成長し高熱伝導，高弾性率の炭素繊維が得られるようになるが，図6のSEM写真に示すように繊維断面に割れが生じ，一般的に引張強度は低下する。種々の条件で作り分けた弾性率がほぼ同様のメソフェーズピッチ系炭素繊維の黒鉛化結晶の積層厚み Lc (d_{002}) と引張強度の関係を図7に示した[10,11]が，層方向の黒鉛結晶が大きいほど強度が低下する傾向にある。これは図8に示す[12]ように結晶の大きさや繊維断面方向の褶曲状態により初期クラックの進展が著しく異なることによる。近年国内で製造されるメソフェーズピッチ系炭素繊維は繊維断面を

第5章　炭素繊維の性能向上

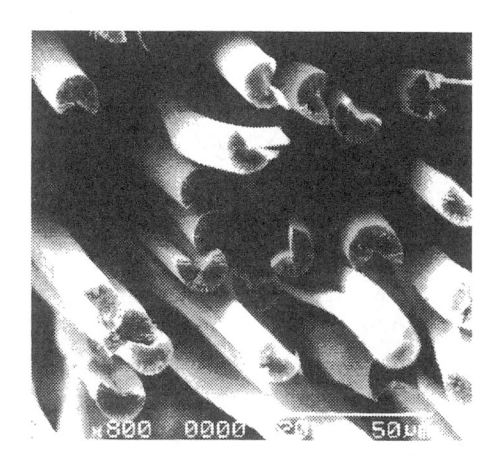

図6　高熱伝導率，高弾性率炭素繊維の断面写真

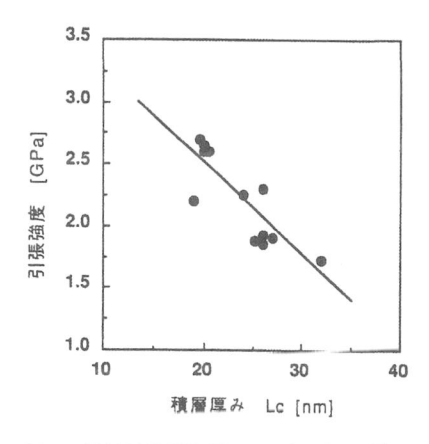

図7　黒鉛結晶積層厚みLc（d_{002}）と引張強度の関係

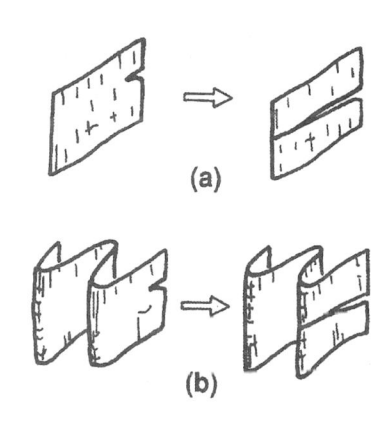

図8　平板状(a)及び褶曲状黒鉛構造(b)のクラック進展モデル

褶曲構造として繊維横断面方向での黒鉛結晶性を抑制しつつ，繊維軸方向に配向を揃えた紡糸制御技術が採用されている。現在では紡糸制御技術や不融化技術の改善により，引張強度は4GPaを超えるものも上市されるようになっている。

一方，圧縮強度はPAN系炭素繊維に比べピッチ系炭素繊維は著しく低い。これはメソフェーズピッチのような易黒鉛化性物質を原料とするピッチ系炭素繊維の宿命であるが，著者らのグループが実施した圧縮強度改善に関する取り組み[13]を以下に紹介する。

圧縮強度の改善は基本的には黒鉛化性を抑制することにあるが，これはピッチ系の特徴である高弾性率，高熱伝導率を得ることとトレードオフの関係になる。メソフェーズピッチに通常のピッチより黒鉛化性を抑制した原料を用い，不融化も図9に示すように繊維内部まで十分に行

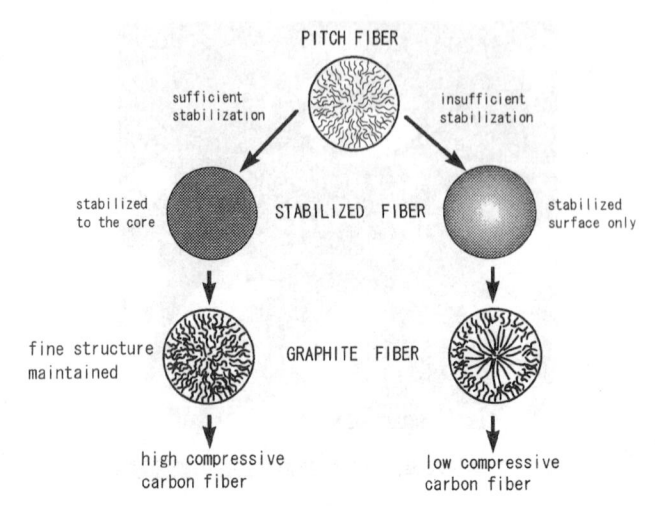

図9　不融化のモデル図

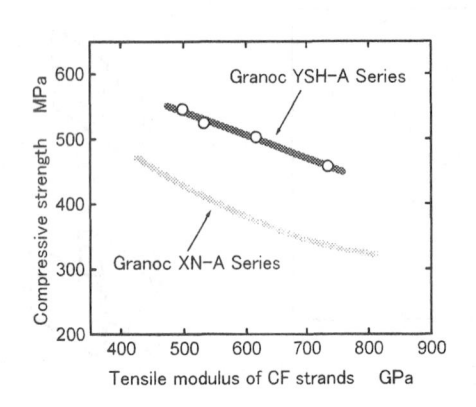

図10　圧縮強度の改善
YSH-Aシリーズ：圧縮強度改善品，XN-Aシリーズ：従来品

い，焼成の過程で組織が粗大化しないようにすることなどで圧縮強度を改善することができる。日本グラファイトファイバーで製造するYSH-Aシリーズは圧縮強度を従来のXN-Aグレードに対し，図10に示すように同一弾性率でおおよそ20％改善することができた。

2.4　低弾性率ピッチ炭素繊維

ここでは黒鉛結晶の成長を抑制した低弾性率炭素繊維について述べる。表1には日本グラファイトファイバーで製造する連続繊維状の低弾性率炭素繊維の物性を示した。他の強化繊維と比較すると引張強度と圧縮強度のバランスが良いことがわかる。これは図11のSEM写真に示すように高弾性率のピッチ系炭素繊維に比べ緻密な構造となっており，また，繊維内の異方性が低いことに由来する。

第5章　炭素繊維の性能向上

表1　低弾性率炭素繊維および他強化繊維の性状

			低弾性率グレード （日本グラファイトファイバー）			PAN-CF	GF	アラミド
			XN-05	XN-10	XN-15	230GPa	T-glass	Kevlar49
繊維特性	引張強度	MPa	1,100	1,700	2,400	4,900	4,600	3,400
	引張弾性率	GPa	54	110	155	230	83	130
	伸び	%	2.0	1.7	1.6	2.1	5.5	—
	密度	g/cm^3	1.65	1.70	1.85	1.80	2.49	—
複合材特性	0度引張 強度	MPa	640	1,050	1,400	2,800	1,900	1,380
	弾性率	GPa	34	72	93	137	49	76
	破断歪	%	1.8	1.5	1.4	1.8	3.9	—
	0度圧縮 強度	MPa	870	1,070	1,150	1,400	970	276
	弾性率	GPa	32	64	85	129	55	—
	破断歪	%	2.9	2.1	1.8	1.4	1.8	—
	圧縮／引張強度比		1.36	1.09	0.79	0.50	0.51	0.20

複合材特性の値はVf60%．マトリックスはエポキシ樹脂

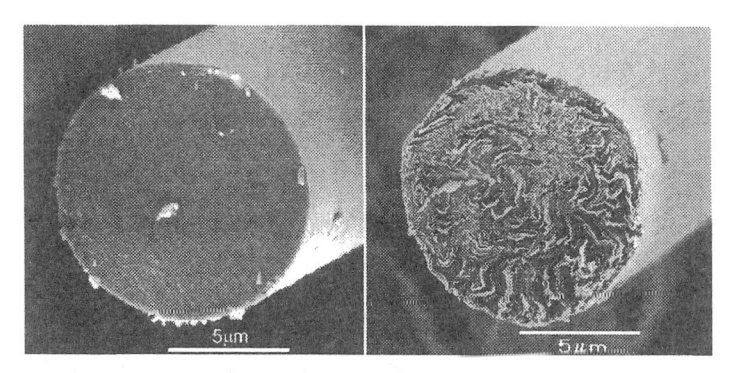

図11　低弾性率ならびに高弾性率炭素繊維の断面写真
左：低弾性率炭素繊維（XN-05），右：高弾性率メソフェーズピッチ系炭素繊維

　低弾性率ピッチ系炭素繊維は，軽い，強い，化学的な安定性，低吸湿性などの炭素繊維としての特徴を有しながら従来の炭素繊維とは若干異なる性状を有する．低弾性率炭素繊維とPAN系高強度炭素繊維を複合化することでPAN系炭素繊維の圧縮破壊を緩和することができる．例えば衝撃試験片の圧縮側を低弾性率炭素繊維に置き換えた一方向積層材料では，PAN系炭素繊維100％のブランク材と比べ破壊エネルギーが2倍以上に向上させることができる[14,15]．これらの効果を利用して，例えば図12に示す構成のパイプに低弾性率炭素繊維を用いることで，図13に示すように曲げ強度，破壊エネルギーならびに破壊までに至る変位量が飛躍的に向上する[15]．

2.5　おわりに

　ピッチ系炭素繊維の発明は古く，また日本国内で高性能ピッチ系炭素繊維の工業化が開始され

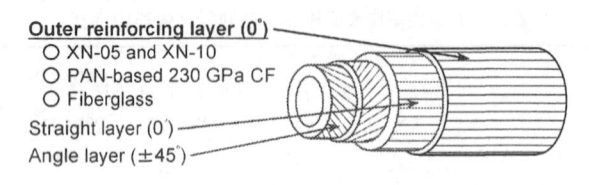

図12 ハイブリッドパイプの積層構成

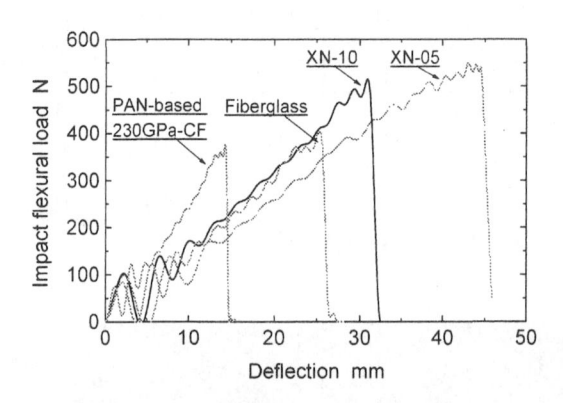

図13 ハイブリッドパイプの衝撃曲げ試験結果

て四半世紀の歳月が経つが，昨今の低コスト化の進行により需要の裾野が急激に広がってきている。

本項でも述べたようにピッチ系炭素繊維は，原料ピッチや紡糸での構造制御技術などにより，物性を広範囲にコントロールすることができる。ピッチ系炭素繊維は各種素材の中でも高熱伝導率，高弾性率など類を見ない極限的性能を誇る材料であり，極めて魅力的で奥行きの深い材料でもある。今後もコストも含め，性能改善が実施されていくであろう。

文　　献

1) 日本特許出願公告，昭41-15728，1966年9月5日
2) 日本特許出願公告，昭49-8634，1974年2月27日
3) Singer, L. S., *Carbon*, **16** (6), 409 (1978)
4) U. S. Patent 4005183 (1977 Jan. 25)
5) 荒井豊，新日鉄技報，**374**, 12 (2001)
6) 荒井豊，アロマティックス，**57**, 19 (2005)

7) Singer, L. S., *Fuel*. **60**, 839 (1981)
8) 森田健一, "炭素繊維産業", 第1版 東京, 近代編集社, p6 (1984)
9) Bertram, A., Beasley, K. and Torre, W., *Naval Engineers J.*, **104** (3), 276 (1992)
10) 荒井豊, 新日鉄技報, **349**, 56 (1993)
11) Hamada, T., Nishida, T., Sajiki, Y. and Matsumoto, M., *J. Mater. Res.*, **2** (6), 850 (1987)
12) Endo, M., *J. Mater. Res.*, **4** (4), 1027 (1989)
13) Furuyama, M., Arai, Y., Katoh, O. and Harakawa, M., 42nd International SAMPE Symposium, 1997, p738
14) Kiuchi, N., Sohda,Y., Takemura, S., Arai,Y., Ohno, H. and Shima,M., Proc 6th Japan Int. SAMPE Symposium, 1999, p133
15) Ohno, H., Shima, M., Takemura, S. and Sohda, Y., 44th International SAMPE Symposium, 1999, p782–793

3 活性炭素繊維

前田　豊*

3.1 活性炭素繊維の特性

　活性炭としては，粒状，粉末状のものが食品工業での精製，溶剤回収・触媒の担体，浄水およびその他の脱臭など，広い用途に使用されているが，繊維状のもの（活性炭素繊維，Activated Carbon Fiber；以下ACFと略す）が工業的に生産され，同様な用途に広く用いられるようになってきた。ACFの原料である前駆体としては，PAN系，レーヨン系およびフェノール樹脂系などが用いられている。

　近年，健康に関連して，タバコの副流煙有害説，水道水に微量存在するといわれるトリハロメタン・ダイオキシンの発がん性の問題，有機塩素系溶剤の水道水中への混入などの問題が注目されるようになってきた。これらに対して，有害物の除去には活性炭が主役を演ずるわけであるが，多様化する用途に対して，フェルト，織物，紙などの種々の形態をとりうるACFが，幅広い適合性を示して需要を伸ばしている。

3.2 ACFの製造

　ACFは，一般に前駆体繊維を耐炎化工程と賦活工程を通すことによって製造される。PAN系繊維を原料とした場合の耐炎化工程は，賦活するための前処理工程であり，耐炎性の付与，賦活収率の向上，繊維強さの向上を目的に，条件が選ばれる。通常，200～400℃の比較的低温で処理し，レーヨン系では耐炎化剤を使用する例もみられる。

　賦活工程は，一般に，酸化性ガス（水蒸気空気または炭酸ガス）と不活性ガスとの混合ガスによる酸化反応である。酸化性ガスは炭化物と反応して細孔を形成していくが，そのしやすさは繊維の結晶化状態や耐炎化程度に影響される。この場合，使用原料によって，また，賦活の温度，時間，雰囲気条件などによって，活性化の状態は異なってくる。

　繊維では，いろいろな形態をとり得ることから，賦活工程でも，トウ状，フェルト状，織物状など各種形態のものが使われている。

3.3 構造的特性

　ACFの表面構造を，電子顕微鏡を用いて観察すると表面は滑らかであり細孔をみることができない。同倍率の粒状活性炭は細孔が無数に存在しその差は顕著である。PAN系ACFの細孔分布は，半径約10Å付近にシャープなピークを有するミクロ孔からなっており，100Å以上のマクロ

---

*　Yutaka Maeda　前田技術事務所　代表

第5章 炭素繊維の性能向上

孔はみられない[6]．

ACFでは吸着に有効なミクロ孔は表面に配列しているので，吸着が迅速に行われる．ミクロ孔が奥の方にある粒状活性炭では，吸着する分子がミクロ孔に到達するまでには長いパスを移動してゆかねばならない．一方，脱着時にも両者に同様の現象が起きる．粒状活性炭に比べ，ACFの吸脱着速度が速い所以である．

3.4 吸脱着特性

ACFの特徴の第1は，吸脱着速度が速いことである．また，吸脱着を繰り返した時，ACFの性能が低下しない．第2の特徴は，低濃度ガスに対して吸着性が良いことである．

その他，PAN系ACFは，構成元素中に窒素を含有しているため，メルカプタン，二酸化硫黄および二酸化窒素などの酸性ガスに対する吸着能または分解能にすぐれている．その独特な触媒作用が，オゾン分解や水道水中の残留塩素の分解に良好な性能を示すという特徴がある．

PAN系繊維を原料とするもの（商品名，ファインガード）が東邦テナックス（旧東邦ベスロン）から[7]，レーヨンを原料とするもの（商品名，活性炭素繊維KF）が東洋紡績から，フェノール樹脂系繊維を原料とするものがクラレケミカルから市販されている．

3.5 応用技術

ACFは繊維状であるため，通常の繊維で加工されるような種々の形態(トウ，チョップドファイバー，フェルト，マット，ペーパー，織物など)のものがつくられる．これらは，それぞれの特徴に応じて各種用途に用いられるが，これらの中で特に，空気清浄用フィルター，浄水用フィルターおよび溶剤回収装置などが実用化されており，また，ACFとパルプとを混抄した紙は，脱臭を目的とした生理用品に利用されている．ACFには，次のような特性があり，特性を生かした用途分野の商品が開発されている．この実用化分野以外に，これら特性を組み合わせ，あらたな用途の開発も進められている．

表1 活性炭素繊維の特徴と用途

性能的特徴	形態的特徴	用途
吸着性（速度，容量大）	繊維としての加工性	気相吸着：たばこ煙臭除去フィルター
触媒活性がある	形態の多様性	オゾン除去フィルター，SOx, Nox除去フィルター
耐熱性質良好	圧力損失小	溶剤回収，空気清浄用，マスク
化学的抵抗大	炭塵の脱落なし	脱臭用，医療用，ガスパッチ
電導性がある		液層吸着：水中塩素除臭用，
軽量である		浄水器，温水シャワー
抗菌性がある		

3.5.1 浄水関係

浄水場では，殺菌脱臭のため飲料用水に有効塩素を投入しているが，反面，水中の有機物との反応で生じるトリハロメタンや塩素臭の発生の原因となっている。

水道水中の塩素臭を除去する目的で，従来から，粒状活性炭を用いた各種の浄水器が市販されているが，必ずしも満足されるものではない。たとえば，

① 塩素除去率が低く，寿命が短い。
② 圧力損失が大きいため，流量が少なく，長期使用により目詰まりを生じやすい。
③ 炭塵が出やすい。

などの欠点も指摘されてきた。しかし，ACFを使用した浄水器は，これらの欠点がなく，最近，広範囲に利用されるようになってきた。

PAN系ACFは，水中残留塩素の除去に優れた効果を示し，これは原料のプリカーサーに由来する塩基性の窒素官能基の存在によるものと考えられる。このように，ACFは脱塩素性能に優れるが，さらに構造的に見て，活性炭としての細孔径の大きいACFは，水中の悪臭成分（ジエオスミン，2-メチルイソボルネオールなど）および有害成分（トリハロメタンなど）の除去にも有効である。

一方，浄水器中の水の殺菌塩素が分解されると，滞留水中に細菌が繁殖するという問題が起こる場合があり，細菌の繁殖防止に銀などを担持した抗菌性ACFも開発されている[1]。

細菌や水中の微粒子の除去を目的として，ACFと中空糸モジュールを組み合わせた浄水器も市販されている。

浄水器としては，一般家庭用，業務用，純粋製造装置，温水シャワー，冷温水器，清酒脱色装置などの用途が開発されている。

温水シャワーについては，水道水中の殺菌用塩素による毛髪損傷が懸念されるため，温水シャワーヘッドに取り付ける超小型フィルターが開発されたりしている。この場合，比較的高温でかつ高速処理でも塩素除去性能が維持され，通水時の圧力損失が低いというACFの特徴がよく生かされている。

また，水道水の大規模浄化にACFを用いる設備の開発も進められているという。

3.5.2 空気の清浄化（タバコ臭の除去）

タバコの煙の有害性についてはよく知られているが，この煙は喫煙者のみならず，喫煙しない周りの人にまで影響をおよぼすと言われている。タバコから発生する煙「副流煙」はタバコの燃焼温度が喫煙中に比べ低く，不完全燃焼するため，発がん性物質（たとえば，3,4-ベンツピレン，ジメチルニトロソアミン，ニトロソピリジンなど）の量が，喫煙者本人の吸い込む煙に比べ3〜130倍多くなる。

第5章　炭素繊維の性能向上

ACFフィルター使用の空気清浄器が開発されており，粒状活性炭フィルターに比べタバコ臭除去効果が著しく改良されている。

また，エチルメルカプタンや硫化水素などの腐敗臭および人体の汗などから発生する悪臭の除去にも応用されている。

3.5.3　有機溶剤の回収

トリクロロエチレン，トリクロロエタン，塩化メチレンなどハロゲン系有機溶剤は，発ガン性が懸念されることから法規制が厳しくなってきている。ACFは低濃度ガスの吸着性能に優れ，かつ吸着速度が速く，環境浄化を目的として，溶剤回収装置の需要が着実に拡大している。

ACFを利用した有機溶剤回収装置は，一般にフェルト状ACFを円筒状のフィルターに加工して用いられている。この装置の特徴としては，次の5項目をあげることができる。

① 装置が軽量コンパクトにできる。これはACFの吸着速度が速いため，従来の粒状活性炭に比べ吸着剤の充填量を約1/20程度にすることができるからである。

② 回収溶剤が高品質である（熱分解が少ない）。水蒸気による脱着が極めて短時間（6〜8分）に行われるため回収溶剤が熱による影響を受けにくく，安定した高品質のものが得られる。

③ 省エネルギータイプが設計でき経済的である。吸脱着操作は完全な連続自動切替えで行われるので，脱着に必要な蒸気および冷却水などの消費が断続的でない。そのため，蒸気ボイラは小型に設計することができ経済的となる。

④ 安全性が高い。粒状活性炭に比べ吸着層の厚みが1/5〜1/10となるので，有機溶剤の吸着熱による蓄熱がなく，特に可燃性溶剤を扱う場合，安全である。

⑤ 操業性が良い。短時間での吸着および脱着が完全自動切り換えで行われるため，工程の都合にあわせ，コントロールすることができる。

このような特徴により，ACFを装着した有機溶剤回収装置は，電気メーカーで少量の発生有機溶剤を補足回収するのにも使われ，環境の浄化のみならず，回収の経済的効果もあげている。

3.5.4　NOx，SOx，オゾンの除去

大気中のNOxおよびSOxの除去を目的として，より高性能のACFおよび除去システムの研究開発が進められている。一酸化窒素（NO）の吸着性能および触媒性能に関し，各種のACFの性能を比較し，ACFの酸化処理および鉄処理で，吸着能が増大することが見出されている[2]。

また，一酸化窒素とアンモニアガスの還元反応において，ACFへの酸処理の効果および触媒効果について報告している[3]。

ACFのこれらの機能を活用して，道路トンネル部，地下駐車場，道路交差点における換気ガス中の窒素酸化物の除去などが検討されている。

一方，大気或いは排煙中のSO_2が，活性炭に吸着，酸化，水和して硫酸として捕捉されることは，以前から知られている。そこで，ACFを用いて，脱硫を行う方法が検討されているが，ACFはSO_2の捕捉に対して極めて大きな容量を示すが，炭素の消耗が大きく，工業化できていなかった。最近，ACFの面上に少量の水蒸気を凝縮させ，ACFに捕捉したH_2SO_4を溶出させて，ACFの捕捉機能を再生する方法など改良が進み，発電所などでの排ガスの硫酸回収の実用化研究が進められている[4]。

オゾンは人体に悪影響を与えるので，日本産業衛生協会は，オゾン許容濃度勧告値として，0.1ppm以下を示している。ACFはオゾンの分解性能に優れ，しかも圧力損失の小さいフィルターをつくることができるので，たとえば複写機などに組込んで，発生するオゾンの分解除去などに用いられている。

3.6 その他の利用

3.6.1 生理用品への応用

ACFは体内から発生する悪臭（たとえば，アミン類，メルカプタン類および低級脂肪酸など）に対して優れた吸着能を有する。このため，脱臭を目的として，ACFをパルプなどと混抄したペーパーを生理用品に組み込み実用されている。ACFおよび粒状活性炭を使用した生理用品について，消臭テストおよび嗅覚による官能テストを行った結果，ACFが粒状活性炭に比べ優れた消臭効果を示した。

3.6.2 除湿

ACFは，有機溶剤に対し，優れた吸脱着能を有するが，大気中の水分（湿分）に対しても吸着速度が速いなどの利点をもっている。このため，除湿を目的としたACF組み込み装置も開発されている。たとえば，ハニカム加工されたACF混抄紙を吸着素子とした除湿器などが実用化されている。溶剤回収の場合と同様，軽量コンパクトであり，省エネルギーで経済的という特徴を有している。

3.6.3 防災（防毒）用マスク

ACFに白金，パラジウムなどの金属を添着させ，一酸化炭素の除去を主目的とする防災用マスクや，農薬散布時に農薬の吸入を防止するマスクなどが実用化されている。これらのマスクは，圧力損失が小さいことから，装着時に，呼吸がしやすいという特徴をもっている。

3.6.4 その他

ACFは，電気特性を利用してリチウムイオン電極，通電殺菌装置の電極およびコンデンサなどの電気的な用途にも開発が進められている[5]。

その他医療用（人工腎臓など）分野への期待も大きい。

第 5 章　炭素繊維の性能向上

また，環境汚染物質として最近特に注目されているダイオキシンや環境ホルモンの除去にもACFの応用が考えられ，今後の成果が待たれるところである。

文　　献

1) 島崎賢司, 小川博靖, 材料技術, **111** (9), 282 (1993)
2) 金子克美ら, 日化, **9**, 2315 (1985)
3) 持田勲, 井田四郎, 日化, **9**, 1676 (1985)
4) 持田勲ら, ケミカルエンジニアリング, **10**, p.50-55 (786-791) (1998)
5) 島崎賢司, 小野毅, 工業材料, **47** (2), 47 (1999)
6) 「活性炭の応用技術」, ㈱テクノシステム, p.211 (2000.7)
7) 笠井秀雄 (東邦テナックス), JETI, **53** (13), p.94 (2005)

4 ナノ炭素繊維

中川清晴*

4.1 はじめに

　炭素繊維の利用の歴史は古く，エジソンが電球の中に電気を通すフィラメントとして京都近郊の嵯峨野や八幡の真竹を原料として合成した炭素繊維を使用したのがはじまりと言われている[1]。また，メタン，アセチレン，ベンゼンなどの炭化水素の熱分解反応または接触分解反応（反応式1）や一酸化炭素の不均化反応（反応式2）によって繊維状の炭素が生成することはおよそ100年前から知られており，カーボンフィラメント，カーボンファイバーと呼ばれていた。当時の利用目的・用途，分析精度の関係から炭素繊維の直径がμm以上の直径のものを主に利用していた。

$$CnHm \rightarrow nC + m/2H_2 \qquad （反応式1）$$
$$2CO \rightarrow C + CO_2 \qquad （反応式2）$$

　1950年代の宇宙開発によりロケットに使用する材料開発が盛んに行われ，1960年代にPAN（Polyacrylonitrile：ポリアクリロニトリル）系を原料とする炭素繊維の合成技術が開発され大いに注目を集めた。炭素繊維は軽量で優れた耐熱性と強度を持つ特性から強化プラスチックの補強材や複合材料の素材として使われ始め，製造コストの低減や加工方法の進歩により，ロケット，航空機，自動車などの輸送機器からテニスラケットなどの身近なレジャー用品にまで応用の幅を広げている。

　1980年代以降，サブミクロン以下の直径を有するフラーレン[2]などの新しい炭素材料が注目され，1991年に飯島らによってナノサイズの炭素繊維（カーボンナノチューブ）の高分解の電子顕微鏡写真が紹介されて以来[3,4]，炭素繊維はnmオーダーの炭素材料としてこれまでの炭素材料の枠をさらに広げるとともに，従来からの炭素繊維に対する見方や考え方を大きく変えることとなった。

4.2 ナノ炭素繊維の合成方法

　一酸化炭素の不均化反応による炭素析出はBoudouard反応（反応式2）として知られており[5]，20世紀初めに鉄系触媒によってフィラメント状の炭素が生成することが知られていた。その後，一酸化炭素と水素を原料として炭化水素を製造するFischer-Tropsch（F-T）反応[6]においても，鉄粒子および酸化鉄を触媒に用いた際に，この反応の副反応である一酸化炭素の不均化反応により触媒表面への炭素析出が大きな問題となっていた。1950年代には鉄系触媒表面に析出するフィ

---

* Kiyoharu Nakagawa　東洋大学　先端光応用計測研究センター　研究員

第5章 炭素繊維の性能向上

ラメント状炭素の研究が盛んに行われ、析出した炭素が新たな材料として注目され始めた[7]。Hoferらは析出炭素の形態や反応を詳細に調べ、カーボンバイフィラメント、カーボンチューブと呼んでその材料の将来性を示している[8]。1960年にBaconは、黒鉛電極間でのアーク放電により中空円筒状の炭素繊維が合成することを見出し、これをグラファイトウィスカーであると報告したが[9]、後に、1991年に飯島により報告されたカーボンナノチューブと合成条件が若干異なるとはいえ、類似した構造を持つものと考えられる[3]。その後も、1970年代には小山、遠藤らによる鉄系触媒を用いた炭化水素の接触分解反応による気相成長炭素繊維生成(現在の多層ナノチューブ)をはじめとして[10]、Oberlinら[11]、Tibbettsら[12]、Bakerら[13]による化学気相成長(CVD)法でのカーボンフィラメント、カーボンチューブの研究が行われてきた。

1990年代に飯島らがアーク放電法により合成した炭素繊維の構造を六角形の金網のように並んだ炭素原子のシートを丸めて中を空洞にした筒型の物質とし、カーボンナノチューブと呼んで再び注目を集めた[3,4]。当時フラーレンを合成に用いられたグラファイト棒の直流アーク放電法によって生成する陰極堆積物の中にカーボンナノチューブは存在した。生成物は多層ナノチューブ(multi-walled nanotube:MWNT)でありススなどの不定形の炭素を多く含んでいた。フラーレンと異なり溶媒に溶けないため精製が難しく、ハンドリングも困難なため物性研究も進まず、純度の高い合成方法が求められた。1993年に触媒金属をグラファイト棒に練り込んでアーク放電を行うことで単層カーボンナノチューブ(single-walled nanotube:SWNT)が合成できることが報告された[4]。さらに触媒金属を練り込んだグラファイトをレーザビームで蒸発させることにより効率よく単層カーボンナノチューブを合成するレーザーアブレーション法が開発された[14]。現在、ナノチューブの高純度および大量合成法として注目されているのは、CVD(chemical vapor deposition)法である。この方法は上述のカーボンファイバーの合成に用いられてきた。CVD法では基本的には触媒金属または担持触媒と炭素源の炭化水素または一酸化炭素を共存させ、600～1,200℃の反応温度でナノチューブを合成させる(図1)[15]。触媒粒子のサイズを制御することで単層から多層チューブが得られる。触媒の種類、その担持方法(基板上や担体)、反応方法(固定床、流動層など)に多くの手法がある。CVD法は大量合成の他、配向成長、成長位置の選択が可能という大きな特徴をもつ。

著者らは従来法とは異なり、有機化合物液体中でのカーボンナノチューブ合成法を開発したので紹介する[16~19]。新しい合成法である固液界面接触分解法は有機化合物液体中(アルコール、炭化水素など)で触媒となるFe、Co、Niなどのナノサイズに分散した基板を通電加熱や誘導加熱により直接加熱することで、基板表面と原料液体との間に急峻な温度勾配を発生させる。基板表面は高温で有機分子の分解反応が進行するが、反応場を取り囲む液体が室温程度に保たれるので、分解反応自体は基板表面でのみ起こるが、基板表面と液体間に温度や化学ポテンシャルに大きな

炭素繊維の最先端技術

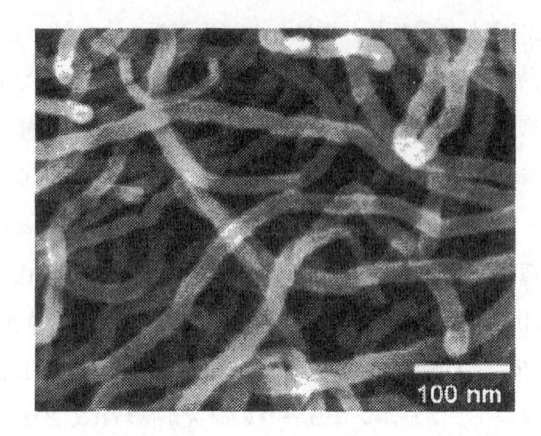

図1　CVD法により合成されたカーボンナノチューブのSEM像

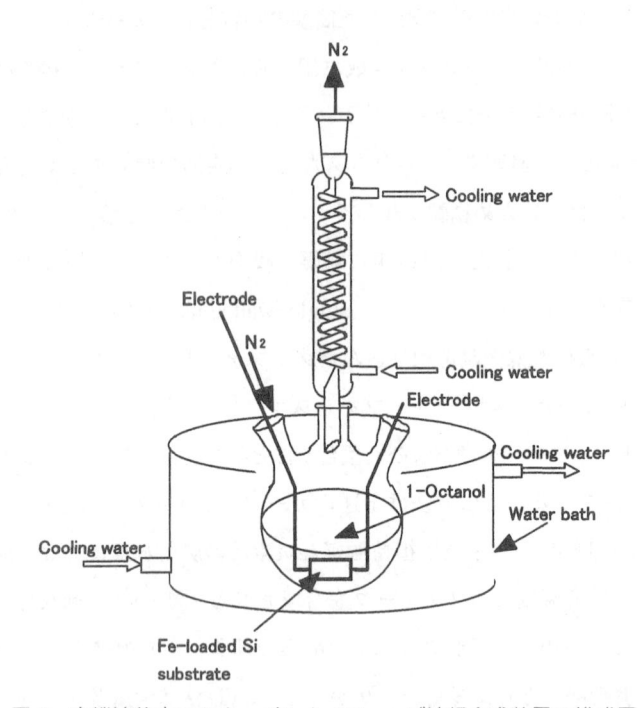

図2　有機液体中でのカーボンナノチューブ液相合成装置の模式図

非平衡が生じる。このような大きな非平衡反応条件下では，カーボンナノチューブ，ナノフィラメント，ナノグラファイト，ナノダイヤモンドライクカーボンなど新規ナノ構造を持つ炭素材料が高選択率，高効率で迅速合成できる。

　図2に液相合成装置の模式図を示す。本法ではメタノール，エタノールなどのアルコールおよびオクタンなどの炭化水素を原料として反応を行うことができる。Si基板にマグネトロンスパッタ法によりFeおよびFeOxを微量蒸着し触媒として用いて，Si基板に直流通電により基板を加

第 5 章 炭素繊維の性能向上

熱して反応を行った場合の生成物の SEM 像を図 3 に示す.

　1-オクタノール中, 800℃, 5 分での反応において Si 基板上に合成を行った. この断面図から, 全体にびっしりと高配向カーボンナノチューブが基板からほぼ垂直方向に生成していることがわかる. カーボンナノチューブの密度, チューブ径は触媒として Si 基板に蒸着させている Fe 薄膜の膜厚 (触媒量), 基板温度, 反応に用いる有機液体に依存して変化する. チューブの長さは反応時間に比例して長くなる. 図 4 に上述のカーボンナノチューブの TEM 像を示す. この図はナノチューブの束の一部を拡大し, 1 本 1 本のチューブを拡大した TEM 像である. 外形がおよそ 20nm, 中空部の内径が約 7～8 nm 程度の多層のカーボンナノチューブとなっていることがわかる. カーボンナノチューブの内部構造は図 4 のモデルのようにグラファイトの網面が繊維軸に対

図 3　1-オクタノール中で Si 基板上に合成されたカーボンナノチューブの SEM 像

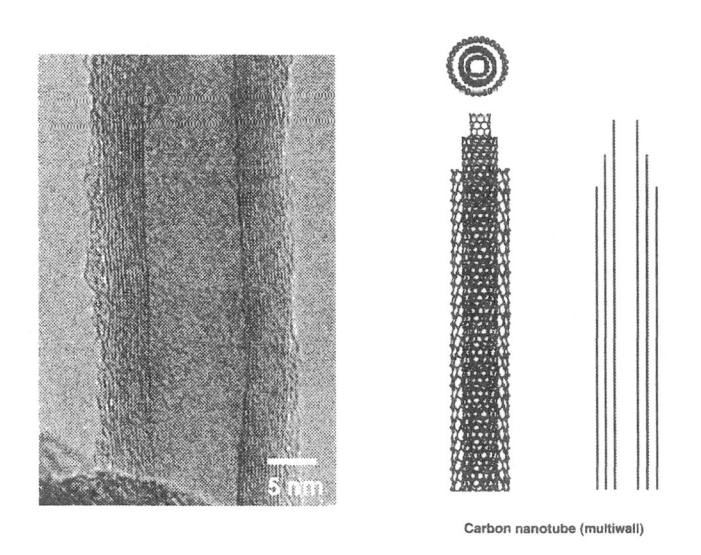

図 4　合成された高配向性カーボンナノチューブの高分解透過電子顕微鏡 (TEM) 像

して平行に配向しているが，内部の構造は触媒金属種や有機液体を変えることでチューブからグラファイトの網面が繊維軸に垂直になったプレートレット型やグラファイトの面が繊維軸に対して角度を持ち，丁度紙コップを重ねたようなカップ積層型あるいはヘリボンタイプと呼ばれる幾つかの異なった内部構造を持つナノ炭素繊維を合成することができる。また，合成できるナノ炭素繊維は，カーボンナノチューブの様な直線性のものだけでなく螺旋（コイル形態）を持つカーボンナノコイルの合成も可能である。これらの構造や形状の違いはナノ炭素繊維の性質に強い影響を持っている。

4.3 おわりに

ナノ炭素繊維合成に関しては，多様なナノ炭素繊維合成，大量合成，形状，構造制御など，精力的に研究が進められている。大量合成の観点からみると，CVD法が有力であると考えられる。しかしながら，ナノ炭素繊維を入手することが容易ではないのが現状である。高品質のナノチューブが安価で大量供給が可能になれば，材料の複合化による高機能樹脂，例えば導電性樹脂，高強度樹脂，耐腐食性樹脂，耐摩耗性樹脂など，また，二次電池や燃料電池の電極触媒材料，燃料電池のセパレータなど，さらに電界放出型電子源など数多くの用途が開けると考えられる。ナノ炭素繊維の多様性が評価されれば，新産業，技術を担う材料と期待できる。

文　献

1) T. A. Edison U. S. Patent 223898 (1880)
2) H. F. Kroto, J. R. Heath, S. C. O'Brien, R. F. Curl and R. E. Smalley, *Nature*, **318**, 162 (1985)
3) S. Iijima, *Nature*, **354**, 56 (1991)
4) S. Iijima and T. Ichihashi, *Nature*, **363**, 603 (1993)
5) O. Boudouard, *Ann. Chim. Phys.*, **24**, 5 (1901)
6) F. Fischer and H. Tropsch, *Brenstoff Chem.*, **9**, 39 (1928)
7) W. R. Davis, R. J. Slawson and G. R. Rigby, *Nature*, **171**, 756 (1953)
8) L. J. E. Hofer, E. Sterling and J. T. McCartney, *J. Phys. Chem.*, **59**, 1153 (1955)
9) R. Bacon, *J. Appl. Phys.*, **31**, 283 (1960)
10) 小山恒夫，遠藤守信，応用物理，**42**, 690 (1960)
11) A. Oberlin, M. Endo and T. Koyama, *J. Cryst. Growth*, **32**, 335 (1976)
12) G. G. Tibbetts, *J. Cryst. Growth*, **66**, 632 (1984)
13) W. B. Down and R. T. K. Baker, *Carbon*, **29**, 1173 (1991)

14) A. Thess, R. Lee, P. Nikolaev, H. Dai, P. Petit, J. Robert, C. Xu, Y. H. Lee, S. G. Kim, A.G. Rinzler, D. T. Colbert, G. E. Scuseria, D. Tomanek, J. E. Fischer, R. E. Smally, *Science*, **273**, 483 (1996)
15) K. Nakagawa, M. Yamagishi, H. Nishimoto, N. Ikenaga, T. Kobayashi, M. N. Gamo, T. Suzuki, T. Ando, *Chem. Mater*, **15**, 4571 (2003)
16) Y. F. Zhang, M. Nishitani-Gamo, K. Nakagawa and T. Ando, *J. Mater. Res*, **17**, 2457 (2002)
17) 中川清晴, 蒲生西谷美香, 小川一行, 安藤寿浩, まてりあ, **43**, 218 (2004)
18) K. Nakagawa, M. Nishitani-Gamo, K. Ogawa and T. Ando, *Catal. Lett.*, **101** 191 (2005)
19) Y. Sato, T. Minami, Y. Chiku, Y. Takasawa, M. N-Gamo, H. Oda, K. Ogawa, K. Nakagawa and T. Ando, *Cryst. Growth Des.*, **6**, 2627 (2006)

5 ナノ炭素繊維充填複合材

柳澤　隆[*1], 石渡　伸[*2]

5.1 はじめに

近年の地球環境への急激な負荷の増大を考えた時，その負荷の低減，言い換えれば，いかに効率良くエネルギーを使用しその消費量を節約するかは，今日の最重要課題の一つと言っても過言ではない。この課題へのアプローチの有力な手段として，航空機，自動車，列車など高速輸送インフラの軽量化が急ピッチで進められている。材料面では金属系から樹脂系材料への展開が検討されてきたが，樹脂強度向上の為に様々な添加材料の研究開発が行われている。例えば炭素繊維強化樹脂（CFRP）は比強度が高く設計の自由度が高いなどの利点から軽量化に寄与する部分が大きく，既に構造材料の主要な地位を固めつつある。

一方，こうした複合材に対する市場の要求は近年更に多様化，高度化している。このため研究開発の現場では，樹脂材料そのものを分子レベルから再度見直す，あるいは添加材料のサイズをナノメートル（十億分の1メートル）サイズまで微小化することで，更なる比強度向上による軽量化を目指すと共に，これまでの添加材料では困難であった高機能化を狙った開発が進められている。

本稿では，こうした数多くの研究開発の中でもナノ炭素繊維を添加した複合材の現状について概説する。

5.2 ナノ炭素繊維充填複合材

現在，主に応用が検討されているナノ添加材料（ナノフィラー）には，ナノクレイ，ナノシリカ，またカーボンナノチューブ（CNT）やカーボンナノファイバー（CNF）に代表されるナノ炭素繊維などがある。中でもCNTは，ナノカーボンと総称される多様な微小炭素物質群の中でも二次元グラファイト sp^2 構造と三次元ダイヤモンド sp^3 構造がハイブリッドされて両者の性質を併せ持った特異な構造体を形成しており，数十～数百という大きなアスペクト比を持つことで，電気・電子，機械，熱，化学などにおいて多様な機能を有する事が知られており，多機能性複合材料の為の理想的な添加材料として研究開発が進められている。

一般的に充填材料の比表面積や粒子間距離は，その機械特性や機能性に大きな影響を及ぼす。ナノ炭素繊維では，大きな比表面積を持つこと，またその微小サイズのため均一分散した場合に

　[*1]　Takashi Yanagisawa　㈱GSIクレオス　ナノテクノロジー開発プロジェクト　部長
　[*2]　Shin Ishiwata　㈱GSIクレオス　ナノテクノロジー開発プロジェクト　先端複合材料グループ　グループリーダー

第5章　炭素繊維の性能向上

表1　ナノ複合材の応用分野

応用先	期待される特性	具体例
スポーツ	強度・剛性・減衰性	ゴルフシャフト・テニスラケット，スノーボード・スキー（導電性）競技用ヨットのマスト
航空機	強度	エアフレームの強度向上（CAI，OHC向上）
航空機	導電性	胴体・翼の最外層（耐雷性向上），コックピット（電磁波シール性）の向上，導電性を応用した健全性診断
航空機	熱伝導性	エンジンカウリング・バイパスダクト，ヒートスポットの樹脂化
航空機	超微細発泡化	サンドイッチ複合材のコア材の低コスト化（ALハニカムから高密度発泡樹脂へ）
自動車	強度・剛性	ナックル・ハブの軽量化（アルミCNT複合材），エンジン補器類（熱可塑性樹脂の高強度化・耐熱性向上），内装（ポリ乳酸等自然由来の樹脂の高性能化），GFRPの高強度化
自動車	導電性	ボディパネル類の静電塗装
風力発電	強度・剛性・導電性	大型ブレードの軽量化・耐雷性向上
産業用	強度・透過防止	天然ガス・水素の高圧タンク（ライナーレス化）
産業用	剛性・減衰性	産業用ロボット
電化製品	強度・剛性・導電性	携帯電話・パソコン等の筐体（軽量化と電磁波シール性向上），タッチパネル等
塗料	強度・靭性	耐蝕塗料の高性能化

は粒子間距離が小さくなり，マトリックス材料との相互作用の増大により，より効果的な機械特性が発現される事も期待されている。

このような期待を背景に，ナノ炭素繊維を充填した複合材料は様々な応用開発が進んでいる（表1）。

5.3　国内外の開発の動き

5.3.1　国内

最近のナノ炭素繊維充填複合材研究開発の代表例としては，�)宇宙航空研究開発機構（JAXA）と㈱GSIクレオスとの共同研究グループが，カップ積層型カーボンナノチューブ（CSCNT)[1]（図1）を充填した三相系CFRPにおいて従来CRRPの課題であった圧縮強度や層間せん断強度（ILSS）の改善を狙ったものがある[2〜6]。この研究では，圧縮強度，ILSSいずれも10〜25%の強度向上が確認されている（図2〜4）。本材料については既に実用化の段階に入っており，ナノカーボンを用いた初めての本格的な工業的展開が進められている。こうしたハイブリッド複合材は，今後航空機や自動車分野への応用が進むものと期待されている。

5.3.2　海外

米国では，地政学的リスクに対応し増大する国防予算を背景に，『より安全』で『より精密』なデバイス開発にはナノテクノロジーが不可欠の研究開発項目であるとの認識が産・官・学・政・

TEM Image and Simulation of CSCNT

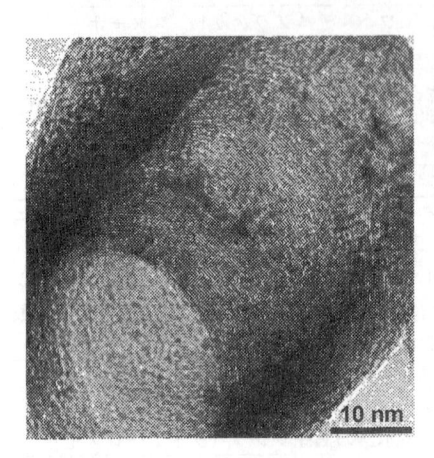

図1

軍の各関係責任者間に定着しており，航空機や船舶・車両等の軽量化やステルス化といった用途を中心に強力な研究が進められている。実際に先端複合材最大の学会であるSAMPE（Long Beach，2006）での発表を分析すると，材料関係発表の約1/4がナノ複合材関連であり，近年の先端複合材料研究開発における最大勢力となっている（図5，6）。またナノフィラーの内訳は，CSCNTが38％，次いでクレイ13％，多層CNT（MWCNT）9％，シリカ9％と続いており，ナノ炭素繊維がおよそ半数を占めている事が分かる。これは前述の通りナノ炭素繊維の持つ結晶性，多機能性，マトリクス材料との親和性などの優位性が，米国の求める具体的な応用開発への有力な要素である事を示している。

5.4 現状の課題と今後の開発

5.4.1 分散

ナノフィラーをマトリクス中に均一分散させることは，機械特性や機能性を発現させるために重要である。しかしナノフィラーではそのサイズが極小なため凝集が激しく，マトリクス中に均一分散するのは非常に困難である。特に大きなアスペクト比を持つCNTやCNFのようなナノ炭素繊維は，フィラー同士の絡まりによっても分散が難しくなるという課題があった。現在，超音波や分散剤による分散手法が検討されており，ナノフィラーの種類，マトリクス樹脂の種類，混練条件等を用途に応じて最適化する作業が鋭意行われている。

更にナノフィラーの性能をより発現させる為に，フィラーの配向制御技術の開発も進められている。配向制御の方法としては，磁場を用いる方法[7]や電場を用いる方法[8]などが検討されて

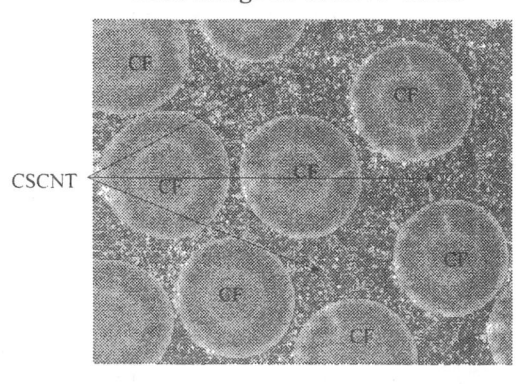

第 5 章　炭素繊維の性能向上

SEM image of CSCNT-CFRP

図 2

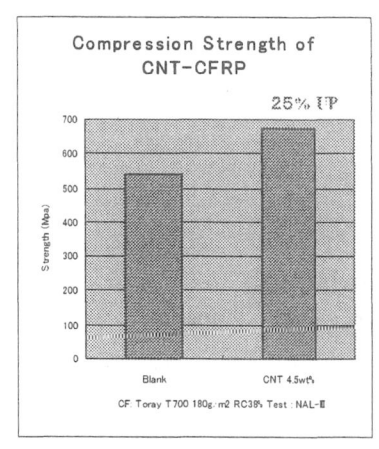

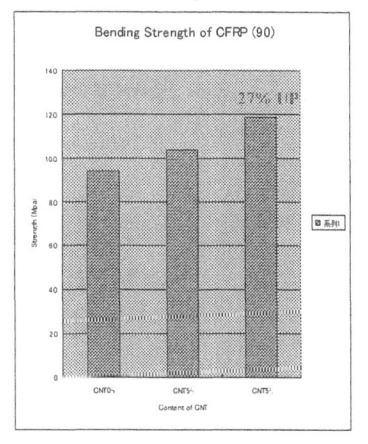

Compression Test　　**Bending Test**

Courtesy: JAXA

図 3

ILSS of CSCNT-CFRP

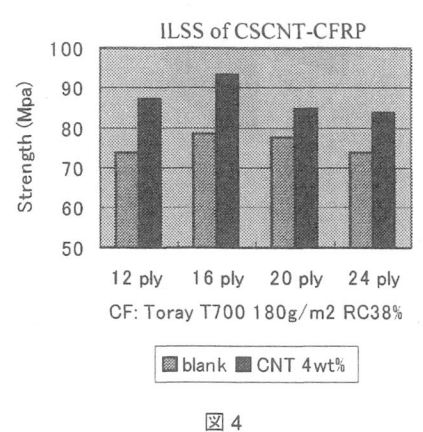

図 4

炭素繊維の最先端技術

2006年 SAMPE Long Beach
テーマ別発表件数

テーマ別セッション件数 　　材料セッション内訳

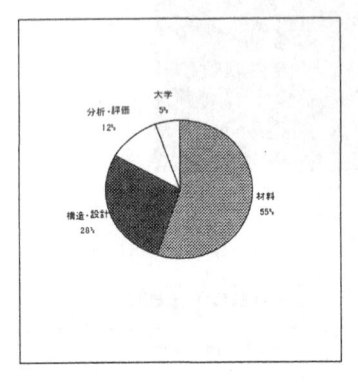

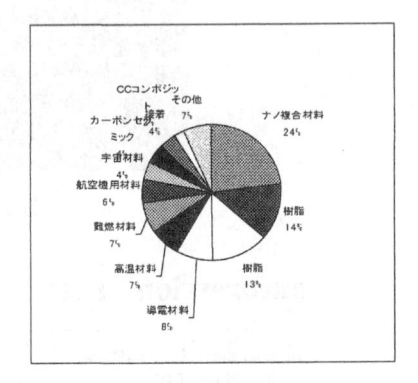

全264セッション中39件がナノ複合材

図5

SAMPE Long Beach
ナノ材料別の内訳　2006年

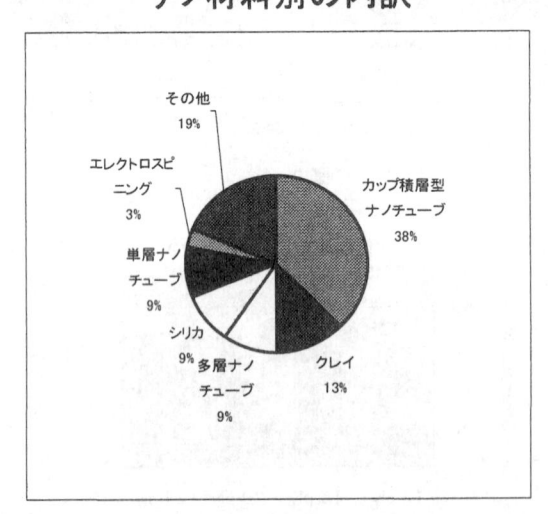

CSCNT is mainstream of Nano Composite
due to it's Multi Functionality and the Cost efficiency.

図6

第5章　炭素繊維の性能向上

いる。

5.4.2　密着性

　フィラー材料とマトリクス間の接着力を高めることは，特に複合材の機械的特性において重要な要素である。CNTやCNFはその結晶構造により非常に強い機械特性や導電性・熱伝導性を持つが，一方ではsp^2混成軌道による六角網面の強固な基底面とマトリクス樹脂との接着性に課題があった。現在ではCNTやCNFの表面酸化[9]，グラフト化[10]，またCSCNTのように構造上表面活性の高い材料を用いるなど，様々な方法により密着性の改善が進められている。

5.4.3　価格

　気相熱分解法はナノカーボンの大量生産に極めて適した方法として集中的な研究が進められており，MWCNTでは数万〜10万円／kgのレベルまで低下してきた。それでも樹脂＋ナノフィラーの二相系複合材で考えた場合，複合材中のフィラーのコストが大きな割合を占めることになり，現在の価格帯では，極少量の添加による導電の確保や精密な制御，熱伝導性付与等が主な応用先と考えられる。一方，樹脂＋長繊維＋ナノフィラーのハイブリッド複合材の場合，ナノフィラーのコストは相対的に小さくなるため，ゴルフシャフトやテニスラケット，自転車フレームのような性能を追求し高付加価値を持つスポーツ分野への応用が開発初期から進められており，一部では既に販売が開始されている。今後，航空機や自動車といった，より汎用性のある巨大市場に適用されるには，更なる低コスト化と極少量での高機能化が必要とされよう。

　こうした点で気相熱分解法による合成は，パラメーターの自由度が高く，その成長条件の制御により直径，結晶性，歩留まりの調整が出来る事が知られており，今後のナノカーボン自身の飛躍的な高機能化，低価格化が期待できる。

　高機能化の展開例としては，エポキシ樹脂にナノカーボンを分散し，導電性や熱伝導性を向上させたもの[11]，ナノカーボンの導電性を利用して複合材の健全性診断に応用するアイデア[12]といったものがあり，他材料には見られないナノカーボンフィラーのユニークな特徴を生かした開発が進められている。

5.5　おわりに

　2000年代に入り日本の科学技術政策の中心にナノテクノロジー開発が位置づけられてきた。それはナノテクノロジーが日本の従来得意としている材料研究開発の究極の姿であるばかりでなく，その代表的な材料であるCNTが日本人研究者の手により発見，発展してきた事もその背景にある[13,14]。事実，2006年3月に閣議決定された第3期科学技術基本計画(2006〜2010年の5年間)では，第2期を4兆円上回る25兆円の予算が当てられたが，中でも『ナノテクノロジー・材料』分野は重点推進四分野に選定され，国を挙げて推進する体制が確定している[15]。産官学によるナ

ノテク研究開発およびその中心材料であるナノカーボンを応用したナノ炭素繊維充填複合材の実用化．事業化が大きく発展するのは確実な情勢である。

文　　　献

1) M. Endo, Y. A. Kim, T. Hayashi, T. Fukai, K. Oshida, M. Terrones, T. Yanagisawa, S. Higaki and M. S. Dresselhaus, *Applied Physics Letters*, Vol.**80**, No.7, pp.1267-1269, (2002)
2) 岩堀豊，石川隆司，第27回複合材料シンポジウム要旨集，191 (2002)
3) 岩堀豊，石川隆司，石渡伸，日本複合材料学会誌，**30**, 219 (2004)
4) Yutaka Iwahori, Shin Ishiwata, Tomoji Sumizawa, Takashi Ishikawa, *Copmosites* Part A, Vol.**10**, pp.1430-1439 (2005)
5) 岩堀豊，石渡伸，柳澤隆，石川隆司，第30回複合材料シンポジウム要旨集，pp.275 (2005)
6) 大久保貴敬，高橋辰宏，粟野宏，米竹孝一郎，大石好行，炭素，No.223, pp.169-175 (2006)
7) H. Mahfuz, S. Zainuddin, V. K. Rangari, S. Leelani, M. R. Parker, T. AL-Saadi, SAMPE Long Beech (2005)
8) 島村佳伸，増渕純，東郷敬一郎，荒木弘安，石渡伸，第50回日本学術会議材料工学連合講演会 p.199-200 (2006)
9) X. Chen, K. Yoon, C. Burger, I. Sics, D. Fang, B. S. Hsiao and B. Chu, *Macromolecules*, **38**, pp.3883-3893 (2005)
10) Norio Tsubokawa, *Polymer Journal*, **37**, pp.637-655
11) Thao Gibsom, Brian Rice, William Ragland, M. Silverman, Hsiao-hu Pent Karla L. Strong, David moon, SAMPE Long Beach 2005
12) Joung-Man Park, Jin-Kyo Jung, Sung-ju Kim Dong Jin Yoon, K. Lawrence Devries, Geroge Hnasen, p.7, SAMPE Fall Technical Conference (2006)
13) Morinobu Endo, *Chemtech*, Vol.**18**, pp.568-576 (1983)
14) Sumio Iijima, *Nature*, Vol.**354**, pp.56-58 (2001)
15) 文部科学省HP http://www.mext.go.jp/a_menu/kagaku/kihon/main5_a4.htm

6 ハイブリッド材料

前田　豊*

6.1　ハイブリッド効果の研究例

　都市インフラ構造物の表面に連続シートを接着，巻き立てする補修・補強工法において，使用される繊維シートの剛性は鋼材とほぼ同程度であるため，使用状態における剛性や鉄筋降伏荷重の向上効果，RC構造部材のひび割れ抑制効果，構造物の変形抑制効果には限界がある。

　また，近年の耐震設計基準の改変に伴い，さらに高度な靱性補強効果が必要とされている。これらの要求性能を踏まえて，鋼材を凌ぐ剛性を有する高弾性繊維シートと2％以上の伸度を有する高靱性繊維シートをハイブリッドしたシートが開発研究されている[1]。

　その結果，鋼材を凌ぐ剛性を有する高弾性繊維シートおよび2～3％以上の伸度を有するハイブリッドシートの創出が可能と確認されたという。特に，高靱性繊維シートに3％を超える伸度の高強度ポリエチレン繊維シートを採用することで，ハイブリッドシートの伸度がコンクリートの靱性能とマッチングできる3％を達成できた。また，2種類ハイブリッドにおいて，残りの繊維の破断抵抗能力が大きいほど，荷重低下率が小さくなる。

　耐衝撃吸収性能に優れるPBO連続繊維シートを高強度繊維シートに採用した場合，高強度炭素繊維シートを使用した場合より，やや大きく荷重低下が抑えられる，などのことが判明した。

6.2　有機スーパー繊維（PBO繊維）とCFのハイブリッド材

　PBO繊維は，現在，世界最強の繊維であるとして，競争用ヨットの帆や防弾チョッキに引っ張りだこで使用されている[2]。

　今後，量産体制が整ってくれば，CFとのハイブリッド材料としての用途が広がってくると考えられる。特にケブラーに比べて，機械特性的には炭素繊維との補完性能は優れており，現在ケブラー／CFハイブリッド製品として使われている分野の置き換えが進むであろう。

　破壊時の安全性が求められる軽量シェル構造物や大型構造物の外壁分野に好適であろうが，低耐光性と高コストの問題がネックになるかも知れない。

　なお，PBO繊維は東洋紡の製品である。

　PBO繊維とのハイブリッドによる特徴の活かし方としては，耐衝撃性・振動減衰性の活用を図ることが挙げられ，破壊しても危険でない安全製品としてゴルフシャフト，ストックなどでCFと併用が提案されている。

　ハイブリッド法としては，糸，織物，ファブリック，短繊維の形態で成形時，プレフォームと

＊　Yutaka Maeda　前田技術事務所　代表

表1 PBO繊維の特徴

長　　　　所	CF，ケブラーとの対比
1）引張強度が高い	汎用CFの1.5倍，高強度CFと同等
比強度が大きい	ケブラーの2倍
2）引張弾性率が高い	中弾性CFと同等
比弾性率が大きい	ケブラーの2倍
3）落球衝撃強度が大きい	汎用CFの4倍
4）振動減衰性が大きい	CFの倍
5）耐湿性が良好	ケブラーの様に前乾燥は不要
6）熱伝導性が大きい	繊維方向スチール並み
短　　　　所	
1）耐光性が悪い	構造内に使用
2）圧縮強度が低い	
曲げ強度が低い	汎用CFの約半分
3）接着性がやや低い	
4）層間セン断強度（ILSS）がやや低い	汎用CFの約60%
5）耐熱性・難燃性	CFに比べると低い
6）その他	
値段が高い	約10,000〜15,000円/kg
生産量が少ない	180トン／y→300トン／y
トウ品種が限られる	11.5ミクロン×2kまで

して組み合わせる方法などが考えられている。

文　　献

1) 呉智深ら，日本複合材料学会誌，**32**, 1, 12-21 (2006)
2) 東洋紡，PBO技術資料

第6章 マトリックス（母材）の最先端技術

1 マトリックス樹脂との複合化技術

前田　豊*

　炭素繊維はいろいろな形態で使用されるが、CFをそのままの形状で用いることは稀で、一般には何らかの加工を施し、一度マトリックス樹脂と複合させた中間基材をつくってから最終製品に用いられるのが普通である。

　CFはそれ自身が有する特性の他に形状に由来する特性があり、それぞれ期待する目的用途に合わせてその中間過程の形状が選ばれる。

　これらの中間基材の中、①主としてCFのみからなるものを中間基材Ⅰ、②さらに樹脂と複合させてCFのすぐれた特性を活用したものを中間基材Ⅱと技術的に分類しているが、中間基材Ⅰについては、第3章にて詳細を述べたので、本章では、樹脂複合・中間基材Ⅱに焦点をおいて述べる。

　中間基材Ⅱは、CFフィラメント糸あるいは、中間基材Ⅰと樹脂とからなるプリプレグ、プリミックスおよびペレットについて、各々目的、用途によって使い分けをしている。

　中でもプリプレグは、高精度、高物性を要求されるFRPに用いられ、特性バランスの良いエポキシ樹脂と組み合わせて使用されることが多い。

　一方、プリミックス、BMC、SMCおよびペレットは、製品をつくる際の成形性を重視したもので、プリプレグと違って、強化繊維はチョップドファイバーを用いる点に特徴がある。

1.1 プリプレグ

　プリプレグは、補強材とマトリックス樹脂を一体化させ、品質の向上と作業能率を目的とした二次加工製品であり、とくに、高精度および高物性（強さ、弾性率）を要求されるFRPの製造に用いられる成形用の中間基材である。

　CFRPに代表されるACM（Advanced Composite Material；先進複合材料）では、過半数がプリプレグを経由して成形されている。

　CFに母材樹脂を含浸し、加熱して半硬化（B-ステージ）状態でシート状にし、離型紙に貼り

＊　Yutaka Maeda　前田技術事務所　代表

巻き取ったもので、成形時には離型紙を除き、プレス法、オーブン法、オートクレーブ法、フィラメントワインディング法などにより、あらためて加熱賦形され完全に硬化される。

その特徴を述べると、

① 補強材含量、配列を正確にコントロールできる。

樹脂量は含浸工程で正確に調製できるため、積層して硬化時の樹脂流出はきわめてわずかとなり高精度の成形品が得られる。

② 乾式の成形材料であり、積層が容易で、成形品の部分的な補強が可能である。また、成形品の厚さの異なるものには、積層枚数を変えて成形できる。

③ 良好な表面仕上がり。完全に含浸、脱泡されたものを使用するので、成形品表面の仕上がりが良い。

④ 安全で衛生的な取り扱いができる。

しかし、以下の様な点に留意する必要がある。

① 樹脂の選択範囲が狭い。

樹脂が室温で、半固形～固形のものに限られ、CFとの組み合わせでは、エポキシ樹脂が中心となるが、不飽和ポリエステル樹脂、ビニルエステル樹脂との組み合わせの場合、増粘剤や充填剤で増粘して使用することが必要である。

② 成形サイクルが長い。

プリプレグの貯蔵安定性を良くするために、高温硬化型の硬化剤処方が使用される場合が多く、高サイクルの成形は期待されない。

③ 余分な工程を経ているため、成形体としては高価なものとなる。

現在市販されているプリプレグには、CFを多本数平行に引き揃えたシート状物、あるいはCF織物に、硬化剤を含む樹脂を含浸させたものがあり、それぞれ一方向プリプレグ（UDPP）、織物プリプレグと称されている。なお、UDPPには、縦割れを防ぐためにガラスクロス（スクリムクロス）を貼り合せたものもある。

プリプレグ製造各社とも、厚さ、幅、樹脂の種類など、種々のタイプのものを準備し、用途および需要家の要望に応えている。

プリプレグの製造方法は、各社それぞれ独自の方法で行っているが、大別すると、湿式法と乾式法（ホットメルト法）に分けられる。粘稠な樹脂混合物を補強材に含浸する工程で、溶剤で希釈した溶液に浸漬する場合が湿式法であり、これは樹脂の浸透性、薄物プリプレグの作製、樹脂量の変更および樹脂量と厚みとの組み合せ自由度において優れた方法である。しかし溶剤の蒸発乾燥工程が必要で、成形物中に残存溶剤による欠陥が入ることがある。

一方、乾式法では、樹脂混合物を直接補強材に含浸するために、溶剤処理の工程は不要で、成

第6章 マトリックス（母材）の最先端技術

形物への悪影響はないが，樹脂の含浸性および糸の拡がりが悪く，薄物プリプレグの作製に工夫が必要である。

一般に，織物プリプレグは繊維の重なり部分への樹脂の含浸性が悪く，湿式法が多用される。

UDPPでは，湿式法から乾式法に変わりつつある。特に航空機用など高い信頼性が要求される材料向けには，乾式法によるプリプレグを積層した，ボイドなどの構造欠陥のないものが使用されている。

プリプレグ用樹脂の配合については，CFのような高性能補強材を使用する場合，繊維の特性を充分に発揮させるためには，接着性が優れ，特性のバランスが良いエポキシ樹脂を各種硬化剤と組み合せて使用している。

プリプレグは乾式の成形材料であり，成形時に加熱，加圧によって樹脂成分は溶融して流動するが，補強材は流動しないことが必要である。

1.2 プリミックス

プリミックス・コンパウンド（Premixed Compound）と，BMC（Bulk Molding Compound）があり，プリプレグからの流れをくむものとしてSMC（Sheet Molding Compound）があるが，CFの本来の性能が充分生かしきれないきらいがある。

(1) プリミックス

プリミックスは，各種原料の混練(Mixing)の後で，硬化を助長するとか，揮発分を飛ばすなどの他のプロセスなしに，プレス成形できるパテ状の材料である。

現在，不飽和ポリエステル樹脂，エポキシ樹脂が使われているが，原理的にはすべての樹脂が使用でき，粘度も充填剤の種類，配合により調製でき，プリミックス用樹脂として樹脂メーカーより市販されている。

製造法には，連続式（ユニーダ使用）とバッチ式（ニーダ使用）がある。混練工程では，樹脂混合物に，充填材，補強材を充分に分散させることが大切であり，混練の順序，混練時間，使用混練機の影響が大きい。

(2) BMC

BMCは，プリミックスの欠点を改良して，良好な物性を有し，ソリなどのない成形品を得るために，特別に配合されたバルク状のプリミックスであり，GF，不飽和ポリエステル樹脂の改良技術が適用された材料で，CFにも試みられている。

プリミックスの混練時に補強材が破損し，機械的強度が低いことを改良するために，混練時には樹脂粘度を低くし，成形時に補強材を均一分散して表面を平滑にするのに必要な粘度にまで高めてあり，増粘剤を添加して熟成する方法が取られる。

増粘剤にはアルカリ土類金属の酸化物（MgO，CaO），水酸化物（Mg(OH)$_2$，Ca(OH)$_2$）が使われ，樹脂末端のカルボキシル基と化学反応し分子量を上げていると推定される。

さらに不飽和ポリエステル樹脂の低収縮化の技術も応用され，熱可塑性の低収縮付与剤を添加して成形品のヒケ，ソリを解消し，厚物成形品や寸法精度のきびしい製品の成形を容易にしている。

(3) SMC

SMCは，織物プリプレグから発展した，文字通りシート状の成形材料である。2枚の離型フィルムの間に，樹脂とCF強化繊維チョップ（6～50mm）を挟んだシート状（厚さ3mm程度）で供給される。樹脂としては，不飽和ポリエステルやエポキシ樹脂，アクリル樹脂などが使用される。SMCは金型内で加熱加圧されると，補強材と樹脂混合物が一体化して流動しキャビティを充填するので，肉厚の異なるもの，リブやボスを有するものなど各種の形状品に適用できる。

SMCの基本的な配合は，前述のBMCと大差なく，BMCの場合よりも補強材の量は多く（28～35%，HSMCでは65%），繊維長は長く（25mm程度），充填剤量は少なくなっている。

SMCの製造は，フィルムに樹脂を塗布し，カッティング繊維を供給被覆する方法によって行われる。含浸プロセスには連続ベルト型またはドラム型がある。すなわち，2枚のポリエチレンフィルムの間に樹脂コンパウンドをドクターナイフで塗布し，塗布面上にロービンクを切断したチョップドファイバーを散布し，フィルムを合わせ，2枚のベルトの間を通し（ベルト型）または蛇行させ（ドラム型）脱泡して，巻取りロールで巻取る。また，SMCの成形時に発生するピンホール，粗面は塗装時に問題がある。

CF・エポキシ樹脂系SMCでゴルフクラブのヘッドやフェースが製造された。

また，自動車分野での利用が検討されている[1]。2003年には，カーボンSMCがスポーツ車のDodge Viper VGXに採用され，フェンダーサポートに使用された[2]。

ボンネットやトランクグリッド等の自動車部品成形例も報告されており，カーボンSMCの実用化検討が進められている[3]。

1.3 CF熱可塑性樹脂コンパウンド（ペレット）

(1) ペレットの種類

ペレットはチョップドファイバーで補強された熱可塑性樹脂でCFRTPとも呼ばれている。補強材のCFはピッチ系汎用タイプ（GP）およびPAN系高強度タイプ（HP）の両者が使用され，その含有率は10～40wt%，特に15～30wt%の範囲が多用されている。

マトリックス樹脂の種類も汎用樹脂から高性能エンジニアプラスチックまで幅広く適用されている。

第6章 マトリックス（母材）の最先端技術

表1 CFRTPの種類

樹脂の種類	CFの種類	CF含有率（wt%）
ナイロン6	HP,GP	20、30
ナイロン66	HP	10－40
ナイロン6.12	HP	30
ポリブチレンテレフタレート（PBT）	HP,GP	15－30
ABS	HP	20、30
ポリカーボネート（PC）	HP,GP	15－30
ポリアセタール（PA）	HP,GP	15－30
ポリプロピレン（PP）	HP,GP	15－30
ポリフェニレンサルファイド（PPS）	HP,GP	15－30
ポリスルフォン（PSF）	HP	15－30
ポリエーテルスルフォン（PES）	HP	15－30
ポリエーテルエーテルケトン（PEEK）	HP	30

これらの樹脂以外にも海外ではナイロン11（N11）、ポリアミドイミド（PAI）、ポリふっ化ビニリデン（PVDF）、ETFE樹脂などのCF補強ペレットも発表されている。1999年のIBM発売のノート型パソコン（Think Pad）用材料は、ナイロン66/CF系といわれている。

CF以外にGFや潤滑剤などの特殊添加剤を配合した品種も生産されており、GFRTPと同様にオーダーメード的な品種が増えていくものと思われる。

国内では、三菱レイヨンが、熱可塑アクリル樹脂マトリックスを用いたCFRTPを、アクリペアシステムとして新たな熱可塑樹脂系材料を提供している[4]。

(2) **CFRTPの特徴**

CFRTPの特徴を以下に項目別に紹介する。

① 強度、剛性が高く軽量である。

補強材重量が同一のGFRTPに比べてPAN系のCFRTPは比重が数%低く、強さは2～3割、弾性率はそれぞれ5～10割高くなり（HPタイプCF）、比剛性の高い材料と言える。

強さおよび弾性率のCF含有率依存性についてみると、弾性率はほぼ比例的に増大するのに対し、強さはCF含有率が高くなるにつれ、比例的増加性からの乖離が大きくなる傾向がある。これは高含有率でCFの機械的切断割合が高くなるためと考えられている。

強さの発現性には繊維と樹脂との接着性も大きく影響することが知られており、典型的な例はポリプロピレン樹脂における酸変成の効果である。即ち酸変成樹脂では未変性樹脂に比べて同一CF量で引張り強さは2倍近く高い値を示すが、弾性率は両者で変わらない。接着性にはCFのサイジング剤も当然影響するので、適切な選択が必要である。

② 成形収縮率および線膨張係数が小さく、寸法安定性が高い。

GFRTPに比べて成形収縮率は1/3～1/2程度と小さく、線膨張係数も1/2～2/3程度と小さ

い。軽合金に近い線膨張係数の成形品はCF15～30％入りのペレットを使用すると容易に得られる。

③ 熱変形温度が高く，高温特性に優れる。

ナイロンやPBTのような結晶性樹脂では熱変形温度へのCF添加効果は大きく，結晶融点近くまで向上するのに対し，非晶性樹脂ではたかだか10℃程度上昇するに過ぎない。結晶性樹脂では強さや弾性率の温度依存性もCF添加により改良される。

④ 熱および電気伝導性が高く，電波シールド性がある。

CFの添加により元来絶縁性の樹脂に導電性が付与され，一般にCF20～30％で$10～10^3 \Omega \cdot cm$の体積抵抗率を示すものが多い。導電性はCFの種類，繊維長，添加量，サイジング剤や樹脂の種類によっても異なり，ナイロンのような極性基を有する樹脂の方が，導電性が高くなる。

CFより導電性の高い充填剤はもちろん数多くあるが，CFRTPは強度も剛性も必要とする導電性用途には欠かせない材料である。

⑤ 摩擦・摩耗特性に優れる。

CF含有率とともに動摩擦係数および摩耗量が減少し，限界PV値が大幅に向上する。相手材はそれ自身よりも金属の方が摺動特性に優れ，相手材が受ける摩耗もGFRTPよりも少ない。

⑥ 吸水率が小さく，耐薬品性に優れる。

一般にCFの吸水率はきわめて小さいので，CFが増えるとCFRTPの吸水率は低下し，特に吸水性の強いナイロン樹脂系で効果が大きい。樹脂の吸水により強さや弾性率は低下するが，特に吸水率2～3％までの範囲で変化が大きい。大気中での実使用時にはCFの効果は顕著である。ただし，吸水により伸びは大きくなり，衝撃強さはむしろ向上する。

既述の通り，CFは耐薬品性に優れるので樹脂を選択すれば，ポリプロピレンやフッ素樹脂系のように耐食性の用途にも充分使用可能の材料となる。

⑦ クリープ変形が小さく，疲労強さが高い。

樹脂の欠点の1つはクリープ変形を起こしやすいことであるが，CFの添加によりクリープ特性は著しく改良される。CF30％で未補強の1/10，GF30％の1/2程度に低下する。

CFRTPは疲労特性にも優れている。その他，加速曝露試験でも強さの変化が少ないことが確認されている。

第 6 章　マトリックス（母材）の最先端技術

文　　献

1) 塚本貴史, 強化プラスチックス, **50** (12), 10-16 (2004)
2) Stachel P. *et al.*, "ASMC", Composite 2004, ACMA
3) *Plastics Engineering*, **59** (6), p26 (2003)
4) 島倉健吉, 強化プラスチックス, **49** (8), 365-369 (2003)

2 CFRP用マトリックス樹脂の先端技術

前田　豊*

補強材がFRPの骨に対して，母材（マトリックス）樹脂はFRPの筋肉にたとえられる。極細の繊維の集合体である補強材は，引張りに対しては非常に強いが，圧縮や曲げに対してはまったく抵抗を示さない。そこで，補強材に母材樹脂を含浸させて固めることにより，繊維を保護するとともに，繊維同士をしっかりつなぎ合わせ，外力に対して内部で相互に力を伝達する機能をもち，複合材料としての機能が発揮される。

したがって，母材樹脂としては，機械的特性を発揮するために，
① 母材樹脂の破断伸びが補強材のそれよりも大きいこと，
② 補強材との接着性が良好であること，
また，成形時に使いやすく，成形スピードを上げるために，
③ 補強材を均一，
④ ポットライフが適当に選択でき，しかも硬化時間が短いこと，
⑤ 硬化収縮が小さいこと，
などが必要条件として挙げられる。

現在，PAN系CFの母材樹脂としては，補強材の特性を最大限に生かすために，熱硬化性樹脂が多用されている。

中でも，エポキシ樹脂が補強材との接着性に優れ，特性のバランスが良好であるために，最も多く使われている。他に不飽和ポリエステル樹脂，ビニルエステル系樹脂も，速硬化性であるために使われている。

特殊な用途にはポリイミド樹脂（耐熱性用途），フェノール樹脂（耐炎性用途）も使われる。

2.1 エポキシ樹脂

エポキシ樹脂は，硬化反応による収縮が小さく，揮発分を発生しない，貯蔵安定性が良いなどの特徴がある。さらに，その上，エポキシ樹脂硬化物は，CFとの接着性が良好であり，機械的性質に優れ，かつ，寸法安定性，耐熱性，耐水性，耐薬品性，電気的性質，耐摩耗性が良好である。CFRPの母材樹脂として，最もバランスのとれたものである。

(1) 樹脂の種類

エポキシ樹脂は，大きく分けると，ビスフェノールA・エピクロルヒドリン型（以下エピ・ビ

---

* Yutaka Maeda　前田技術事務所　代表

第6章 マトリックス（母材）の最先端技術

ス型と称す）と，それ以外の特殊型とが市販されている。

① エピ・ビス型エポキシ樹脂

エピ・ビス型は，汎用的な基本エポキシ樹脂であり，その分子量によって液状から固型のものまで，各種のグレードがある。エピ・ビス型は，単独でも各種硬化剤と組み合わせて，種々の特性を発揮するが，特殊型と混合して使うことにより，さらに優れた特性を得ることができる。

② 特殊型エポキシ樹脂

特殊型には，難燃性，可撓性，耐熱性，耐候性など，性能に特徴をもたせたものから，エポキシ樹脂の高粘稠性を改良するための低粘度化品や，反応性希釈剤など，加工性を改良したものまで各種のグレードがあり，その目的に応じて適当な硬化剤と組み合わせて用いられる。現在市販されている特殊型エポキシ樹脂としては，エピ・ビス型の核臭素置換した構造を有する難燃性付与タイプ，フェノールまたはクレゾール・ノボラック構造からなる耐熱性付与タイプ，3個以上のグリシジル構造（多官能アミノまたはアミノフェノールのグリシジル化物他）を有する耐熱性および高い機械的特性を付与するタイプ，脂環構造を有する耐候性付与タイプなどがある。

このような，エピ・ビス型および特殊型エポキシ樹脂は，反応性の高いエポキシ基を分子内に2個ないし数個もつ低分子化合物で，室温で粘稠な液体か低融点の固体である。これらのエポキシ樹脂の単独あるいは数種の混合物に，硬化剤を添加して，適当な条件で硬化反応を行ってはじめて不溶不融の三次元架橋構造物が得られ，優れた性能を発揮するのである。

(2) **硬化剤**

エポキシ樹脂の硬化剤には，エポキシ基と付加反応する活性基を有する硬化剤（付加反応型硬化剤），およびエポキシ基の重合触媒となる硬化剤（触媒型硬化剤）とがある。

特に，付加反応型では，架橋構造単位として分子中に組み込まれるので，各種の要求性能に応じるためには，エポキシ樹脂の構造および種々の反応型硬化剤の構造を選択することにより，所望の特性を付与することができる。

代表的な反応型硬化剤としては，①アミン系硬化剤：脂肪族ポリアミン，芳香族ポリアミン，ポリアミド樹脂，②ポリスルフィド樹脂，③酸無水物，④合成樹脂初期縮合物，などがあり，各硬化剤の性質および性能については，エピ・ビス型についての詳細な総説がある[3]。

さらに，エポキシ樹脂は硬化剤を添加すると，ほとんど数分か数日しかポットライフがないので使用直前に硬化剤を配合して使う，2液タイプとして用いられることが多い。

CFRP用には，中間基材としてプリプレグで取り扱われることが多いため，あらかじめ硬化剤を配合しても変化しない1液タイプが必要であり，ポットライフが長く，加熱硬化時には急速に硬化する潜在性硬化剤を使用した処方が用いられている。

(3) CFRP用樹脂処方

CF用のエポキシ樹脂は，量的に過半数がプリプレグを経由して使用されている。使用される母材樹脂は，用途によって選定され，大別すると，各種スポーツ用品から一般工業製品および航空機内装向けに用いられる汎用タイプ（硬化温度120～130℃）と，航空宇宙用途向けに用いられる耐熱性タイプ（硬化温度180℃），それに大型構造体製造用の低温硬化タイプがあり，各社それぞれ特徴のある樹脂処方で性能を発揮している。

CFRPは異方性材料であり，疑似等方性化するために補強材を各方向に積層した状態で使われることが多い。したがって，せん断強さは，母材樹脂および界面接着力（補強材／樹脂）で決まる。そのため，樹脂処方を選ぶ際に，母材樹脂の性能はもちろんのこと，補強材表面との接着力（層間せん断力）を上げることが必須の要件となる。通常，市販CFは酸化処理されており，そのため表面には–OH基および–COOH基などの活性基が存在しているので，これらと反応しうるエポキシ樹脂が多用される理由となっている。

また，通常の市販糸は，繊維を保護し，取り扱いやすくするため，エポキシ樹脂などでサイジング処理されている。界面接着力の観点からは，このサイジング剤も無視できない。エポキシ樹脂系の先端技術として，低温硬化かつ耐熱性が得られる樹脂系と，RTM成形に好適な，常温で低粘度・流動性が良好で樹脂注入後に迅速に硬化反応を起こし，所望の性能を発揮する反応性エポキシ樹脂が注目されている。

エポキシ樹脂を用いる成形方法と使用する代表的樹脂の例を以下に示す[6]。

① プリプレグ法：エポキシノボラック／DICY, DCMU；4官能エポキシ樹脂／DDS
② RTM法：液状エポキシ樹脂，多官能低粘度エポキシ／脂肪族・芳香族アミン
③ ウエットレイアップ法：液状エポキシ樹脂／脂肪族アミン／反応性希釈剤
④ フィラメントワインデイング法：液状エポキシ樹脂／脂肪族・芳香族アミンおよび酸無水物硬化剤

(4) 使用上の留意点

プリプレグを扱う場合には，ほとんど問題ないが，エポキシ樹脂および硬化剤を取り扱う場合，特に硬化剤には充分な配慮が必要である。皮膚，粘膜への刺激作用，皮膚炎などの健康障害の程度は，各硬化剤により差がある。

2.2 低温硬化・耐熱性エポキシ樹脂先端技術

エポキシ樹脂処方の最大の関心事は，1液タイプ用の潜在性硬化剤で，低温（60～120℃），短時間硬化（30～120分），長可使時間（室温で1か月以上）が要望され，各種の配合技術が開発されている。

第6章 マトリックス（母材）の最先端技術

オートクレーブ成形では高性能，高品質の成形品が得られるが，大きな初期設備投資が必要であり，成形できる製品サイズがオートクレーブの大きさに制限される。そのため，オーブンによる加熱のみで成形できる材料開発が望まれており，1990年代前半に100℃以下の低温で硬化するプリプレグの開発が行われた。三菱レイヨンは80℃硬化型プリプレグ＃830を開発し，世界最高峰のヨットレース「アメリカズカップ」の船艇の製造に，このような低温硬化プリプレグ樹脂が活用された[1]。

最近，同社は＃830の系統の樹脂を進化させ，内部欠陥をなくす工夫を施すとともに，ポストキュアにより160℃程度の高耐熱性を実現するプリプレグ＃850を開発した。汎用FRP型を用いて第1次低温硬化で賦形し，脱型後フリースタンドの状態でポストキュアすることで，従来の180℃硬化樹脂と同等の性能が得られるエポキシ樹脂プリプレグであり，宇宙往還技術試験機HOPE-Xの機体構造材料として全面的に採用された[2]。

一次硬化温度を下げることで成形精度を向上すると同時に，硬化温度が低いため（90℃），型材料には，建築材料等の入手性のよい安価な素材を使用することが可能である。従って，低コストでありながら十分な成形能力をもつ高精度大型ツールの製作を実現できた。

2.3 自動車部材RTM成形用エポキシ樹脂（ハイサイクル成形樹脂）

エポキシ樹脂をマトリックス樹脂とする高CF含有率FRPは，軽量かつ機械的特性が優れ，自動車部材として本格適用しようとする動きがある[5]。

この場合，自動車の生産に合わせた，10分以内の時間でCFRPを成形する技術が必要となる。成形中に型温を一定に保つ等温RTM成形では，複雑形状の部材を成形し易い上，短時間成形が期待できる。ところが，従来のエポキシ樹脂では，等温含浸で流動可能時間を十分確保し，かつ短時間硬化することを両立させることが困難であった。

大背戸ら（東レ）は，硬化後半の収束が速いエポキシ樹脂のアニオン重合をもとに，連鎖移動反応を併用することにより，誘導期を設けることで，硬化初期には低分子量成分が多く，粘度上昇が遅く，一定期間後に急速に硬化が起こる新規エポキシ樹脂マトリックス系を開発した。

エポキシ樹脂としては，ビスフェノールA型エポキシ樹脂，アニオン重合開始剤として2-メチルイミダゾール，連鎖移動剤としてアルコール系のものを用いている[5]。

硬化性については，誘電測定で計測して，硬化プロファイルを追跡した結果，アミン硬化系エポキシ樹脂と比較して，アニオン重合系エポキシ樹脂の場合，硬化後半の収束が早くなる。また，アルコール系連鎖移動剤を配合した結果，増粘誘導期が延長されるだけでなく，硬化後半の収束が大幅に早くなることを発見し，自動車用途RTM材料系に適切なマトリックスとなる技術を完成させることができたという。

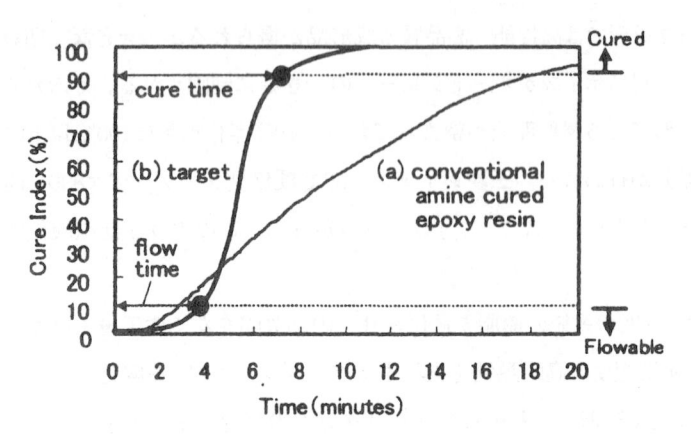

図1 誘電測定による硬化プロファイル[5]
(a)通常のアミン硬化系エポキシの硬化プロファイル，(b)目標とする硬化プロファイル

2.4 カーボンナノファイバー配合エポキシ樹脂

　カーボンナノファイバーは，非常に微細な材料であると同時に，高い弾性率や強度を有しているため，種々のポリマーに分散して，複合材として力学特性を向上させようとする試みがなされている。僅かに0.1wt%のカーボンナノファイバーをエポキシ樹脂に分散させて，そのフィルムの機械的物性を測定すると，弾性率は20%増加したと報告されている[4]。

　一方，ポリマー系CFRPは，高強度,高剛性の特徴を有するが，プリプレグなどの積層で製造される場合，CFRPの面外方向への層間強度が面内強度に比較して格段に弱いため，層間強度に関連する衝撃圧縮後強度（CAI）や有孔圧縮強度（OHC）などが，構造設計の限界値となっている。

　そこで，岩堀らは，エポキシ樹脂プリプレグ成形品の層間せん断強度を向上する目的で，CFRPの非繊維方向を強化するべく，カーボンナノファイバーを配合する技術が開発されている[4]。

　そして，カップスタック型カーボンナノファイバーを分散させた樹脂を用いて，CF織物に含浸硬化させた三相系CFRP積層板は，圧縮および曲げ強度が向上する傾向を見出した。ただし，今後，ナノファイバーの分散方法，成形プロセスに関して技術開発が必要とのことである。

2.5 ビニルエステル樹脂

　ビニルエステル樹脂は，不飽和エポキシ樹脂，エポキシアクリレートとも呼ばれ，エピ・ビス型またはノボラック型のエポキシ樹脂にアクリル酸またはメタアクリル酸を反応させた分子構造を有する。

　末端のみに，エステル基とアクリル基を有しており，不飽和ポリエステル樹脂と同様に，スチレンモノマーなどと混合して，重合開始剤により硬化物が得られる。しかし必ずしも，モノマー

第6章 マトリックス(母材)の最先端技術

は必要ではなく,ビニルエステル樹脂単独でも硬化は可能である。

反応開始剤の種類および添加量は,不飽和ポリエステル樹脂の場合とほぼ同様であり,前述の留意点を守ることにより,所望の硬化特性が得られる。

ビニルエステル樹脂の分子構造は,エポキシ樹脂とほぼ類似した構造のため,耐酸性に加え,耐アルカリ性もかなり優れている。また,末端だけに,反応性の高いアクリル基が重合するため,均一な硬化物が得られ,機械的強さにも優れ,伸びも大きく,耐クラッキング性も優れている。

さらに,エポキシ樹脂と同様,第二級水酸基を有し,補強材との接着性が良好で,不飽和ポリエステル樹脂に比べ層間せん断強さが高くなる。

ビニルエステル樹脂は,不飽和ポリエステル樹脂と同様に,ラジカル重合で硬化するため,エポキシ樹脂に比べて硬化反応がきわめて速い。硬化反応は反応開始剤と促進剤の量で可変だが,数秒で硬化する処方もある。現在,ポリオールおよびポリエステル・アクリレートなどの不飽和アクリレート樹脂は,光硬化型の印刷インキ,レジスト用に検討され,FRPへの適用例も見られる。

2.6 フェノール樹脂

フェノールとホルマリンからなる,最も古い合成樹脂であり,レゾール型とノボラック型がある。

不飽和ポリエステル樹脂よりも耐熱性が優れ,高温に長時間曝露しても初期強さの低下が少なく,熱変形温度が高く,電気特性が優れ,弾性率が高いなどの特徴を有する。

特殊な応用例としては,宇宙航空材料のロケットのノーズコーン,およびノズル,宇宙船用材料など2,000℃以上の高温で燃焼して,表面に良質の炭化層を形成し断熱効果を発揮するアブレーション材料をあげることができる。もう一つの重要な用途はC/Cコンポジット原料としての中間基材用樹脂である。

一般FRP用には,機械的性質がよいことからレゾール型が多用され,加熱または酸性触媒を加えて硬化させる。

特殊な成形材料,例えば耐アブレーション材料には,ノボラック型が用いられ,10〜15%のヘキサメチレンテトラミンを添加した後,加熱加圧により硬化される。

エポキシ樹脂と同様に,硬化をB-ステージで止めて,プリプレグとして扱うことができる。貯蔵安定性が低く長期保存には冷蔵が必要であり,硬化反応が遅く,硬化時に水またはホルマリンを放出するので,成形時に高い圧力をかける必要がある。

〈不燃性材料としてのフェノール樹脂〉

フェノール樹脂コンポジットは,車両・移動体用材料等に要求される「不燃性材料」として注

目されており，今後益々性能向上の研究開発が進むものと思われる。

2.7　耐熱性樹脂（ポリイミド他）

　ACMの母材樹脂として耐熱性樹脂が期待されている領域は，耐熱性エポキシ樹脂の使用限界を超えるところで，すなわち150℃以上での耐熱酸化性，耐熱寸法安定性，耐湿熱強さなどが必要である。CFRP用耐熱樹脂としてはポリイミド樹脂が比較的早くから実用化され，現在ではスペースシャトルの各種部品，ジェット機のエンジン部品などに使用されている。

　ポリイミド樹脂は，ジカルボン酸とアミノにより生成するが，ポリアミック酸から脱水閉環して縮合反応によりポリイミド化するタイプ（縮合反応タイプ，Cタイプ）と，イミド閉環したオリゴマー末端基の付加反応により硬化するタイプ（付加反応タイプ，Aタイプ）とがある。

　一般にポリイミド樹脂は，①縮合生成物が発生すること（Cタイプ），②高沸点溶剤を使用すること，③ポリイミドプレポリマーの融点が高いことなどの原因で成形加工性が劣ることが最大の難点である。

　そこで，エポキシ樹脂並みの低温低圧成形が可能なポリイミド樹脂の開発研究が，主として米国で精力的に進められ，NASAを中心として，1976年から進められているCASTS（Composites for Advance Space Transportation System）プログラムでは，316℃耐熱性のマトリックスのCFRPを使って宇宙飛翔体を試作する予定で，各種ポリイミド樹脂などが評価されている。

　他にミサイル用途には538℃耐熱性の要求もあり，研究が行われている。これらのポリイミド樹脂は入手困難なものが多い。

　最近，米国NASAの開発した，RTM成形に適したポリイミド系「PETI」系樹脂は，低粘度樹脂ながら，耐熱性が得られるとして，航空宇宙分野の大型構造体の低コスト製造の切り札になる動きがある[7]。

文　　献

1) 杉森正裕, 工業材料, **43** (6), 32 (1995)
   西本幸雄, JETI, **47** (13), p160-162 (1999)
2) 杉森正裕, 機能材料, **25** (6), 29 (2005)
   木場幸雄, SAMPE Japan 2005技術交流会発表
   宮田武志ほか, 日本複合材料学会誌, **30** (3), 39 (2004)
3) 加門, 高分子加工, **12**, 383 (1976)

第 6 章 マトリックス（母材）の最先端技術

4) 岩堀豊, 石渡伸, 石川隆司, 日本複合材料学会誌, **30** (6), 220 (2004)
   X. J. Xu ら, Proc. of 10th U. S. -Japan Conference on Composite Materials, pp.680-686 (2002)
5) 釜江, 田中, 大背戸ら, 日本複合材料学会誌, **32**, 2, 90-96 (2006)
6) 中村裕一, 強化プラスチックス, **51** (1), 24-27 (2005)
7) SAMPE International Symposium (2000. 6 発表)
   プラスチックエージ, No.1, pp.109-128 (1997)

3 熱可塑性樹脂系複合材料の先端技術

前田　豊*

3.1　はじめに

　最近になって熱可塑性樹脂をマトリックスとするCF複合材料の急速な成長が起こっている。2000年Carbon Fiber国際会議では，今後年率20％の成長を予測する企業がいた。

　短繊維CFを用いた熱可塑ペレットについては，本章第1節で触れたが，最近技術革新が起きたと思われる分野に，長繊維ペレットが挙げられる。既に，一部の用途で実用化が始まっており，ここでは長繊維CFRTPと連続CF熱可塑樹脂複合材料の紹介をする。

3.2　長繊維強化熱可塑性プラスチック（LFT，Long Fiber Reinforced Thermoplastics）

　LFTは，繊維マット強化熱可塑性プラスチックより高性能で，PEEKなど高性能エンジニアリングプラスチックの繊維強化材料より低コストという性能とコストのバランス取りを狙った熱可塑性材料である。比較的安価で，大量生産方式により生産することができる準構造部材として広い用途に応用することができる。

　LFTは2～3cmの非連続繊維で強化されたTPであり，繊維と樹脂の組み合わせにより，多品種の材料をつくることができる。

　従来，LFTの成形には，押出機とプレスが必要であり，設備投資額が大きくなるため，自動車市場に限られていたが，繊維の長さを保持しながら材料を溶融するという「直接法」が開発されたため，投資額が数分の1になった。このシステムにより，GF/PPからCF/PPまで広い範囲のLFTが利用されるようになった。

　世界のLFTの消費量は，2004年末までに14万トンに達していると見られ，LFTは，2008年までにFRTP全体の20％のシェアを占めると予想されている[1]。

　ここでは，その先端技術の例として，炭素繊維系LCFTPと先端製造設備LFT-D-ILCを取り上げて紹介したい。

3.2.1　LCFTP

　以下，炭素繊維を強化材としたLFTの先端技術に関する紹介を行う。

　繊維長が6mm以上（12mm位が主体）の強化繊維を用いた繊維強化熱可塑性樹脂を，これより短い繊維長を用いる短繊維強化熱可塑性樹脂・SCFTP（Short Carbon Fiber Thermo Plastics）に対して長繊維CFRTPと称している。そして，略してLCFTP（Long Carbon Fiber Thermo Plastics）と称する。

　＊　Yutaka Maeda　前田技術事務所　代表

第6章　マトリックス（母材）の最先端技術

　SCFTPはその導電性，高強度，高剛性の特徴を生かして，各種産業の中，電子・電気・通信分野などで多用化されていく傾向にあるが，LCFTPはSCFTPより更に導電性，高強度，高剛性の特徴が高く，今後の産業分野で成長材料となるものと考えられる[2]。

　短繊維強化SCFTPが，あらかじめチョップ化された強化繊維をマトリックス樹脂とブレンドするのに対し，長繊維強化LCFTPは，連続繊維に樹脂を含浸し，なんらかの方法で樹脂を固化した後，これをペレタイズして成形用コンパウンドとする製造方法を用いる。

　従って，LCFTPでは，ペレットの長さが即繊維長ということになり，ペレタイジング時のカッティング長によって，繊維長が自由に変えられることになる。

　以上のLCFTPコンパウンドは，次のような各種の方法によって製造されている。

(1)　樹脂含浸法

a．Solution-Coating（溶液被覆法）

　樹脂の溶液，又はサスペンションの浴の中を通し，樹脂を含浸し，その後溶剤あるいは分散媒を飛ばして固化させ，連続ストランドとした後，カッティングしてペレットとする方法である。この方法は，ラボスケールには適しているが，溶剤の除去が環境問題に結びつき，工業規模では現実的でない。また，エネルギーコストが高く，投資額も大きくなる欠点がある。

b．Powder-Coating（粉末塗装法）

　樹脂の粉末を流動層化した槽の中に連続繊維を通し，静電気的に粉末を繊維に付着させた後，次の工程で樹脂を溶融させて均一に含浸し，後固化して連続ストランドを得る方法である。

　この方法では，環境問題はないが設備コストが高くなり，使用する樹脂も均一粒径の粉末を得ることが難しい。また，熱溶融する場合があるなどの点から，選択幅が小さいという短所がある。

　従って，現状では限られた数社で使用されているだけで，CF，GFのモールディングコンパウンドの分野では，シェアが最も小さい。

c．Screw Compounding（スクリュー混練法）

　通常のSingle-Screw Compoundingでは，繊維長が非常に短くなってしまい，LCFTPの製造には向かない。

　SingleからDouble-Screwに変えることによって，繊維長を長くする試みがなされている。Screw Machine（Screw Type Extruder）の大きな長所は，非常に高い生産性にあるが，現調査時点では，繊維長が6mm以上の繊維を含有するペレットの製造には成功していない。

d．Melt Impregnation（溶融含浸法）

　現時点において，6mm以上の繊維長のCompoundingに最も成功しているのは，本Melt Impregnation法である。

　この方法は，連続繊維を熱可塑性樹脂の溶融バスの中に通し，その後冷却固化させ，連続スト

ランドを形成，これを希望の長さに切断する工程からなる。この方法の，いくつかのバリエーション技術が特許で保護されており，いくつかの会社で工業的に採用されている。しかし，このバリエーション技術は本質的には同じである。この方法の長所は，投資額が少なく，エネルギーの消費も少なく，環境問題もない点にある。

短所は，適当に溶融する樹脂と，性能改良のための添加剤の選択の自由度が制約されることである。

(2) 混練技術（直接混練法，間接法（Master Batch法）の選択）

最終ペレットの繊維含有率を直接ねらうか，繊維含有率の高いMaster Batchをつくり，成形時に，Virgin ResinとDry Blendingして成形体中の繊維含有率を目標レベルにする間接法かの選択がある。繊維長を保持するためには，後者の間接法（Master Batch法）が適しているので，これを採用する会社が多い。

〈LFTPの性能と特徴〉

従来長期にわたって検討されてきている短繊維あるいはミルド繊維を使用したSFTP（Short Fiber Thermo-Plastics）は，通常Screw Compound法によってペレット化されるが，この工程で繊維長が1mm以下に低下してしまう。

しかし，このSFTPによって，室温での曲げ強度，引っ張り強度などは改善されるが，連続繊維で強化された成形体が持つような高度なレベルの衝撃強度，高温での曲げ強度まで改善されることはない。

これに対し，LFTPでは，クリープ性，高温での曲げ強度，弾性率，寸法安定性，低温での耐衝撃性などが改善される。

従って，LFTPは，SFTPと連続繊維強化材との中間的位置を占める材料といえる。

以下にLFTPとSFTPの製造工程と，各ペレットの特性，相違点を比較して示した。

① コストの比較[3~6]

LFTPは，SFTPに比較すると割高であるが，連続繊維コンポジットに比べると値がこなれており，高生産性技術の開発も進むことによって，汎用材料として認められてくると考えられる。

② 製造プロセス（Polymer Composites社の「Celstran」の場合）

繊維ロービングを，ダイス内で溶融樹脂に含浸させ，引き出す方法によって複合化し，回転式

表1 コスト比較

材料の種類	コスト
連続繊維コンポジット（CF/PEEK）	約200ドル／kg
LFTP	約30-40 〃
SFTP	約15-20 〃

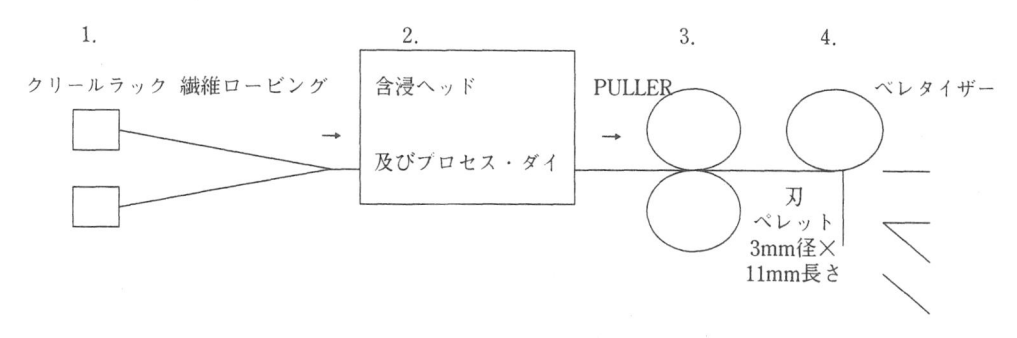

第6章　マトリックス（母材）の最先端技術

1. クリールラック 繊維ロービング
2. 含浸ヘッド及びプロセス・ダイ
3. PULLER
4. ペレタイザー
   刃 ペレット 3mm径×11mm長さ

図1　Celstranの製造フロー

表2　長繊維ペレットと短繊維ペレットの形態比較

	長繊維ペレット（Celstran@）	短繊維ペレット
ペレット長	11 mm	3 mm
ペレット径	3 mm	
繊維含有量	30-60wt%	5-30wt%
繊維長	11mm（ペレット長）	1mm
繊維配向	平行（ランダム，たるみはない）	ランダム配向

刃物で一定長にカットしてペレットを得ている。

③　長繊維ペレットと短繊維ペレットの模式的構造比較

④　インジェクション成形での留意点

長繊維ペレットのインジェクション成形においては，繊維の切断を極力抑えるための各種工夫がなされている[4〜6]。

Polymer Composites Inc. の情報によれば，射出成形機のスクリューに特別の工夫がこらされており，Metering（節付き）スクリューが使用されるという。特に，フィードゾーン／トランジションゾーン／Meteringゾーンの長さ比を30/50/20にしたり，チャンネル深さ，ピッチなどに工夫がこらされている。

また，ヘッドにチェックリング式逆流防止バルブを用い，ボールチェックバルブは流動性，繊維破断の面から不適切としている。

3.2.2　LFT-D-ILC[7]

自動車工業界では，車両の軽量化が重要課題として鋭意検討され，軽量で強いプラスチックによる自動車部材の成形技術が開発されている。

ドイツのプレスメーカーであるディーフェンバッハ社（Diefenbacher）は，成形プレスおよび

全自動製造ラインのメーカーであるが，LFT-D-ILCの技術形成を図り，これを世界に広めている。

LFT-D-ILCは，Long fiber Reinforced Thermoplastic Direct In Line Compoundの略称であり，その技術の特徴は，ポリマー・添加剤・繊維，半製品（GMTやLFT-G）を作る工程を経ずに，成形工場のラインの中で，コンパウンド化し，同時に成形するところにある。このため，半製品製造コストが省ける。

LFT-D-ILC技術は，図2に示すように，PP・添加剤がツインスクリュー押し出し機を経て，ツインスクリュー装置（混合押し出し機）に入るところで，エンドレスの強化繊維を入れる。

エンドレスの長繊維の混合割合は，送り速度が無段制御によって，任意に継続的な設定変更ができる。そのため，成形品に対する要求品質に容易に対応できるようになっている。

押し出されたコンパウンドは，次いで，プレス成形によって各種の製品に生まれ変わる。

LFTの製品適用例としては，ファンプレートやドア，ボンネットなど各種自動車部品を挙げることができる。

LFT-D成形がインジェクション成形に比べて優れている点は，次のようなところである。

① サイクルタイムが20－25secと非常に短い
② キャビティー圧力が均等
③ 溶融流動ラインが要らない
④ 金型充填中でのせん断が少ない

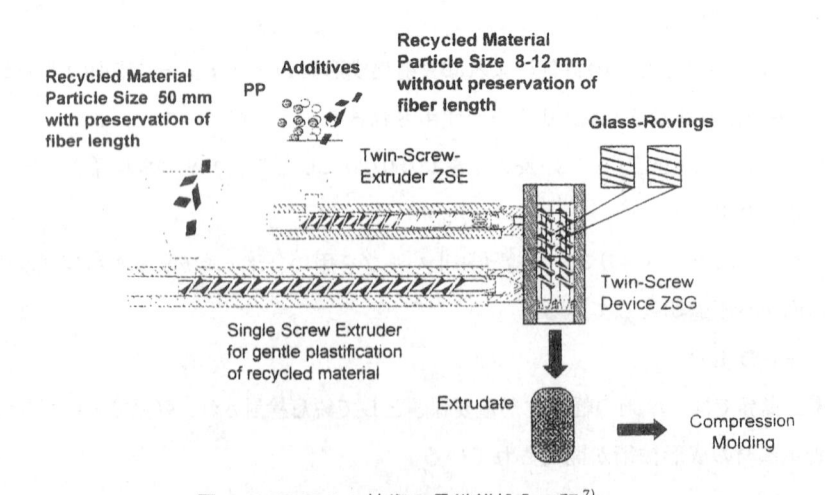

図2 LFT-D-ILC技術の長繊維投入工程[7]

第6章 マトリックス（母材）の最先端技術

⑤ より長繊維の使用が可能で、製品の機械特性がよい

など、その他の利点も多いという。

3.3 CF連続繊維・熱可塑性樹脂複合材料

CF連続繊維・複合材料用マトリックス樹脂に関しては、従来は熱硬化性樹脂が殆どであったが、最近になって熱可塑性樹脂に対する関心が強まってきている。

この分野については、別途調査すべき広範な技術領域をもっているが、以下に概略を紹介しておく。

3.3.1 炭素連続繊維・熱可塑性樹脂複合材料が注目される背景

その背景には、炭素連続繊維・熱可塑性樹脂複合材料の次のような特性が得られるからとされている。

① 高靱性を得ることが容易である。
② 熱硬化性樹脂系に比べて、成形し易く、加工コストが低い。
③ リペアが比較的容易である。

そこで、各種の熱可塑性マトリックスが使用されるようになってきており、目的、用途に応じて使い分けられる傾向にある。

3.3.2 熱可塑性樹脂の分類

炭素連続繊維・熱可塑性樹脂複合材料に用いられるマトリックス樹脂の種類としては、つぎの様に分類される。

① スーパーエンジニアリングプラスチック

例えば、PEEK、PEKK、PES、PPS、ウルテムなど、高性能耐熱樹脂。

② エンジニアリングプラスチック

スーパーというほど耐熱性、機械的特性を必要とせず、低価格で要求を満たす樹脂として、ナイロン6、66、PET、PBT、ポリアセタール、ABSなどのようないわゆるエンプラが広く利用される傾向がある。

低価格、易加工性FRP材料として、これらのマトリックス樹脂が今後伸びる可能性は十分にある。

③ 汎用プラスチック

耐熱性は必要とせず、低価格と成形加工のし易さから、大量消費型の汎用プラスチック、PMMAやPP、PCなどをマトリックス樹脂とするFRTP材料の開発や上市が進められている。

④ 新規マトリックス樹脂

高い耐熱性、機械的物性と同時に、比較的良好な成形性、加工性を有するマトリックス樹脂が、

新規に開発されてきている。

　DCB樹脂（Diketone bis-benzocyclobutene），シアネートエステル樹脂，COPNA樹脂（縮合多官芳香族化合物系樹脂）が世界的に注目をあびてきている。

3.3.3　繊維・樹脂複合化方法・中間材形成の含浸方法

　繊維の樹脂含浸方法については，次のような手段が存在する。

① 均一含浸タイプ（溶液含浸タイプ，ホットメルトタイプ）
② 粉末マトリックスタイプ（パウダープリプレグタイプ）
③ 繊維化マトリックスタイプ（ヤーンタイプ，ウエッブタイプ）
④ フィルムシートマトリックスタイプ

　これらの手法を分類，整理すると図3のようになる。

3.3.4　炭素連続繊維・熱可塑性樹脂複合材料の性能

　これらの連続繊維・熱可塑性樹脂複合材料は，半硬化状態で使用される熱硬化性樹脂系に比べて，硬くてドレープ性がなく，タッキネスも低く，プリプレグとしての取り扱い性，加工性が極めて悪いのが現状である。

　そこで，これらを改良するため，種々の手段が開発され，すでに上市されているものもあるが，これらの手段もそれぞれ長所，欠点を有している。将来どれが勝ち残るか，今はその判断できる

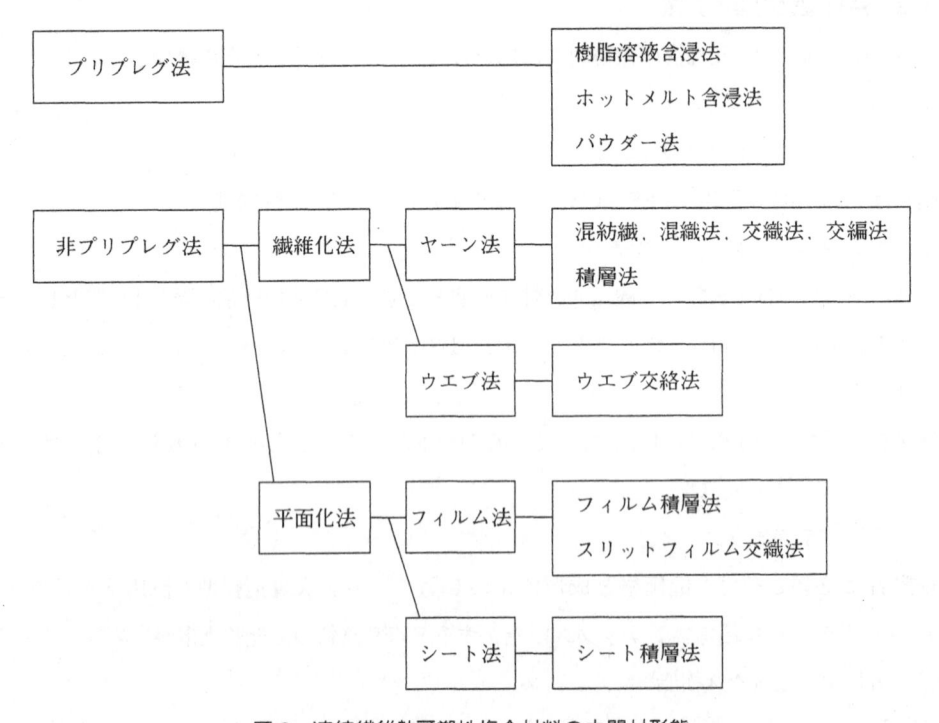

```
プリプレグ法 ───── 樹脂溶液含浸法
                    ホットメルト含浸法
                    パウダー法

非プリプレグ法 ─┬─ 繊維化法 ─┬─ ヤーン法 ── 混紡織，混織法，交織法，交編法
                │            │              積層法
                │            │
                │            └─ ウエブ法 ── ウエブ交絡法
                │
                └─ 平面化法 ─┬─ フィルム法 ── フィルム積層法
                              │                スリットフィルム交織法
                              │
                              └─ シート法 ── シート積層法
```

図3　連続繊維熱可塑性複合材料の中間材形態

第6章 マトリックス（母材）の最先端技術

時期ではないといえよう。

3.3.5 炭素連続繊維・熱可塑性樹脂の開発例

参考までに，開発各社の製品状況を以降に示しておく。

なお，特殊な材料として，Du-Pont社が開発したLDFプリプレグがある。

これは，炭素繊維あるいは，アラミド繊維の連続ストランドをストレッチブレークすることによって，ある繊維長の分布を持った不連続繊維に変えるとともに，自社の熱可塑性樹脂PEEKと組み合わせ，かつ，繊維の配向をできるだけ一方向から乱さないようにした成形材料である。曲面成形のし易さと易成形性，コンポジットの性能バランスをねらった新規発想の材料であるので，特記しておく。

(1) 高性能樹脂（熱可塑性樹脂を含む）の開発例

① スーパーエンジニアリングプラスチック

耐熱性と靭性を兼ね備えた樹脂として表3のような樹脂が各社で開発されている。

表3 スーパーエンプラの種類と特性

会社名	ポリマー種	特徴	特性 (Tg℃)	特性 (Tm℃)	摘要
DuPont	PEEK	芳香族エーテル／ケトン	156	338	
	PFA	側鎖ポリフロロエチレン	—	305	
Amoco	PES	芳香族エーテルスルフォン	260	—	Radel
	PAEK	ポリアリレンエーテルケトン	144	340	Kadel
BASF	PEKEKK	芳香族エーテル／ケトン	173	380	
Philips	PPS	ポリフェニレンスルフォン	85	285	
GE	PEI	ポリエーテルイミド	217	—	Ultem
DOW	BCB	ジケトンビスベンゾシクロブテン			
Rhone-Poulen	シアネエステル	ビスフェノールシアネート縮合体			
	COPNA	縮合多環樹脂			

② 複合化法開発例（表4）

表4 CF連続繊維・熱可塑性樹脂の複合化法

手法	特徴	代表例	摘要
樹脂含浸法（溶液，溶融）	コスト安，設備投資小 ドレープ性，タック不良	PEEK/CF	ICI/Fiberite
パウダー法	コスト割安，設備投資要 タック不良	スラリー法、流動床法 静電法	NASA 東邦レーヨン, Atochem/Spiflex
混紡法	強化繊維とマトリックス短繊維を混紡，織物，コスト高	コートールズ・Heltra	帝人が技術導入・Filmix
混織法 co-mingle	強化繊維とマトリックス樹脂フィラメントを混織，コスト高	GF．CF/PET， ナイロン6	東洋紡CYP
交織法 co-weaving	両繊維を交織して混在化。 コスト高	GF．CF．AF/エンプラ．スーパーエンプラ	日東紡・Texxes Hybrid F
交編法 co-knitting	両繊維を交編する。 混織に比し低コスト	UD-Knit	帝人・F/F
積層法 Fabric-lamination	両繊維の織物を交互積層する。 コスト割安	CF．GF．AF	帝人・F/F(Fabric/Fabric)
ウエブ交絡法 webinterrace	マトリックス繊維ウエブを強化繊維中でWJ交絡，低コスト	エンプラ，汎用樹脂	旭化成・WIP
フィルム積層法 film-lamination	マトリックスフィルムと強化繊維配向体を積層 比較的低コスト，低均一性	aramidフィルムと積層	旭化成・Aramica Tape
シート積層法 sheet lamination	マトリックスシートと強化繊維組織体と積層 比較的低コスト	CF/PMMA	三菱レイヨン・パイロフィルシート

文献

1) 森本尚夫, 強化プラスチックス, Vol.49, No.4, p165-175 (2003)
2) Garbriele, M. C., Compounders Weigh Glonbal Opportunities in High-Charged Electronics Market. Modern Plastics (International) Oct. 1999, pp58-60.
3) Russel J. Bochstedt, Long Carbon Fiber Thermoplastics For Injection Molding, Advanced Composites '93, pp911-994
4) Malcom W. K., Rosenow, Injection Molding of Long Fiber Reinforced Thermoplastics Materials, 40th Int. SAMPE Symposium, May 8-11 (1995)
5) B. Schmid Stuttgart, Injection Molding of Long-fiber-reinforced Thermoplastics Kunststoffe German Plastics 79, 7 (1989)
6) Rik Decoopman, J Vandaele, "Successful Production of Thin Wall Articles in Long-

第6章 マトリックス（母材）の最先端技術

Carbon-Fibre Flame Retardant Thermoplastics" 43rd International SAMPE Symposium May 31-June 4, pp897-908 (1998)
7) 安部徹, 強化プラスチックス, Vol.52, No.7, p302-309 (2006)

4 炭素系複合材料（C/Cコンポジット）

前田 豊*

4.1 はじめに

炭素をマトリックスとするCF強化炭素複合材料は，C/Cコンポジットと称して，主に米国で1960年代から研究開発が進められてきた。1970年には既にCarbon/Carbon Compositeというタイトルの論文が報告された。C/CコンポジットはCFで補強されているので，比強度，比弾性率が高く，また，マトリックスが炭素であるため，高昇華温度，高温での強さ保持，耐熱衝撃性，高アブレーション性および化学的不活性などの特性をもち，高温での応用にとって非常に魅力あるACMである。

C/Cコンポジットの研究は着実に進められ，現在では，世界中の大型旅客機，戦闘機およびスペースシャトルに搭載されている。ロケットノズルやノーズコーン，宇宙航空機器部材として実用化されており，今後，原子炉用材料や骨などの医療用材料としての発展も期待されている。日本でC/Cコンポジットを工業化している企業は少しずつ増え，現在では4，5社になっている。C/Cコンポジットの現時点での大きな課題は，耐酸化性の向上とせん断強度の向上である。

4.2 C/Cコンポジットの製造法

C/Cコンポジットの一般的製造法は以下の2法である。

(1) **樹脂含浸法（レジン・チャー法）**

フランやフェノール樹脂などの熱硬化性樹脂を含覆したCF中間基材を成形硬化させた後，不活性雰囲気中で炭素化する。

通常，樹脂の炭素化収率は60%程度であるため，樹脂またはピッチ含浸～炭素化（緻密化工程）は製品の必要とする密度あるいは，機械的強さが得られるまで，数回以上繰返される。また，樹脂の炭素化収率を上げるため，高圧下での炭素化が種々検討されている。再含浸回数を減らすために，あるいは，製品中心部まで均一に含浸，緻密化するような，様々な工夫がなされている。

C/Cコンポジットの物理的特性を向上させるため，炭素化工程の次に黒鉛化処理（2,000～3,000℃）をする場合が多い。

(2) **CVD法（化学気相蒸着法）**

メタン，プロパンなどの炭化水素を比較的低濃度で高温に保持された製品中に導入し，直接，気相で炭素を沈着させる。カーボンソースとなるガスを繊維基材中に浸透させるために，種々の方法が開発されている。最も広く利用されているのは，等温法と温度勾配法である。

---

* Yutaka Maeda 前田技術事務所 代表

第6章 マトリックス(母材)の最先端技術

等温法では,CF基材は,誘導加熱された黒鉛サセプタの輻射により加熱され,ガスと基材は均一な温度に保持される。温度勾配法は黒鉛サセプタに接している基材内側がより高温になり,基材の厚さ方向に温度勾配が生じ,したがって,より高温の基材内側より炭素が蒸着する。

〈C/Cコンポジットの製造プロセスの改善〉

C/Cコンポジットのマトリックス原料は,先に述べたとおり,大別して,①ピッチ系,②CVD系である。また,さらに,熱硬化性樹脂を原料とする工程が開発されている。

ピッチ系の最近注目される話題は,ヨウ素のピッチ系炭素化プロセスの適用で,これにより炭素化収率を90%近くまで向上させ,かつ微細組織制御を可能としている。

もう一つは,加圧下炭素化することにより,炭素収率,密度,組織の3つを同時制御する方法である。

最近,興味ある熱硬化性樹脂炭素の報告があり,ポリアリルアセチレンを用いることにより,炭素収率を80%以上とすることが可能としている。

CVD系で興味ある報告は,パルスCVIで,反応生成物としての水素ガスが試料内部に留まり,原料ガスが拡散しがたい状況を打破する方法で,カーボンマトリックスの形成が容易になるという。

4.3 C/Cコンポジットの特性値の限界

C/Cコンポジットは,軽量で高強度・高弾性な炭素繊維をフィラーとし,マトリックスも炭素から構成された全炭素複合材料である。

炭素の常圧での安定相は黒鉛であり,共有結合の六員環の炭素網面を積み重ねた構造である。網面間の結合はファンデルワールス結合であるため,積み重ねが崩れやすいが,網面内の結合は極めて強く,面内の弾性率は極めて高く,強度も強く,熱膨張率が低い。

この黒鉛の特性を,高温用構造材料に有効に利用しようとするものが,C/Cコンポジットである。C/Cコンポジットの予想される限界物性値を表1に示す[1]。

炭素材料の特性は,結晶子の配向を変化させることにより大きく変化する。繊維系複合材料

表1 一般炭素材料特性とC/Cコンポジットの予想限界特性値

物性	予想限界値	一般炭素材料
弾性率	840 GPa	9～30 GPa
引張強度	5700 MPa	20～100 MPa
熱伝導率	1,500 W/(m・K)	10～160 W/(m・K)
熱膨張係数	$-0.4 \times 10^{-6} K^{-1}$	$(1～6.5) \times 10^{-6} K^{-1}$
電気伝導度	0.4 $\mu\Omega\cdot$m	5～50 $\mu\Omega\cdot$m
密度	2.2 Mg/m³	1.4～2.1 Mg/m³

は，繊維の配向が特性を大きく支配する。C/Cコンポジットにおいては，繊維の配向とマトリックスの配向の両面から特性制御が可能である。これは，ナノからミクロ領域でのアロイングである。

4.4　C/Cコンポジットのせん断強度の向上

C/Cコンポジットのせん断強度の向上には，繊維の微細構造を制御して繊維自身のせん断強度あるいは圧縮強度を向上させること及び，マトリックス組織を制御してせん断強度の向上を図ることに加え，界面結合を強固にする必要がある。これらに関しては，安田らの研究が進められているところである[2]。

4.5　耐酸化性の向上

C/Cコンポジットの耐酸化性の向上の方法として，部材の外表面をSiCなどの耐酸化性物質で覆う研究が主流である。

超耐環境性先進材料プロジェクトでは，SiC被覆あるいはIrによる被覆の研究が進められた[3]。重要な方法であるが，熱膨張係数が被覆材と異なり，熱応力で亀裂が入りやすく，外部からの衝突亀裂が入る可能性がある。一度亀裂が生じるとそこから酸素が進入し，内部酸化が進行する。そのため，複合材各パートを自己修復型にする必要がある。

最近，英国リーズ大学のB. Randらは，炭素繊維原料のピッチに耐酸化性のSi化合物をブレンドし，炭素繊維を作っているが，得られた繊維の耐酸化性はかなり高いようである[4]。

日本において，安田らの進めている技術を紹介すると次のようである。

(1) 沃素による前駆体のアロイング[1]

C/Cコンポジットの特性は，組織によって大きく左右されるが，組織を制御する方法は，炭素の前駆体によって異なる。経済性，操作性から，主としてピッチが用いられる場合が多いが，ピッチは加熱時に溶融状態を経て，炭素化の過程で繊維形成体から流れ出してしまう。また，ピッチの流れに起因して，黒鉛層面の発達が特定方向への配向が起こり，せん断強度の極端な低下を起こす。そこで，ピッチマトリックスを溶融温度以下で沃素を反応させたところ，これらの問題を一気に解決することが可能となった[5]。

具体的には，石炭系ピッチを炭素繊維束に含浸し，363Kの乾燥器中で沃素処理し，1,073Kで炭化処理する。炭素収率は，沃素処理のない場合の55%から77%に向上し，試料の組織はバルクメソフェースの発達した流れ組織から，ファインモザイク組織となり，せん断強度の向上が達成できたという。

第6章 マトリックス（母材）の最先端技術

(2) ヘテロアトムによるアロイング

C/Cコンポジットの問題点は，873K以上で空気による酸化が顕著になることである。

一般的に行われている耐酸化法は，表面をB_2O_3やSiCで覆う方法である。ただし，耐酸化被覆層と基材の熱膨張率の違いで，冷却過程でひび割れ，剥離を起こすのを避けるため，組成や密度の傾斜機能化が施される。

剥離による酸素進入を避けるため，自己修復性を持たせる試みが行われており，例えば，SiC等の耐酸化性粒子を，炭素繊維あるいはマトリックス中に分散し，酸化が進むと耐酸化性粒子が表面に露出し，耐酸化皮膜として利用するものである。このとき，耐酸化性物質として，アロイングのためのヘテロアトムが利用される。米国NASAではNb系，日本の経産省ではIr系，安田らは，フラン樹脂を前駆体として，Ta系にターゲットを当てている。

4.6 C/Cコンポジットの特性と用途

(1) 機械的特性

C/Cコンポジットの弾性率および曲げ強さを他の炭素材料や耐熱複合材料と比較するため，高温での曲げ強さを図1に示す[6]。他の複合材料が200～300℃以上から，強さの劣化が起こるのに対し，400℃以上では，C/Cコンポジットが最も優れていることを示している。

(2) 化学的特性

C/Cコンポジットの化学的特性は，一般の炭素材料と同様であり，耐熱酸化性を除いては，化学的に非常に安定である。酸化は主として欠陥が起点となって進行し，C/C材料の熱処理温度が高いほど，酸化速度は遅くなる。

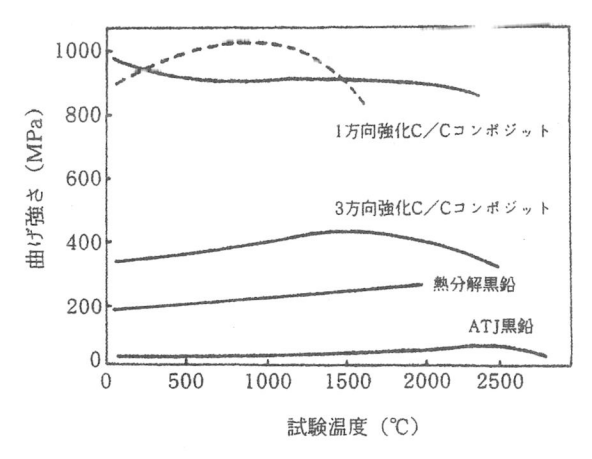

図1 高温でのC/Cコンポジットの曲げ強さ
（『炭素繊維の応用技術』シーエムシー，1984年）

(3) 用途

C/Cコンポジットの用途としては次の様な分野があり，用途は大きく拡大するものと考えられる．

耐熱材料…ロケットや再突入飛行体のアブレーション材料，タービン材料，高温材料，
　　　　　日本版スペースシャトル耐熱材料

摩擦材料…航空機やレーシングカー等高速車両用ブレーキ材料

導電・構造材料…原子炉，核融合炉用容器材料，電極

生体材料…骨，歯根，関節材料

その他…ホットプレス，半導体治具

C/Cコンポジットは，力学的機能に偏って研究が進められてきているようであるが，熱的機能，電気的機能，磁気的機能，生物機能，化学的機能，表面的機能などを複合的に生かした用途を考えることもできる．ただ，耐酸化の問題が解決されれば，強度部材として最高の特性を有する材料であり，複合機能を利用した用途拡大が望まれる．

文　　献

1) 安田栄一，*Materia Japan*, **37** (4), p226-229 (1998)
　 安田栄一，木村脩七，OHM (6), p65 (1996)
　 安田栄一，早田喜穂，高分子，**47** (8), p555-558 (1998)
2) E. Yasuda, J. Ariyoshi, T. Akatsu and Tanabe：Proc. Japan-US CCM-Ⅶ, 159 (1995)
3) 第1－8回超耐環境性先進材料シンポジウム講演集 (1990-1997)
4) S. Lu, B. Rand, K. Bartel and A. Reid, *Carbon*, **35** (2) (1997)
5) E. Yasuda, H. Kajiura and Tanabe, 炭素，**1995** (170), 286 (1995)
6) 炭素繊維懇話会企画監修，「炭素繊維の応用技術」，シーエムシー (1984年6月)

第7章 複合材料の成形加工先端技術

1 成形加工技術の進化

前田 豊*

1.1 はじめに

複合材料の成形加工技術の概要は第4章で紹介した。本章ではこれらの中,炭素繊維・複合材料（CFRP）の成形加工に関する先端技術について紹介したい。

オートクレーブ成形,オーブン成形,ハイサイクル一体成形,RTM成形,引抜成形,高速FW成形などの成形法が対象となる。

航空宇宙分野をはじめ,軽量構造体として応用・実用化が進むと同時に,成形加工技術の革新が続けられている。特に,航空機一次構造部品の実用化が急速に育ってきている[1]。

関連して,宇宙,自動車,一般産業分野の製品製造に関する技術が注目されている。特に,高速化,低価格化,量産対応の成形技術,中間材料の開発努力が続けられており,その代表的な例を挙げると以下のようになる。

なお,NEDO主導で自動車用途向けRTMハイサイクル一体成形技術や,連続成形法である引抜成形技術や,複雑形状体の高速圧縮成形法,高速FW法などの技術進展がある。

1.2 オートクレーブ成形の進化

1.2.1 オートクレーブ成形における一体成形技術[2]

オートクレーブ成形に関連する最新技術として,一体成形技術（co-cure forming）が挙げられる。この技術は国産支援戦闘機F-2の主翼製造に適用されており,部品点数,継ぎ手部を少なくし,20～40%の重量軽減を図ると共に,コスト低減でも有効といわれ,今後航空機の構造体製造の有力技術となる。

1.2.2 プリプレグ積層工程の自動化[2]

オートクレーブ成形の前工程の合理化に関する技術の一つであり,成形工程でのコスト削減の点から,各工程の自動化が進められている。

積層用プリプレグを自動制御されたナイフで所定の形状に切断する自動プリプレグカットや,テープ状プリプレグをローラーにより型へ積層する自動レイアップ,X線や超音波による自動検

---

* Yutaka Maeda　前田技術事務所　代表

査装置，ウォータージェットなどによる自動トリムなど殆どの工程が自動化されてきた。

ファイバープレースメント技術は，大型複雑形状部品の自動化の例であり，トウプリプレグを用いて自動的に積層を行うファイバープレースメント機が開発され注目を浴びている。

全自動ファイバープレースメント機は，複合材料の成形素材（細幅プリプレグ）を自動的に積層する先進的装置であり，各種曲面製品を，人手を煩わせず積層成形する事が可能となってきた[11]。

また，NC付き自動積層法も関連技術の例である。航空機部品のオートクレーブ成形法には，先行する曲面型へのプリプレグ積層等の生産性が低く難しい工程が控えている。この工程の合理化対策として，最近NC付き自動積層機が導入され，平坦な形状のものは，一方向プリプレグを自動積層し，真空バッグ工程を経て，オートクレーブ硬化を行うようになってきている。

1.2.3 オートクレーブ成形のスマート化[2]

硬化サイクルの適正化を行うため，昇温・降温速度，中間温度・時間，加圧のタイミングの設定などが重要となってくる。このため，硬化過程のマトリックス樹脂の挙動をモニターして，最適な成形条件を決定する手法が開発されている。

硬度，温度，圧力，板厚などのセンサーを用いて素材の成形状態をモニターし，コンピューター制御するオートクレーブ成形のスマート管理システムは，成形条件の最適化に寄与し，成形品の品質向上，成形時間の短縮が可能になってきている。

1.3 先進オーブン成形技術

オートクレーブ成形では，高性能，高品質の成形品が得られるが，設備の初期投資が大きく，成形できる製品のサイズがオートクレーブの大きさに制限される。そのため，大型低コスト製品用には，大気圧を利用して比較的低温加熱のみで成形でき，型や成形条件が緩和されるオーブン成形法が注目されている。オーブン成形によってできる限り高性能製品を得るためには，材料面の開発が必要であり，100℃以下の低温で硬化するプリプレグの開発が行われた。アメリカズカップ用ヨット・初期日本艇には，三菱レイヨン社で開発された80℃硬化型プリプレグ#830が採用されている[3]。

オーブン成形では，大型成形品への適用が可能な反面，真空圧しか利用できないので内部に欠陥が残り易く，高品質の成形品ができにくいという課題を残していた。この課題を解決するために，様々な工夫を施したプリプレグが開発されている。ACG社の「ZPREG」はその代表的なものであり，マトリックス樹脂をストライプ状に配することで，成形時の脱気回路を確保している[3]。

その後#830を改良し，内部欠陥をなくす工夫を施し，ポストキュアにより高耐熱性を実現す

第 7 章　複合材料の成形加工先端技術

る#850が開発され、宇宙往還試験機「HOPE-X」の機体構造用材料として全面的に採用されている[3),6),7)]。

1.4 RTM成形技術の進化

量産、低圧、低温、強化繊維の量、方向、位置設定に自由度大という特徴がある。また、補強材、サンドイッチ芯材、インサート一体成形可能で、成形品の大型化が可能である。例えば、自動車用途では、高速一体成形技術、船艇では大型一体成形が可能で、型費、プレス初期投資が少なく、ゲルコート塗装が可能である成形などが提供される[8)]。

1.4.1 高速成形技術－ハイサイクル一体成形技術

環境問題（CO_2削減）から自動車の燃費向上が求められており、そのために車体の軽量化の要求が高まっている。NEDO自動車用複合材プロジェクトにおいて、車体の材料をスチールから大幅な軽量化が達成できる炭素繊維強化樹脂に置き換えるために、ハイサイクル一体成形技術の開発を行っている[9)]。

従来のオートクレーブ成形、RTM成形等では160分／サイクル以上を要しているものを、目標は成形サイクル10分以内で、大幅に短縮する技術であるが、一応見通しが得られたとしている。

技術の内容は、基材配置、樹脂含浸・硬化、脱型からなる成形工程を、合計10分以内で行うため、高速含浸、超高速硬化樹脂を開発することであった。

技術の詳細は明らかにされていないが、高速含浸のためには、平面方向の含浸から厚み方向への含浸に変更すること、また、高速硬化を達成するために、ビスフェノールA配合連鎖移動剤を含む低粘度アニオン重合反応性エポキシ樹脂の開発などを行っている。

従来のアミン系硬化剤を用いるエポキシ樹脂では、成形時、流動状態にある時間は、硬化度10%までで35分、この状態から脱型可能な硬化度90%になるまで55分を要していたものを、アニオン重合にエポキシ樹脂を用いて、それぞれ流動域時間3分と硬化時間5分に短縮できたという。

これにより、鉄材料系の成形コストと同等の複合材料成形コストが達成できると見込まれ、具体的な自動車部品の成形・量産技術の形成に移行している。

1.4.2 大型バキューム・インフュージョン成形（VIP：Vacuum Infusion Process）

FRPの代表的な成形法であるハンドレイアップ法やスプレーアップ法は樹脂の揮散と繊維刺激の点から作業環境が悪く、人為的要因が大きいため、製品品質の安定性が劣るという欠点がある。これら欠点を改善し、大型製品に適した成形法がバキューム・インフュージョン法である。欧米では既に、汎用成形法の一つにまで応用が進んでいるが、わが国ではまだ試作段階で、今後早急

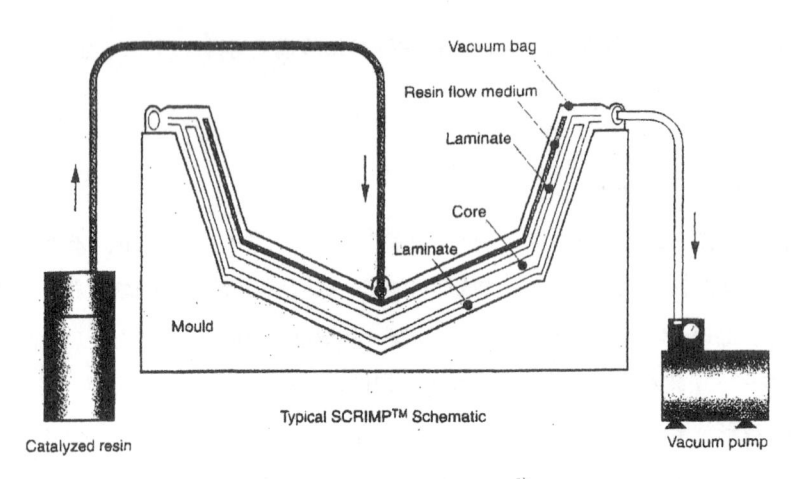

図1 SCRIMP法の原理図[5]

に取り組まなければならない技術である[4]。

　この成形技術は，1980年代後期に米国で開発され，特許化されたが，性能的に優れている点とスチレンの揮散がないため，環境的にもよい点が特徴である。近年どの国も環境規制が厳しくなる傾向があり，オープン成形からクローズド成形への切り換えが進んできている。

　VIPは，一方の型がFRPなどで製作された安価な型で，他方はバキュームバッグを使用する成形法で，その代表的なものがSCRIMP法である。基本的な成形の状態を図1に示す。

　この方法では，製品の形状をした型の上に強化材と芯材をセットし，その上に樹脂分散溝を有するテフロン処理したシリコンバッグで覆い，周囲をシールして減圧する。すると触媒混合樹脂が型内に流入し，バッグは減圧により圧縮され脱泡される。このような型，成形材料を加熱等に硬化，脱型することで，大型の成形品を得ることができる。

　樹脂はポリエステル，ビニルエステル，エポキシを使用でき，繊維含有量60～70wt%の製品を得ることができる。

　ハンドレイアップ品より10～30%軽量となり，作業者による性能の変化がなく，大型品の成形に向くが，小型で複雑形状品には適しない。

　欧米では，スイミングプール，モーターボートや帆船など多くの製品に応用されている。

　VIPの変形として，樹脂分散システムに芯材のPVCフォームに溝を形成した方式などが実用化されている。

1.4.3 レジンインフュージョン技術

　成形コスト低減の観点から，炭素繊維を複合材料成形品の骨格構造となる形態に加工したプリフォームに樹脂を注入して硬化させるレジンインフュージョン技術が注目されている。

　液状樹脂を真空圧で注入するVaRTMやフィルム状の樹脂を利用するレジンフィルムイン

第7章 複合材料の成形加工先端技術

フュージョン（RFI）がその代表的な方法である。

航空機構造体への適用も検討されており，厚み精度，高靱性化などの課題も解決されつつある。高靱性化は，マトリックス樹脂中の高靱性化成分を分離して繊維化し，プリフォームの一部として使用する方法が提案されている[3(c)]。エアバスA380には，レジンフィルムインフュージョンで成形された部材が採用されている[3(d)]。

1.4.4 耐熱性の向上したアドバンスドRTM成形

航空機用途に使用される大型技術に，アドバンスドRTM成形が注目されている。樹脂はNASAで開発されたPETI系で，RTM用に設計されている[10]。

この樹脂は，Tgが246℃と高く，ジェットエンジンや航空機構造体のアルミニウムやチタン材料の代替に使用できるとされており，CF複合材の新たなブレークスルー技術となるかも知れない。

1.4.5 RTMコボンド一体成形

近年，民間航空機においても主構造への複合材料の適用が展開されつつあるが，製造コストの低減が重要課題である。低コスト化の追求として，RTM成形法およびさらなる低コスト化が可能であるVaRTM成形法を適切箇所へ活用したコボンド成形技術開発がなされている[13]。

コボンド成形技術とは，未硬化のプリプレグと硬化後の成形品を一体硬化する方法である。一体成形する下部ボックスは，VaRTM成形法によるストリンガーとマッチドダイRTM成形法による桁を一次硬化・脱型した後，プリプレグを積層した未硬化の外板上にフィルム接着剤を介してセットしオートクレーブにて一体硬化する技術である。

VaRTM/RTM品の本硬化，部品間の接着，プリプレグ硬化の3つの成形を一度に行う"3 in 1"コボンドとよぶ独自の製造法を用いて低コスト化を図っている。

1.5 高速引き抜き成形

1.5.1 引き抜き成形の生産性向上

引き抜き成形の生産性向上には，引き抜き速度を上げることが重要であるが，そのためには配合樹脂の硬化速度が大きく，ポットライフの長い樹脂系が必要となる。これを解決する方法として，RIMあるいはレジンインジェクション方式を用いて，樹脂と硬化剤を混合しながらダイに圧入する方法が検討されている。

1.5.2 熱可塑性樹脂を用いた引き抜き成形

成形後の形状変え加工，リサイクル可能な熱可塑性樹脂使用の引き抜き成形が注目されている。熱硬化性樹脂成形品に比べて，引き抜き速度が大きく，衝撃性，熱的特性，靱性などに優れる。PEEK，PEI，PAS，PPSなどの樹脂が検討されている。

1.5.3　先進引き抜き成形（ADP法；Advanced Pultrusion Process，ジャムコ）[6]

航空機器製造会社㈱ジャムコは，プリプレグを用いた複合材連続成形法を開発し，エアバスA380の構造部材の製法として採用されている。自動製法により安定した高品質製品の大量生産とコストダウンを達成したためと考えられている。特に一定断面形状（C，H，L，I，T，Z型など），長尺で真直性の要求される複合材成形に最適という。

技術内容は，レイアップ（ロールアップ）と，成形，超音波探傷検査，二次加工から成り立っている（図2）。

レイアップは，積層構成全体を数プライ毎にグループ分けし，所定の幅にスリットしたプリプレグを重ねながら，各グループをロール状に巻き取る。完成したロールをプリプレグディスペンサーにセットして，平板状に出る各レイヤーを希望の形状に変形させプリフォームする。

成形は，プリフォームされたプリプレグを金型で加圧しながら加熱する方法をとるが，金型は引っ張り機と連動して間欠動作で移動する。

オートクレーブ成形では，金型の温度が一定ではないが，ADP製法では，金型内が常に一定の温度に加熱されており，真直性の高い製品が得られる。

成形後，ポストキュアオーブンを通り，100%硬化がなされ，エッジトリミング，超音波探傷検査を行って，4軸NC切断機で長手方向と端面カットして製品となる。

ADP製品は，既存のエアバス社製A300シリーズの各航空機製品の垂直尾翼補強材として納入されているほか，新開発の超大型機A380の部材としても使用されているという。

用途は，垂直／水平尾翼／主翼用ストリンガー，スティフナー，フロアビーム，胴体補強部材

■ 6段階の成形過程

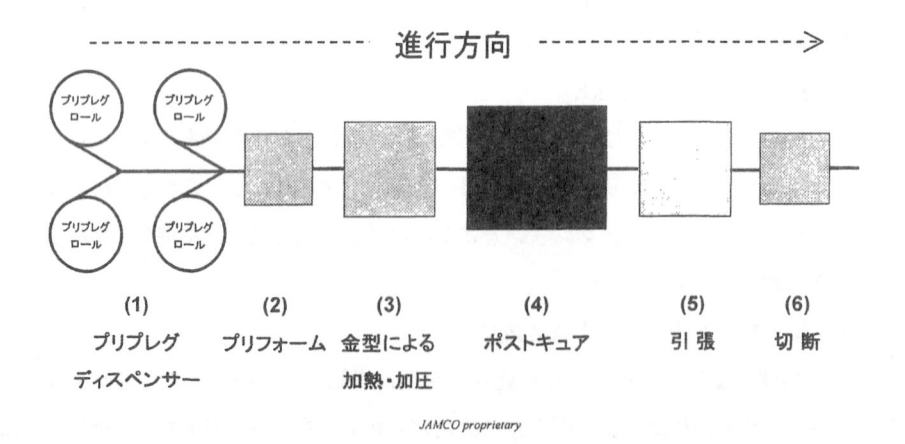

図2　ADP 6段階成形過程[6]

第7章　複合材料の成形加工先端技術

など。またカーブドビーム，ハニカムパネル同時成形積層材にも応用できるという。

1.6　高速FW成形
1.6.1　FW成形品硬化の高効率化

FW成形の低コスト化のため，FW後にマトリックス樹脂に加速電子ビームを照射して樹脂を硬化させる試みが行われている。仏Aerospatiale社では，大型ロケットモーターケースの成形に採用して，迅速な成形により，大幅なコスト低減と多量生産が可能になるとしている。

1.6.2　FW成形におけるドライワインディング

FW成形品の高性能化・高機能化のためにビスマレイミド樹脂，熱可塑性樹脂などを用いる場合，樹脂を含浸させながら成形するウエット法は用いられない。そこで，強化繊維に予め樹脂を含浸させたプリプレグ状の成形材料（トウプレグ）を用いて，FW時に加熱しながら樹脂粘度を低下させるドライワインディング手法が開発されている[2]。

1.7　SMC，BMC成形

SMC法は，GFRPで技術進展が図られてきたが，これらの技術は基本的には，CFRPにも適用できるものである。例えば，浴槽などサニタリー大型製品から，水タンクパネル，浄化槽，自動車部品まで応用範囲が拡大している。材料投入から，プレス成形，製品取り出しまで，人手を使用しないで一貫して行う自動成形システムが実用化され，欧米において自動車部品について実施され，日本では浴槽について実用化されている[4]。

自動車メーカーのSMC適用は，外装部品を含む外板用途が中心となっている。それらの用途

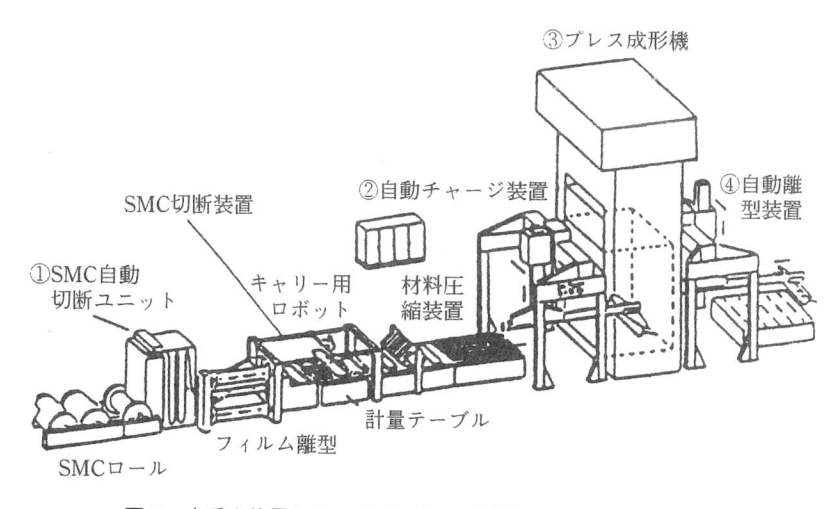

図3　人手を使用しないSMCプレス成形システム（Hoesch社）

は，SMCの中でも鋼板並みの外観が得られるクラスA-SMCが適用されている。このSMCは成形収縮率がゼロであり，高外観と高剛性の要求される水平外板への適用が可能である[4,a)]。

また，自動車分野では低熱線膨張性，高温塗装性，軽量性が要求されている。

三菱レイヨンが，熱可塑アクリル樹脂マトリックスを用いたCFRTPや連続繊維シートを開発し，アクリペアシステムとして新たなSMC的な熱可塑樹脂系材料を提供している[14)]。

1.8 非加熱成形技術

現在の複合材成形技術の主流は，オートクレーブを用いた加熱成形技術であるが，成形品の大型化に伴う設備コストの増大と部材寸法の制限，複雑・厚肉形状成形への制約，構造内への熱残留応力の発生による強度低下，加圧バッチ処理による成形時間の長さと，成形に要するエネルギーコスト増大などの問題点を抱えている。

これらを根本的に解決する手段として，電子線を用いた非加熱硬化プロセスが，フランスの航空宇宙メーカーであるEADS（旧Aerospatiale）社を中心に開発された。この技術は，ロケットモーターケースのCFRP胴に対して初めて適用されたが，その後，極低温液体水素タンクのCFRP化に際しても注目された。

非加熱硬化技術の端緒は，一般分野で用いられる光硬化樹脂を改良して，広い意味の放射線硬化に適用しようとしたことにあり，硬化開始メカニズムは，ラジカル重合とカチオン重合系に大別できる。初期の研究における開始材は，ラジカル重合系が主であったが，最近はカチオン重合系が主流になりつつある。これは，ベース樹脂のオリゴマーにカチオン照射硬化開始剤をブレンドすることで，放射線硬化性を付与している。

日本においても，電子線硬化技術について，㈳航空宇宙工業会の研究事業として，実用技術開発が行われた経緯がある[3(e)]。

炭素繊維は紫外線や可視光を通さないため，電子線の利用検討が先行しているが，実用化はまだ先と見られている。

非加熱成形は，加熱硬化に比較して硬化時間が大幅に短縮でき，低コスト成形の可能性があり，わが国でも取り組みが進められている[3(f)]。

電子線硬化による低コスト高性能大型複合材構造の製造法では，電子線硬化（EBC）によって，成形物の硬化時間の大幅な短縮が可能となり，また加熱が必要でないことから，硬化収縮，残留応力の問題がなく，低価格で高品質の製品が得られるという[7)]。

1.9 ACM熱成形システム[12)]

従来のACM成形法では，生産性と成形コストに問題があり，民生用の量産展開に制約があっ

第7章 複合材料の成形加工先端技術

たが，この生産性を飛躍的に向上できる素材／加工システムが，熱可塑性樹脂マトリックス連続繊維強化 ACM シート法である．

あらかじめ熱可塑性樹脂を繊維に含浸したシート素材を用いて，低温低圧成形が可能で，成形時の「しわ」や「ひだ」の発生を防ぎ，高速深絞り成形が可能となった．

ACM 熱成形システムが適用できる期待用途には，運送，サンドイッチ構造，建築，靴，スポーツ品，工業用途などがあり，ヘルメット，モノコックフレーム自転車などが実用化された．

文　　献

1) 山口泰弘, 吉田幹根, 日本複合材料学会誌, **25**, 2, 45-54 (1999)
2) プラスチック成形加工学会編,「先端成形加工技術」(テキストシリーズ, プラスチック成形加工学Ⅳ), シグマ出版 (1999.12.25)
3) 杉森正裕 (三菱レ), 機能材料, **25** (6), 29-35 (2005), 杉森正裕, 機能材料, 新材料, **5** (10), 35 (1994)；(a)M. Steele et al., Proceedings of 25th Jubilee International SAMPE Europe Conference, p356 (2004)；(b)宮田武志ほか, 日本複合材料学会誌, **30** (3), 129 (2004)；K. Mitani et al., Proceedings of 7th Japan International SAMPE Symposium & Exhibition, p515 (2001)；(c)C. Pederson et al., SAMPE 2004/Long Beach (2004)；(d)石川隆司ほか, 航空技術 (595), 26 (2004)；(e)石川隆司ほか, 日本複合材料学会誌, **31**, 3, 101-111 (2005)；(f)山口泰弘ほか, 第29回複合材料シンポジウム (2004)
4) 森本尚夫, 強化プラスチックス, **49**, 4, p165-175 (2003)；(a)箱谷昌宏, 日本複合材料学会誌, **32**, 4, 150-152 (2006)
5) Reinforced Plastics, p30-35, Jun (2002)
6) 床鍋秀夫 (㈱ジャムコ), SAMPE Japan 技術情報交換会 (2002) 発表, Advanced Pultrusion
7) 上村康二 (エアロスパシアル), SAMPE Japan H8年度第4回技術交換会資料, 日本複合材料学会誌, **22**, 2, 41-44 (1996)
8) 橋本修 (総和レジン工業), H8年度第4回技術交換資料
9) 山口晃司, 日本複合材料学会誌, **32**, 6, 231-236 (2006)
    和田原英輔 (東レ), 先端材料技術協会 技術情報交換会2006年第2回発表
10) Sarh, B., Moore, B, : Proceedings of 40th International SAMPE Sympojium, 381 (1995) J. G. Smith Jr. et al., 45th International SAMPE Symposium and Exhibition May 2000.
11) Ingersoll Milling Machine Company, 販促資料
12) 田中寿弘, 芦辺祐司 (住友重機), Plastics Age Encyclopedia〈進歩編〉pp.189 (1996)
13) 原田淳ら, 日本複合材料学会誌, **32**, 2, 93-96 (2006)
14) 島倉健吉, 強化プラスチックス, **49** (8), 365-369 (2003)

2 FW，RTM，VaRTM の水溶性ツール成形プロセス

久田俊一郎＊

2.1 背景

　近年，従来にも増して航空宇宙産業では，より高い経済性と他を凌ぐ優位性を持った機体が求められている。その目的を達成するための１つの主要な手段として，高い強さ・比強度を持った，複合材製品の使用が増大している。

　複合材料の適用部位の拡大が進み，高強度材料が開発されるにつれ，その適用部位は，従来の２次構造より，主構造である翼，胴体，扉，尾翼等への使用範囲拡大が検討・計画・採用されている。エアバス，ボーイング共に，複合材を用いた大型民間機の胴体，翼の可能性を追求しており，ボーイングの 787 Dreamliner は，777 に比較し複合材使用を一挙に増大させ，主翼，胴体，扉，尾翼等を複合材で製造すべく開発中で，その複合材使用規模は機体構造重量の 50％になろうとしている。

　一方のエアバスも中央翼，尾胴，尾翼，圧力隔壁，扉，キール等主要構造部材に複合材料を使用，A350XWB では，主翼，胴体，扉，尾翼も複合材料で製造する計画である。

　複合材製品の使用増大に伴い，部品の一体化，統合化も進み，部品形状が大型，かつ複雑化し，加えて成型方法も従来のオートクレーブプロセスに加え，VARTM/RTM，Filament Winding 等々多様化して来ている。

　一方，複合材部品の成形のためには複雑で高価な Tool を必要とし，その製作には，長い時間を必要としている。

　通常，Tool 材料としては，アルミ，インバー，スティール等の材料が用いられ，一度 Tool として製作されると，高い精度を長期間にわたって提供してくれる半面，重い，高価である，製作に長時間を要する等のマイナス面もある。

　加えて，一体成形部品のような場合，成形後の複合材部品から Tool の取り出しが難しい場合があり，上記材料で作る Tool が万能であるとは言えない面もある。

　これら，マンドレル（中子）用 Tooling 材料としては，石膏，溶融塩（Eutectis Salt）等も用いられてきたが，準備と取り出しに時間と労力を要する，産業廃棄物として処理する必要のある物質を生じる，加えて最近の先進複合材の硬化温度は，その使用温度範囲を超えてきている等，先進複合材硬化温度への対応では不足面も出てきている。

　従って，VARTM/RTM，Filament Winding 等の多様な成形プロセス用 Tooling 材料として使用でき，製作も容易，先進複合材の硬化温度に耐え，熱膨張率が低く，かつ有害物質の心配なく成

＊　Shunichiro Hisada　㈱ミクニ　航空宇宙部門　名古屋営業所　理事

第7章 複合材料の成形加工先端技術

形後簡単に製品より取り出せる環境にも優しいTooling材料が出来れば，複合材の活用は更に加速，拡大されるものと考える。

米国アリゾナ州ツーソンにあるACR（Advanced Ceramics Research）社が，この要望に応え，環境に優しく先進複合材成形にも適した水溶性Tooling材料を開発したので紹介する[1,2,4]。

2.2 環境に優しい複合材用水溶性Tooling材料

この材料は，軽量：比重0.5，低い熱膨張率：$2\text{-}3 \times 10^{-6}$ mm/mm℃，200℃迄の高温でも安定，かつ複合材部品成形後，水で容易に洗い流せる等，優れた性質を持っている。

図1に示すこの水溶性Tooling材料は，
① ペーストタイプ：Aquacore^{MT}，Aquacore Premium^{MT}
② キャスティングタイプ：Aquapour^{TM}

の2タイプがある。

関連製品として，上記水溶性Tooling材料で製作したマンドレルのボイド，傷などの補修，接着用としてのAquafill^{TM}，プリプレグ等のResin浸透を防ぐためのAquasea^{TM}がある。その主成分は，中空の微小ガラス球（平均径120ミクロン）と熱に強いポリマーが主成分で，キャスティングタイプの材料の方には若干の石膏も含まれている。

両方ともモールドによる成形が可能だが，ペーストタイプのAquacore，Aquacore Premiumは図2に示す通り，機械加工により，精密，複雑な形状を作り出すことが可能である。

大きなToolは，ペーストタイプの場合，小さなブロックに分け製作，機械加工を実施，各ブロックを接着結合することで，所要形状を持った大きなToolに作り上げることも可能である。

キャスティングタイプの場合は，木型，ダンボール材で準備した成形型に流し込むことで成形が可能である。

水溶性Tooling材料で作ったToolは，同じように環境に優しいAquafillで，ボイド・キズの手

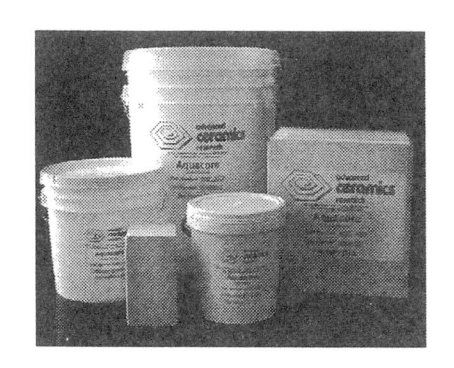

図1 水溶性Tooling材料 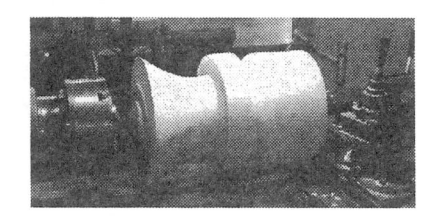　　　図2 Aquacoreマンドレル機械加工

直しを行い，Aquasealで表面仕上げとレジンの浸透を防ぐためのシールを行い完成となる。

2.3 水溶性Tooling材料の特性値

Aqua水溶性Tooling材料の比重は表1に示す通りで，0.53～0.59と軽いので，取扱いが大変容易になる。

Aquacore，Aquacore Premium，Aquapourの圧縮強さは，温度環境により大きく変わる。特に，圧縮強さは，Tooling材料がオートクレーブ成形時の温度，圧力環境下で，その形状を保つことが出来るかを判断するのに大事な値である。

図3に示す通り，温度が上がるにつれて圧縮強さは減少して行く。その中で，Aquacore premiumは，各温度でもっとも高い圧縮強さを示している。

キャスタブルTooling材料Aquapourは最も低い耐圧縮性を示しているが，193℃に於いて，1.4MPa又は，200psiである。しかし，この最少圧縮強さでも，通常オートクレーブ成形プロセスで掛けられる圧力に耐えられることを示している。

表1　Aqua-水溶性Tooling材料比重

	比重 g/cc	
	工場出荷状態	マンドレル完成状態
Aquacore	0.7	0.53
Aquacore Premium	0.7	0.59
Aquapour	0.57	0.57

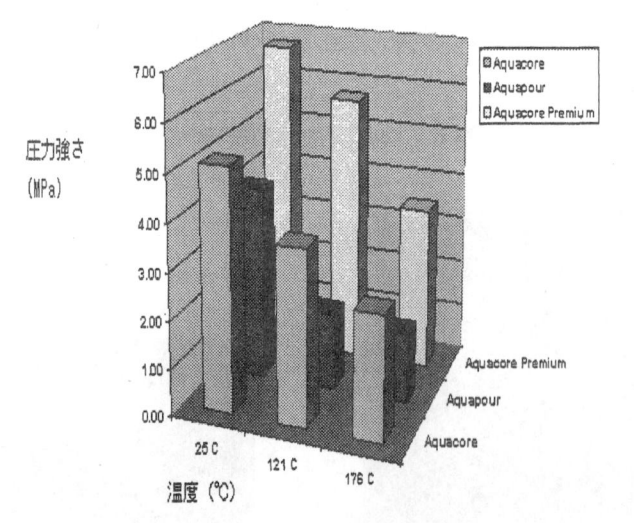

図3　圧縮強さと温度環境の関係

第7章　複合材料の成形加工先端技術

2.4　Aqua-水溶性 Tooling 材料を用いた製作例

キャスティングタイプの水溶性 Tooling 材料 Aquapour を用いたマンドレル製作工程概要は図4の通り。

なお、ペーストタイプの水溶性 Tooling 材料 Aquacore，Aquacore Premium では"＃1の水と混ぜる"必要は無く，缶より取り出し，すぐにモールドへ充填することで成形出来る。

次に，水溶性 Tooling 材料の応用例を示す。

① Aquapour マンドレルと Filament Winding による圧力容器製作例

圧力容器は，金属・樹脂ライナー，又はマンドレルを準備その上から Filament Winding を実施，ライナーを必要としない場合は，マンドレルを取り出す必要があり，そのために分割方式を取る必要がある。

これを水溶性 Tool 材料によるマンドレルを準備することで，分割を必要としない一体構造の圧力容器を製作することが出来，低コスト，信頼性の高い構造が出来る。

先ずマンドレル製作のため，木製，FRP 製等のモールドの準備をする。図5，図6では廉価なダンボールをシリンダー部分に，木型をドーム部に用いてマンドレル用モールドを製作，モールドへ Aquapour を流し込み，オーブンで乾燥硬化させマンドレルを完成させる。

製作されたマンドレルに Filament Winding を施し，その後，図6で示すようにボス部分の孔より水を流し込み，マンドレル内の Aquapour を洗い出す。洗い出しスピードは，溶融塩・石膏

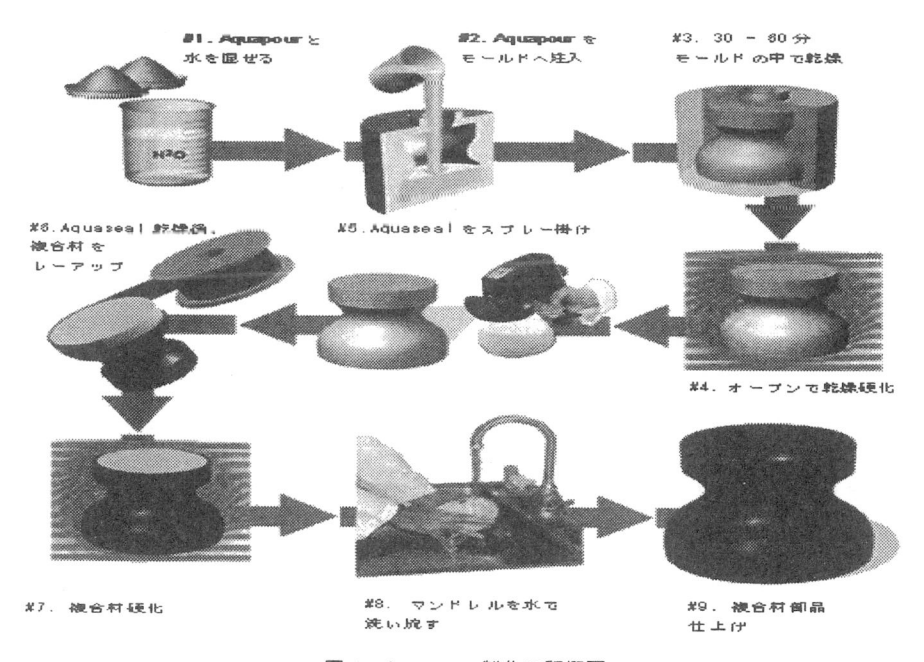

図4　Aquapour 製作工程概要

炭素繊維の最先端技術

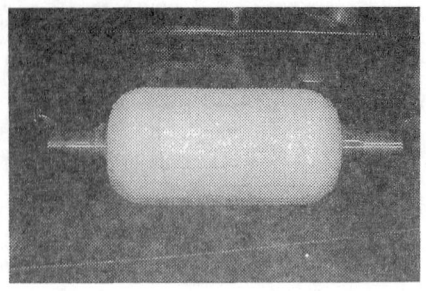

図5 モールド製作（左）と圧力容器用マンドレル（右）

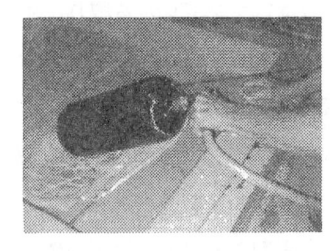

図6 Aquapourマンドレルを水で洗い出している状況と圧力容器完成状態

等の200倍の速さで洗い流すことが可能である。

② VaRTM成形での活用例

水溶性Tooling材料は，価格が安く，制作期間が短いため部品の製作を緊急で要求されるプロットタイプ治具製作に優れている。図7は，Graphite/BMIを使用して，VaRTM成形により部品を製作した例である。

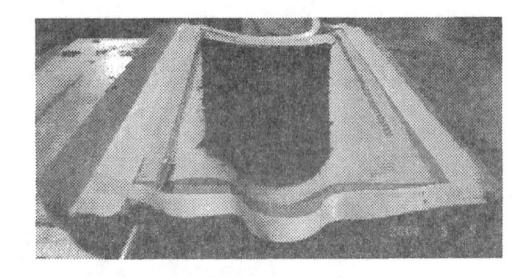

図7 Graphite/BMI向けVaRTM Tool

VaRTM治具はAquapourにより短期間で製作されている。

③ RTM成形での活用例

ドイツのEROCOPTERは，ヨーロッパで研究開発されている複合材胴体の開発に参加，その乗降扉用にRTMによるOne Piece One Shotプロセスを用いている[3]。

この扉は，従来の扉と同様にエッジフレームはC断面，ビームはI断面，ドア内のフレームはC断面を持っている。

扉はCarbon繊維とエポキシレジンを用いRTMプロセスにより成形されている。外板と各フレーム，ビーム等を2次接着無しにOne piece-one shot成形のため，各プリフォームを要求された位置に正確に固定する必要があり，このために機械加工されたAquacoreのブロックが使用

第7章 複合材料の成形加工先端技術

されている。RTMでレジン注入，硬化プロセス完了後，Aquacoeは洗い流される。その後，扉は最終仕上が実施される。

④ 胴体補強従通材試作例

胴体・圧力隔壁などの外板と従通材は従来別々に製作し，2次接着で結合されていたが，図9（左）の様な外板形状に沿った形状を持った水溶性マンドレルを準備することで，外板と従通材は，同時積層硬化が可能となり，信頼性，製作期間，コストが削減できる。

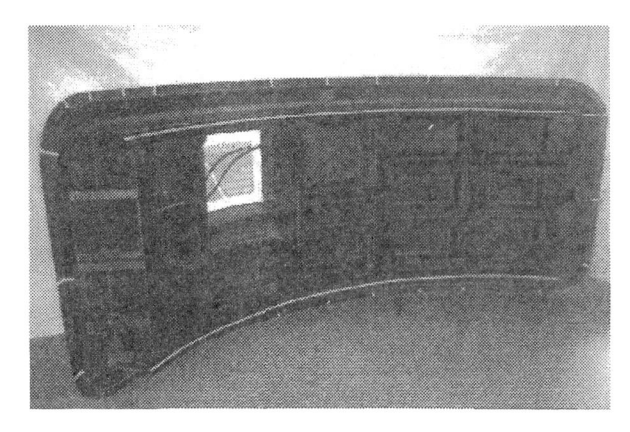

図8 複合材扉の例

⑤ その他応用例

次に示すように，ハニカムコアの機械加工時の支持材，エンジン圧縮部静翼，Airduct，ホイール，ブレーディング用マンドレル等，様々な分野での活用が考えられる応用範囲の広いTooling材料である。

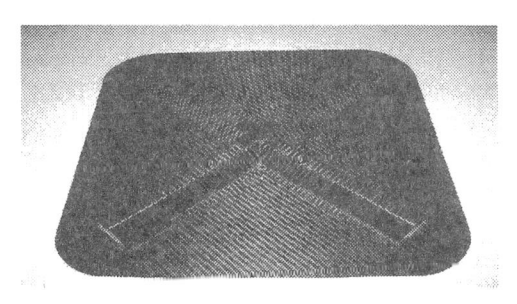

図9 従通材マンドレル（左）と一体構造例

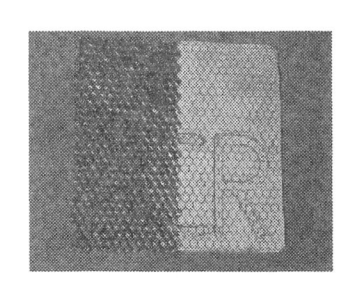

図10 ハニカム機械加工時支持材　　図11 エンジン静翼用マンドレル　　図12 自転車フレーム

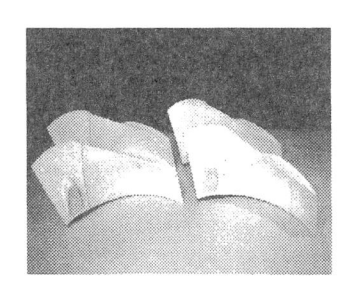

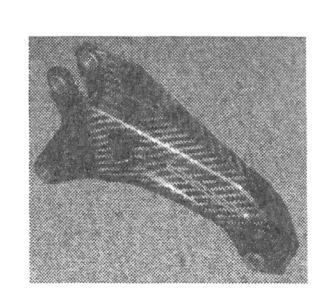

図13 Air Ductへの応用

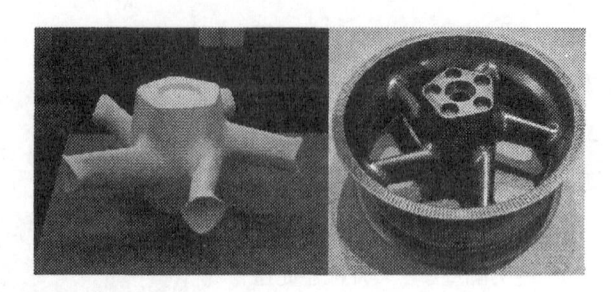

図14 Wheel用マンドレルとWheel

文　献

1) R. Vaidyanathan, J. Campbvell *et al.*, "Water Soluble Tooling Materials for Complex Polymer Composite Components and Honeycombs", *SAMPE Journal*, Vol.39 (2003)
2) R. Vaidyanathan, J. Campbell, R. Lopez, J. Halloran, 及び, J. Gillespie *et al.*, "Water Soluble Tooling Materials for Filamnet Winding and VARTM", *SAMPE Journal* (2005)
3) Marius Bebesel *et al.*, "Development of a Monolitithic CFRP Door Structure" SAMPE EUROPE　International Conference 2006 Paris
4) R. Vaidyanathan, J.Campbell, S.Hisada *et al.*, "FABRICATION PROCESS FOR WATER SOLUBLE COMPONENTE TOOLING PARTS FOR FILAMENT WINDING, RTM AND VARTM" Japan International SAMPE Technical Seminar 2006 KYOTO

3 成形技術・中間材の最適化(1)

川邊和正*

3.1 UDプリプレグシート (UD Prepreg Sheet)

複合材料成型品を得るための中間基材として、補強材料である炭素繊維束を一方向に引き揃えた状態にエポキシ樹脂等の母材樹脂を含浸させ、加熱して半硬化（Bステージ）状態でシート状にした一方向プリプレグシート（UDプリプレグシート）がある。

UDプリプレグシートの成形は、大別すると、溶液法 (Solution Coat) とホットメルト法 (Hot melt) に分けられる。溶液法は、樹脂を溶剤で希釈した溶液を補強繊維束中に含浸させ、溶剤を蒸発させてプリプレグシートに成形する。成形装置が比較的低価格で得られること、繊維束中への樹脂の含浸性に優れること等の利点があるが、溶剤の蒸発を必要とすることから成形品中に溶剤が残存し欠陥が入ること、人体への悪影響が心配されること等の欠点がある。

ホットメルト法は、樹脂を連続してコートした離型紙を補強繊維束と共に供給し、溶融状態にした樹脂を補強繊維束中に含浸させてプリプレグシートに成形する。無溶剤で成形すること、樹脂塗布量をコントロールできること等の利点がある。しかし、樹脂を離型紙上にコートする工程が増えること、プリプレグシートの成形装置が高価格になること等が欠点である。

UDプリプレグシートの成形において、高品質で信頼性ある成形ができることから、ホットメルト法による成形が主となってきている。ホットメルト法のUDプリプレグシート製造装置は、複数本の炭素繊維束をクリルスタンドから引き出し、コーム (Comb) により一定間隔に引き揃えた後、離型紙上に一定量コートした樹脂と連続して貼り合わせる。そして、加熱加圧成形により、炭素繊維束中に溶融樹脂を含浸させ、溶融樹脂の流れにより炭素繊維を均一に分散させた隙

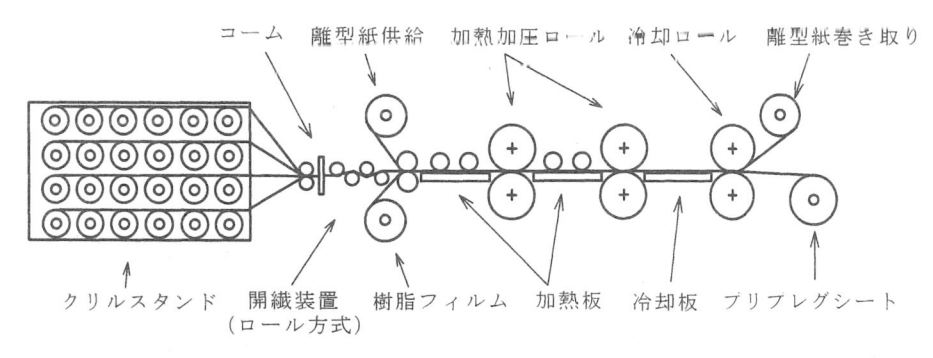

図1 ホットメルト法におけるUDプリプレグシート製造装置の概略図

---

* Kazumasa Kawabe 福井県工業技術センター 創造研究部 技術融合研究グループ 主任研究員

間のないUDプリプレグシートに製造する。UDプリプレグシートの厚さによっては，ロール方式等の開繊加工技術により，炭素繊維束を扁平な状態にしてから樹脂を含浸させる。

　UDプリプレグシートは，炭素繊維束12K以上を主に使用して，炭素繊維量120〜220g/m^{2}のシートが主として生産されている。これは，材料及び成形の低コスト化等の要求にも関係している。炭素繊維束12K以上になると炭素繊維束1K，3Kに比べ約半値以下に材料価格が安くなる。そして，UDプリプレグシートの成形として，炭素繊維束12K，24Kを使用した場合，炭素繊維量120〜220g/m^{2}の範囲が比較的高速でかつ品質性良く成形できる。さらに，炭素繊維量120〜220g/m^{2}のUDプリプレグシートは厚みが約0.10〜0.25mmの範囲となり，シートとして取り扱い易いこと，シート厚みが厚くなるに従い成形品を製造する際の積層枚数を減らせ成形コストを低減できること等の利点を得る。

　最近，UDプリプレグシートの厚みを薄くすることにより，多方向に積層した擬似等方性積層板における大きな課題であったトランスバースクラック（層内樹脂割れ）やデラミネーション（層間剥離）を抑制することがわかってきた[1,2]。従来，厚さ0.05mm以下の薄層プリプレグシートは炭素繊維束1K，3Kを使用して比較的低速で生産される。しかし，材料及び成形の低コスト化に対する要求から，炭素繊維束12K以上による高速な生産が望まれている。その1つの方法として，炭素繊維束を幅広く薄い状態に開繊した後，樹脂を含浸させる方法が行われている。

　特に，炭素繊維束を傷つけることなく，高速で開繊させる方法として，炭素繊維束をある一定の大きさに撓ませた状態にして空気流を作用させる空気式開繊方法[3,4]が注目される。炭素繊維が放物線状に撓むことから，各炭素繊維は過度の張力を付加されることなく容易に幅方向に移動できる状態となる。そして，この状態にある各炭素繊維に空気流が作用するとベルヌーイの式（Bernoulli's Equation）から導かれるように各炭素繊維間に空気が流れる空間を作ろうとして各炭素繊維は幅方向に移動するのである。これにより，炭素繊維束は毛羽なく，幅広い，薄い状態に開繊することができる。

　また，空気式開繊方法により，通常，チョップドファイバーやコンパウンドの用途が主である

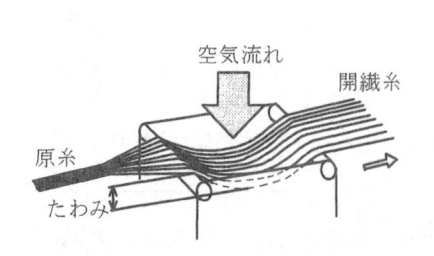

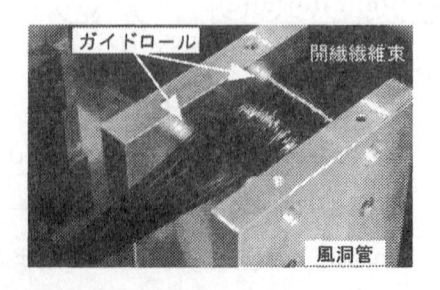

図2　空気式開繊方法の概略図と開繊の様子

第7章　複合材料の成形加工先端技術

炭素繊維束48K以上のラージトウによる，炭素繊維量120g/m²前後のUDプリプレグシートを比較的高速でかつ品質性良く成形することも期待される。

3.2　織物（Woven Fabric）

炭素繊維フィラメント，トウを経糸，緯糸に使用して製織することで，炭素繊維織物を得ることができる。

炭素繊維束の製織は炭素繊維束に毛羽立ち及び撚り等が生じないように行われる。経糸の供給は，経糸本数分の炭素繊維束が巻かれているボビンをクリルスタンドに設置し，転がし取りにて炭素繊維束を引き出す。炭素繊維束のボビンからの解舒において撚り，ねじれ等を生じることを防止している。経糸が接触する綜絖，筬等には炭素繊維束との摩擦抵抗が少なくなる表面処理が施される。緯糸の挿入は，経糸に擦れることなく緯糸を挿入させるため，レピア式，特に棒レピアを用いて行われる。緯糸となる炭素繊維束もボビンからの転がし取りにて引き出される。使用する炭素繊維束，製織される織物密度にもよるが，一般的に約100〜200回／分の速度で緯糸が打ち込まれる。

市販されている炭素繊維織物のおおよその仕様は，炭素繊維束1K及び3Kの場合，織密度が約12〜40本/25mm，重さが約100〜200g/m²になる。炭素繊維束6K及び12Kの場合，織密度が約3〜10本/25mm，重さが約200〜400g/m²になる。炭素繊維束6K及び12Kの織物は，炭素繊維束1K及び3Kの織物に比べ，織糸幅が広く，かつ織糸の屈曲が大きくなるためドレープ性が悪くなる。しかし，材料単価が安くなること，製織速度が速くなり製織効率が良くなること等から織物価格が安くなる利点がある。

炭素繊維束12Kによる織密度約3本/25mm，重さ約200g/m²の織物は，織糸幅が約7〜10mmと扁平な状態の繊維束を使用し製織されるため扁平糸織物といわれている。扁平糸織物は炭素繊

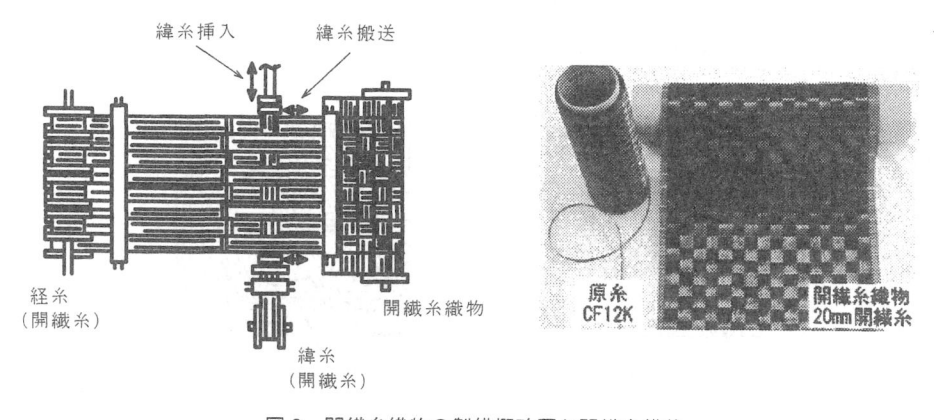

図3　開繊糸織物の製織概略図と開繊糸織物

維束を扁平な状態にし，その形状を維持して製織される[5]。

さらに，炭素繊維束12K及び24Kを開繊した幅20mm以上の開繊糸を用いて製織した開繊糸織物がある[6,7]。炭素繊維束12Kを開繊して幅20mmにすると，重さ約80g/m^2，厚さ0.1mmの開繊糸織物を得る。開繊糸は幅広く薄いため，通常とは異なる製織方法により得られる。通常の製織では，緯糸は経糸間に挿入後，筬により打ち込まれる。しかし，開繊糸を筬により打ち込むと開繊糸形状が崩れるため，開繊糸の製織では，経糸間に挿入された開繊糸を，その両端を把持して織前まで搬送し，開繊糸幅分だけ移動させるという方法が行われている。緯糸の挿入は約10〜20回／分と通常の製織方法の約1/10であるが，1回に挿入される緯糸幅が20mm以上となるため，製織速度は遅くはない。

3.3 三軸織物（Tri-axial Woven Fabric）

繊維束を60度の角度で交差して製織することにより三軸織物が得られる。幅方向に対し＋60度方向と－60度方向にたて糸が存在し，幅方向によこ糸を挿入し製織する。±60度のたて糸は両端部で120度方向に折れ曲がり，＋60度方向のたて糸が－60度方向のたて糸に，－60度方向のたて糸が＋60度方向のたて糸となり製織が進む。三軸織物の組織は各方向に繊維束が1本配向した基本構造となるBasicと，各方向に繊維束が2本配向したBi-plane等がある。

三軸織物は60度方向に繊維束が存在し，各繊維束が織構造をとるため，厚み方向に対称となった，擬似等方性に優れたシートとなる。また，ドレープ性にも大変優れている。しかし，三軸織物は繊維束が三方向に配列し製織されるため製織速度に課題がある。また，隙間が形成されるため（例えば，Basic構造では六角形の隙間），三軸織物は隙間の存在が成形品に与える影響を考慮する必要がある。

3.4 多軸補強シート（Multi-axial Sheet）

繊維束を引き揃え，その補強方向が長さ方向（0度方向），幅方向（90度方向）そして斜め方

図4 三軸織物の基本構造[8]

第7章　複合材料の成形加工先端技術

向（α度方向）になるよう積層し，積層した各層をステッチ糸により一体化させることにより，多軸補強シートが得られる。擬似等方性を得るときは，通常，0度，90度，＋45度，－45度の4層を積層した多軸補強シートを製造する。

多軸補強シートは，炭素繊維束を真直にした状態で引き揃え積層することから，織物のように炭素繊維束の屈曲（クリンプ）がなく，炭素繊維の特性を十分に活かすことができる。また，擬似等方性を有することから，シートを種々の角度に切断，積層する手間が省け，複合材料成形品を低コストにて製造することができる等の利点を有している。

多軸補強シートの製造装置は，主に，KARL MAYER社及びLIBA社等が製造・販売を行っている。炭素繊維束の多軸補強シート製造装置として2つのタイプがある。1つは，複数本の炭素繊維束をコーム（Comb）により一定間隔で引き揃えながら，幅方向両端を走行するガイドに炭素繊維束を引っ掛けてシート状に作成する緯入れ方法である。幅方向両端のガイドが走行する速度に応じて炭素繊維束を一方のガイドから他方のガイドに移動させることで，繊維補強方向が90度及びα度に配列されたシートが作成される。1層のシート重さは，炭素繊維束の引き揃えられる本数により定まるが，約120〜300g/m^{2}の製品が主である。本タイプの製造装置として，LIBA社のMAX3等が製造・販売されている。

別のタイプとして，炭素繊維束の扁平糸及び開繊糸を緯入れしシート状に作成するタイプがある。先のタイプでは，繊維束をガイドに引っ掛け緯入れするため，扁平糸及び開繊糸の形状が崩れシートの作成が不可能である。よって，本タイプでは，複数本の扁平糸及び開繊糸を引き揃え幅10cm程度のシート状にして緯入れを行った後，別の把持機構で緯入れされたシートの両端部

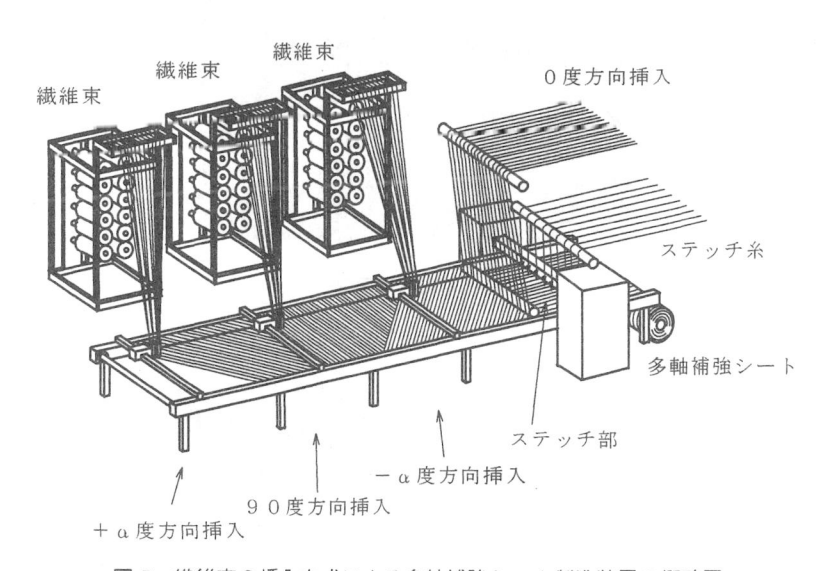

図5　繊維束の挿入方式による多軸補強シート製造装置の概略図

炭素繊維の最先端技術

を把持し，切断機構で供給側との切断を行った後，この緯入れされたシートを幅方向両端を走行するガイドに敷設してシートを作成する方法が採用されている。緯入れ方向の角度をあらかじめ設定しておくことにより，繊維補強方向が90度及びα度に配列されたシートが作成される。1層のシート重さが約120g/m^{2}以下の薄層にすることも可能である。本タイプの製造装置として，LIBA社のMAX5等が製造・販売されている。

多軸補強シートの生産速度は，緯入れ角度，緯入れ本数等の条件により変わるが，1時間に30～60m/分の速度で多軸補強シートが生産される。なお，扁平糸及び開繊糸を緯入れするタイプの方が製造速度が，その製造方法より遅くなる。

通常，多軸補強シートの各層は同等の重さを有したシートが積層される。各層を薄層化させることにより，得られる擬似等方性積層板はトランスバースクラック（層内樹脂割れ）やデラミネーション（層間剥離）が抑制された成形品となる。このとき，全ての層を薄層化させるのではなく，例えば，0度方向は層厚みが厚く，90度方向は層厚みが薄いといった，Thick/Thinサブラミネートシートが提案されている。本シートは，機械的特性と低コスト性に優れるばかりではなく，複合材料の設計に応じた補強シートの提案ができるとして，注目されている。

図6　MAX5の写真[9]

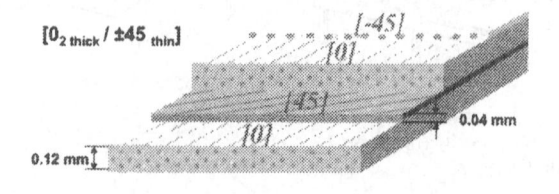

図7　Thick/Thinサブラミネートシート[10]

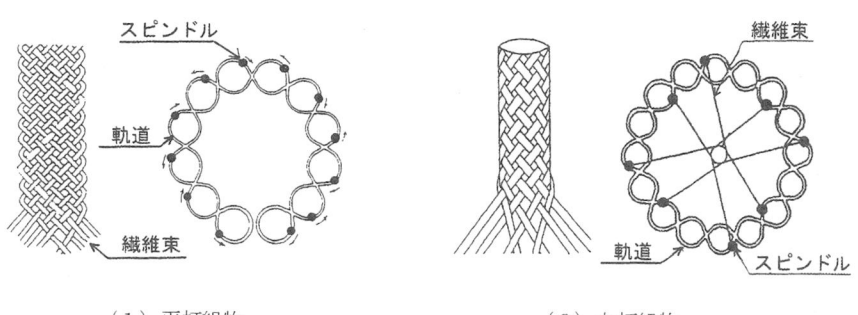

第7章　複合材料の成形加工先端技術

（1）平打組物　　　　　　　　（2）丸打組物

図8　平打および丸打組物とスピンドル機構[11]

3.5 組物（Braid）

組物は，繊維束を供給するスピンドルが円周方向に移動しながら繊維束を引き出し，引き出された繊維束が垂直方向に組み上げられることにより，繊維束が切断されることなく長さ方向に傾斜して繊維束どうしの交差した構造となっている。その形状から，平打組物と丸打組物に大別される。

平打組物はスピンドルが一つの軌道上を移動することにより得られ，繊維束が端部で折り返し切断されることなく連続し，その形状は帯状の二次元形状となる。丸打織物は二つの軌道があり，それぞれの軌道にあるスピンドルが異なった方向に移動することにより得られ，中空円筒形状となる。

製組機械は，スピンドルが円周方向に移動する機構と，組糸が交差されながら垂直方向に移動する機構の組み合わせから成る。このとき，スピンドルの移動を二次元的に拡がりのある形状にすることで，I型形状等の複雑な断面形状の組物の作成が可能となる。さらに，組物を引き上げる際，一方向に引き上げを行ったときは同断面形状の連続した組物となるが，三次元方向に引き上げを行ったときは多方向に分岐した組軸を有する組物を作成することができる。例えば，多方向に分岐したパイプ継手等の形状が作成できる。

スピンドルの軌道形状や，組物の引き上げ機構をいろいろと変更し，組み合わせることにより，三次元の複雑な形状のプリフォームを作成することができる。

文　　献

1) 影山和郎, 加藤哲二, 阿部聡, 日本複合材料学会誌, **28**, 1, 11-20 (2002)

2) 笹山秀樹, 川邊和正, 友田茂, 大澤勇, 影山和郎, 小形信男, 日本複合材料学会誌, **30**, 4, 142-148 (2004)
3) 川邊和正, 友田茂, 松尾達樹, 日本繊維機械学会誌, **50**, T68-75 (1997)
4) 特許3064019号, 他
5) 特許2955145号, 他
6) 友田茂, 川邊和正, 松尾達樹, 材料, **49**, 1023-1029 (2000)
7) 特許2983531号, 他
8) 特集「テキスタイルコンポジットの最先端を語る T. W. F. (三軸織物)複合材料」, 繊維機械学会誌, Vol.46, No.8, p323-325 (1993)
9) LIBA社ホームページより
10) JEC Composites Magazine, No.23, Jan. (2006) pp.76-77
11) 「第2章 テクニカル・テキスタイルの加工法 2-1-3 組紐」, FUTURE TEXTILES, ㈱繊維社, p.88

4 成形技術・中間材の最適化(2)

前田　豊*

4.1 多軸たて編物（MWK）

多軸たて編物の需要の大きなところは，欧米では，風力発電タービンブレードとマリーン用途，インフラストラクチャー分野である。国内では，これらの用途があまり成長しておらず，現時点での需要は微弱であるといえる。将来，風車発電設備の国産化が進み，MWKを採用するようになれば需要は増大するであろう。また，マリーンやインフラストラクチャー，輸送機器への適用も徐々に進むであろうが，現状からみて欧米の約1/10程度と予測される。

これらの用途は，

① 航空宇宙・防衛：民間・軍用航空機，ミサイル打ち上げ台車，ロケットモーター衛星構造体，軍用車構造体，装甲車など。

② 工業用途・輸送：橋梁，ビルディング，トンネルなどのインフラストラクチャー，風力タービン，その他代替エネルギー，トラック，トレーラー，バス，鉄道車両などの輸送体，パイプと容器類。

③ マリーンとオフショア：商用ボート，レクリエーションボート，海岸，沖合マリン構造物。

④ その他：個人用防弾材料，スキー，ボードなどのスポーツ用品，電気・電子生物・医療関連など。

4.2 多軸非クリンプファブリックの低コスト織製とVARTM処理事例[1]

ここでは，ファブリック中間材の開発，航空機分野への適用事例を紹介する。

4.2.1 ワープニット（経て編み）非クリンプ・スティッチ結合材料の開発

ドイツSAERTEX社で開発された，ワープニット非クリンプ・スティッチ結合の材料開発に使用されるファブリックで製作されたコンポジット積層物の特性と，ドライファブリックのプリフォーム製作法について紹介する。

SAERTEXは，1982年にドイツのSaerbeckにあるSAERBECK TEXTIL Gmbh社の名称で設立され，今日まで会社本部はSaerbeckにある。

1987年に，彼らはドイツのLIBA Companyから，多軸非クリンプマシンを初めて購入し，炭素繊維織物の仕事を始めた。SAERBECK社は，会社の製品ラインをよりよく反映した名前にするため，1992年にSAERTEX Wagener Gmbh & Co.KGに名称を変えた。

1993年には，マクドネル・ダグラス社は，NASAから大型航空機翼プログラムに用いる材料と

---

*　Yutaka Maeda　前田技術事務所　代表

して，SAERTEX製の多軸非クリンプ7層の炭素繊維材料を承認した。

1994年にSAFRTEXは，ワンパス7層ファブリックを作ることができる新コンピュータ制御多軸マシンを購入した。この新マシンは，スティッチ結合をコンピュータコントロールすることで，直ちに製品品質を改良し，製品コストを下げた。

SAERTEX USAは，2001年にシャーロットノースカロライナの近くで，多軸非クリンプ織物の生産を始めた。SAERTEXは現在，神戸にあるGRPジャパン社によって，グラスファイバー・パイプライナーの材料を生産し，名古屋にある中野Aviation Company LTDにおいてワープニット非クリンプ製品ラインの製造を行なうと発表している。

4.2.2 ワープニット（経て編み）非クリンプ・多軸ファブリック

ワープニット非クリンプ・多軸ファブリックは，多重層のファイバーを持ち，長さ方向，幅方向とも全表面にわたって層間で，繊維が互いに平行であることで特徴付けられる。

各層は同じ平行なファイバー構造を持っているが，上下の層では異なった配向のファイバーからなっている。個々の層の平行なファイバーは，所望のファイバーパターンで互いにマシンで配置され，ついで多重編み糸で厚み方向に結合される。

後続の材料取り扱い工程においても，ニッテイングによって，平行非クリンプファイバーの位置関係が保持される。下部か下側の表面層は，マット層，またはサーフェシングマットとして示している。第2層は，ファブリックの全幅に渡って，平行非クリンプ状態で，45°ファイバーがマットに直接サイドバイサイドで置かれている。

SAERTEX Gmbh Companyは，Liba Gmbh，Malimo Gmbh，およびカールマイヤーGmbh Companiesで作られたワープニットマシン（経て編機）を使用している。カール・マイヤー社とMalimo Gmbh社は数年前に合併して，カール・マイヤー社となった。これらの3社（今は2社）は50年以上にわたり，お互いに競争して最良のワープニットマシンを作ってきた。

このレビューでは，現在どのマシンが最良であるかについては言及しない。競争によってよりよいマシンが作られ，SAERTEX社その他のファブリックメーカーに利用可能となっていったのである。

これら3社は，1950年頃に2軸の0/90°非クリンプワープニットマシンを製造し始めた。0°の経糸（ワープ）は，0°で平行巻きビームからマシンへ供給された。

横糸（fill，又はweft）90°ファイバーは，一寸異なった方法で挿入された。

Fiberglass製ワープニット非クリンプスティッチ結合織物は，100gpsm（0.004インチの厚み）から，最大10,000gpsm（0.25インチの厚み）まで利用可能である。最大目付けの多軸グラスファイバーの合計重さは，10,000gpsmであり，炭素繊維ファブリックについては，同じ総厚みに制限される。

第7章　複合材料の成形加工先端技術

　非クリンプワープニットファブリックは，多くのタイプのグラスファイバー，炭素，aramid，ナイロン，スペクトラ，ポリエステル，および多くの種類の金属繊維や天然ファイバーを使用して，SAERTEXによって製造することが可能である。

　ファブリックは，1層に1種類のファイバーとし，次の層に別のタイプのファイバーを用いることができる。3番目の層のファイバーが，3番目のタイプのファイバーであってもなくてもよい。

4.2.3　スティッチボンドドライ炭素繊維ファブリックプリフォーム

　ネット形のプリフォームのドライファブリックは，いくつかの技術によって作られる。ドライファブリックは，1～3%のドライタッチの粘性樹脂で被覆してもよい。

　これらのファブリックは，ある大きさにカットし，別型に貼り付け，真空バッグ圧をかけ加熱される。加熱によって樹脂は軟化し，冷却すると硬くなり，変形の心配なく取り扱いできる。これらを組み立て，樹脂含浸し，RTM法の1種によって硬化される。

　ドライファイバープリフォームは，2D織，3D織，ブレーディング，多軸非クリンプスティッチプロセスによって作ることができる。

　この論文では，スティッチボンドファブリックを，必要なプリフォーム形と大きさに結合する，縫い上げ工程について述べる。縫い上げ工程は，織物，ブレードファブリックにおいてよく行なわれる。

　RTM工程には，プリフォームを直接型上で樹脂を浸透注入する方法と，加圧下でプリフォームに樹脂をインジェクトする方法がある。

　樹脂は前もって触媒添加した状態で注入するか，触媒と樹脂を2系列ラインでプリフォームに注入する方法が取り得る。

　真空アシストレジントランスファーモールド（VARTM）の工程は，樹脂を真空引きによってプリフォームに引き込むといっ以外は，通常のRTMの工程と同様である。

　レジンフィルムインフュージョン（RFI）工程は，プリフォームに必要な樹脂含有量を与えるべき重量と厚みの，予備架橋した樹脂フィルムを用いる。

　架橋フィルムを型におき，ドライファイバープリフォームをレジンフィルム上に積層する。そして，型ないし真空バッグをプリフォームの上に設置する。

　パネルを，次いでオーブンかオートクレーブに移し，圧力をかけて加熱し，完全硬化させる。

4.2.4　プリフォーム用非クリンプスティッチ結合ファブリック

　ワープニット非クリンプ多軸スティッチ結合ファブリックは，その優れた強度と剛性特性を利用するためにドライファイバープリフォームを作るのに用いられる。

　これで得られるパネル（幅48インチであり，強化パネルデザイン）は，極限要求の100万psi

荷重に耐える製品に用いられる。同様に圧縮強度，剪断強度についての改善もなされることが知られている。

4.2.5 RFI工程に用いるプリフォーム樹脂含浸

48インチ幅で，96インチの長さの平たんな構造のパネルを硬化する。プリフォームは，フラットに作られ，型に合わせて輪郭をつくる。推薦される型は，Resin Film Infusion（RFI）工程用に設計されたものである。

型の表面は，必要なパーツに合わせるための曲率をもった金属又は，コンポジット製である。23個の補強材のために22個の内部のマンドレルツールが金属で作られている。それぞれのマンドレルは，2つの部品で作られていて，樹脂硬化の後に取り外しを許容するためにテーパーがついている。

4.2.6 RFIプロセス

プリフォームは，最終的な大きさサイズまでトリムし，重量を測定しておく。この重さから，含浸に必要な樹脂の量を計算することができる。プリフォームのサイズ（48インチ×96インチ）の樹脂スラブを，一定の厚みになるように注型する。樹脂スラブの注型方法の1つでは，樹脂を加熱して，エッジに間隔を設けたフラットな型に注入し，プレス内に設置し冷却する。

樹脂スラブは，前もって離型剤をコーティングした型に置き，プリフォームを樹脂スラブ上に配置する。すべての強化材型部品を，外側と型端部を含む位置に取り付ける。上型，カウルプレートを，全組み立て物の上に置く。樹脂のブリード穴が強化材の上側に来るように注意する。必要量のブリーダ織物を上部カウルプレート上に置き，過剰な樹脂フローを吸収するようにする。穴のあいていない加圧バッグで，型全体を包み，シールする。カウルプレート上のブリードホールに沿って，数多くのピンホールをシールバッグにあける。

ブリーダー織物を1層，シールしたバッグの上に置く。組み立て物全体を覆うように，真空バッグを設置し，2つの真空引きホースを走らせ真空源につなぐ。

成形部品から真空計まで，もう1つの追加ラインを走らせると役に立つ。真空計は，加熱硬化工程の間，真空シールをモニターするのに使用することができる。成形部品をオートクレーブに移し，次いで完全真空引きを行なう。もし，バッグの漏れがなければ，次いで通常100psiのオートクレーブ圧をかける。

所定の加熱速度で昇温し，選択された樹脂システムに必要な温度に所定時間保持する。加圧下に製品温度を150°F以下まで下げて，オートクレーブ圧を下げ，製品を取り外す。真空バッグを開いて，部品全体を取り外す。

4.2.7 NASA-マクドネル・ダグラスのコンポジット翼のプログラム概要

NASAは，1989年にマクドネル・ダグラス社で開始されたコンポジット翼プログラムのスポン

第7章　複合材料の成形加工先端技術

サーとなった。初期の提案は，低コスト製造プロセスで，オートクレーブ以外の真空だけの樹脂含浸，ネット形のドライファブリック炭素繊維プリフォームを型内で硬化する技術を含むものであった。

4.2.8　樹脂とプロセスの開発

およそ3年，VARTMによる真空圧のみでの硬化でありながら，高性能オートクレーブ成形パネルに相当するものができる，樹脂システムの開発に係る試験に費やされた。

問題は真空圧を用いて得られる最低樹脂含有量は，40％程度だろうと思えたことである。オートクレーブ圧では，それを30～32％樹脂含有量のパネルにすることができた。

両者に破壊するまでのポンド数として同荷重をかけることはできても，断面積psi当りの荷重は減少し，いつも真空圧力で製造したパネルは容認できるものではなかった。

オートクレーブ圧を使って，ハーキュレス3501-6樹脂を使用することが決定された。この決定が示されたとき，既存のデータベースで，Bステージの材料を使用してオートクレーブ圧によって入手される樹脂で満足される特性と同じ強度，弾性率および樹脂含有量％を，RFI工程によって与えられることが示された。

4.2.9　まとめ

NASAプログラムにおける，コンポジット翼の設計，製作，分析，強度予測，試験は成功であると考えられる。以下の目標が満たされた。

① スティッチされたS/RFIの工程は，航空機のための非常に大型の一次構造材を製造し，繰り返し製造するためのスケールアップが可能であると認められた。

② 設計と分析チームは，非常に正確な予定された強度の特性のものを組み立て試験する構造体を作る能力があることを立証した。

③ このプログラムによって，アルミニウム構造体と同強度，同剛性の翼構造体をコンポジットS/RFI法によって，20％重量削減可能であることを立証した。

④ コンポジットS/RFIプロセスの翼によって，アルミ翼より，総製造コスト費を20％削減できることを示した。

⑤ 7層バランス多軸非クリンプスティッチ結合ファブリックが100インチ幅で開発された。この材料は今や，ほとんどどんな層配向でも，どんな目付け重量でも製造することができる。

文　献

1) Raymond J. Palmer, Boeing Company Technical Fellow Retired SAERTEX Gmbh, Germany

第8章　炭素繊維・複合材料の用途・分野別先端技術

1　CFRP用途分野の俯瞰

前田　豊*

　CFRPは在来の材料と比較して，比強度，比弾性などの機械的性質に優れているが，これに加え，耐疲労性がよい，寸法安定性に優れている，電気伝導性，電波シールド性がある，耐摩性，耐薬品性が優れている，X線透過性がよい，金属と比較して振動減衰性がよい，摩擦係数が小さく，摺動性が優れている，など多くの優れた特性をもっている。

　これらの特性を活かして，多種多様な用途にCFRPは利用されている。これらの用途のうち，航空・宇宙分野およびスポーツ・レジャー分野が先行して市場を形成してきたが，今や一般産業用分野でも，X線機器などの特殊機器以外にも，自動車・エネルギー分野，電気・電子・通信機器，土木・建築分野，海洋分野などの大型市場での実用化が進んできている。また，これらの用途分野での今後の強力な開発と展開が待たれるところでもある。

　なお，PAN系CFに対する1986年時点で考えられていた用途は，表1の様なものであった。それに対し，2005年時点での新しい応用分野・適用部材としては，表2の様になっている。つまり，航空，スポーツレジャー用途のような，いわば特殊用途から，輸送，建築・土木，情報，エネルギー関連へと，産業の基幹をなす大型用途への本格展開がなされようとしてきているのである。

＊　Yutaka Maeda　前田技術事務所　代表

表1 1986年時点で考えられたCFRP応用分野[1]

分野	用途例
スポーツ・レジャー用途	ゴルフシャフト，ヘッド，釣り竿，釣り用リール
	テニスラケット，その他ラケット，アーチェリー，スキー，アイスホッケースティック，スケートボード，ヨット，ボート，自転車部品，オートバイ部品
航空・宇宙用途	航空機：戦闘機，民間機，ヘリコプター
	宇宙：ロケット部品，衛星部品，スペースシャトル
医療機器用途	X線装置関係ベッド，カセット，カセットレス，フロント板
	補装具：車椅子，義手，義足
	生体関係：骨材料など
一般産業用途	繊維機械部品：ルーバーバー・アセンブリー，ピッキングスティック，レピアロッド
	事務機器部品：端末機，複写機，自動製図器
	摺動部材軸受け，ギヤ，バルブ
	産業機械部品：振動板バネ，耐食材料，耐熱材料
	産業用ロボット
自動車用途	競走車，ラリー車（シャフト，スプリング，エンジン部品，シャーシー，ホイル，バンパ）
	高速車両
オーディオその他	オーディオ部品：トーンアーム，スピーカーコーン，振動板，ヘッドシェル
	楽器部品
エネルギー関係	遠心分離ローター，フライホイル，風車
海洋その他	船体補強，耐圧容器，導線ロッド，長大トラフ
	アンテナ，電子機器，マイクロメーター

表2 2005年時点でのCFRPの新しい応用分野・適用部材[2]

応用分野	適用用途例
1）スポーツ・レジャー	①ゴルフシャフト，ヨット，多胴船，自転車部品，ホッケースティック，アーチェリーアロー
2）航空・宇宙用途	①軍用機，民間機の1次構造材（エアバス380，ボーイング787，主翼，胴体），2次構造材
3）一般産業用途	①繊維機械部品，事務機器部品，産業ロボット：ロール，パイプ
	②輸送・搬送機器：自動車部品（トラックリヤボディー，ドライブシャフト），船艇（船体，コンテナ）
	③建築・土木：超高層建築材料（立体トラス，CF強化木材），橋梁構造物（筋材，ケーブルCFRC，地下・海洋構造物（パイプ，チューブ）
4）エネルギー関連	①風力発電（ブレード，コア）
	②海底油田設備（ライザー，テザー）
5）情報機器その他	①パソコン（CFRTP筐体，半導体トレー）
	②アンテナ
	③光学機器
	④医療機器（補装具，X線機器）

第8章　炭素繊維・複合材料の用途・分野別先端技術

文　　献

1) 前田豊編著,「炭素繊維の最新応用技術と市場展望」, シーエムシー (2000.11)
2) 前田豊, 工業材料 **53** (9) 2005, 11-25

2 スポーツ・レジャー分野

前田　豊*

2.1 釣竿

　CFRP釣竿は，1972年釣具メーカーオリムピック社によって商品化された。構成材料はガラスプリプレグと高性能CFの一方向プリプレグの併用であり，当時最も軽量化の効果が期待された鮎竿において，大幅の軽量化を達成し好評を博した[1,2]。

　釣竿ではCFRPが軽量で，剛性が高く振動減衰特性に優れていることが，竿の性能向上に寄与したが，竿の重心点や先調子，胴調子と呼ばれる竿のバランス設計も任意に設計できる利点も大きい。これらの性能の相乗効果により，CFRP製釣竿の需要は着実に増加している。

2.2 ゴルフシャフト

　ゴルフシャフトは当初は木であったが，1920年代にスチール，1960年代にアルミニウム合金が導入され，1972年に米シェークスピア社，アルデイラ社がCFRPを用いた。このシャフトはブラックシャフトの名で爆発的な人気を呼ぶことになるが，当時のCFRPシャフトは，ねじり剛性が小さく，スチールに比べると打球の方向安定性に欠けるという欠点があった。この欠点は，高弾性率CFを±45度層の積層として導入することで解決された。更に高強度・高伸度のCFが開発されたことによって，シャフトの曲げ強さ，衝撃強度が向上し，カーボンヘッド，メタルヘッドの出現と相まって，ゴルフブームの活況を呈した。米国では1988年頃からCFRPクラブが急進展し，1990年代はじめの航空機不況の時期にCF業界の需要を補填した。

　クラブシャフトの場合も同様に，シャフトのフレックス，捩れ，調子を設計していく上で，CFRPの利点が活かされた。シャフト重量減に伴う飛距離アップと，使い良さに特徴がある。さらに，ヘッド部をCFRP化することにより，ヘッドを力学的に最適に設計することが可能となり，スウィートスポットが広くなった。CFRPの高反発力による飛距離のアップしたカーボンヘッドの出現により，第二次のブームを引き起こしている。

　現在，年間約4,000万本が生産されているが，市場は成熟していると見られている。

　製造技術は，130℃硬化型プリプレグのシートラップ成形法によるものが主流である。

2.2.1 ピッチ系低弾性率CFを用いたハイブリッドCFRPゴルフシャフト開発
〈曲げ衝撃特性の改善[3]〉

　CFRPをスポーツ用品に適用する場合，高い曲げ衝撃強度およびエネルギー吸収量と適度な柔軟性が求められる。耐衝撃性は，使用中の破損を防止するためであり，柔軟性は，プレイヤーが

---

　*　Yutaka Maeda　前田技術事務所　代表

第8章 炭素繊維・複合材料の用途・分野別先端技術

感じるフィーリングに影響を与える重要な要素である。

ゴルフシャフトの機械的特性は，曲げ特性およびねじり特性の組み合わせによって決まる。

CFRPゴルフシャフトの場合，曲げ特性は，強化繊維がシャフトの長手方向に配向したストレート層により支配される。ストレート層には，一般にPAN系CFが用いられる。シャフトの曲げ剛性分布に関して，ヘッド側先端部分での曲げ剛性が低いシャフトは，先調子タイプといわれる。このようなシャフトは，スウィングの間に先端側が大きく曲げ変形するため，ヘッドスピードが増し，ボールの飛距離が伸び易い。

一方，ヘッドでボールを打ったとき，シャフトの先端部分に高い曲げ衝撃応力が発生する。軽量化されたゴルフシャフトでは，この部分で曲げ破壊を起こし易い。これを防ぐため，先端部分に最外層補強を追加し，曲げ強度を改善することが広く行われている。

この補強にPAN系CFRPを用いる場合が多いが，強い曲げ圧縮応力を受けて，座屈破壊を起こし易く，補強手法に改善の余地がある。更に，補強層に用いられるPAN系CFは，比較的高い弾性率をもつため，シャフト先端部で柔軟性を損ない易い。

そこで，竹村ら（新日本石油）は，シャフト先端部の補強に大きい圧縮破断ひずみを有するピッチ系低弾性率CFを用いることで，微小座屈破壊を抑制し，曲げ衝撃強度およびエネルギー吸収量を改善できることを見出した[3]。

特に，PAN系CFRPの圧縮応力側の最外層部に，低弾性率CFを用いた補強層を配置し，PAN系CFRP層とハイブリッド構造とすることで，最外層補強にPAN系CFを使用した場合の3.5倍の衝撃吸収エネルギーをもつという大きな効果が得られたという。

2.3 ゴルフヘッド

ゴルフクラブヘッドの素材としては，パーシモン，チタンが有名である。チタンは打球の飛距離，方向性の性能が優れ，ボール飛距離を伸ばせるクラブ開発競争が盛んに行われてきた。

しかし，2008年1月1日から反発係数0.830以上のクラブヘッドは，USGAおよびR&A組織の規制によって，ルール上競技に限らず使えなくなる。

ボール飛距離を決定する要素として，ボール初速度，スピン量，飛び出し角度がある。ルール規制は反発係数に関するものであるため，ボールスピン量と飛び出し角度の最適弾道マップの研究が進み，ボールスピン量2,000rpm，飛び出し角度が19度のときボール飛距離が最大になることが分かった。この条件を満足するヘッド材料として，クラウン部にチタンよりCFRPを使用することが適切であることが判明した。従来品より軽量低重心なヘッドとすることができ，チタンとCFRPという異種材料のゴルフヘッドが誕生した[4]。

2.4 テニスラケット

テニスラケットは，ゴルフクラブと同様に使用材料が木からスチール，アルミニウム合金に変化し，1974年に CFRP 製品が現れた。しかし，当初，CFRP ラケットは目立った特徴が見られず，新素材というだけで注目されなかった。1976年に米プリンス社は，CFRP を用いたラージフェースラケットを商品化し，CFRP の軽量・高弾性・高強度の特性が活用された。その特徴は，スウィートスポットが大きく使いやすいことにあったが，形状が従来の常識を超えて異常であり，関心を引かなかった。しかし，その打球安定性に気づいた女子プロが用い始めると大流行し，一般にも広く受け入れられるようになった。

その後，炭素繊維の高弾性率・高強度化，厚ラケの開発によって，ラケットの軽量化が図られ，プレイヤーの意識も変わって CFRP 製軽量ラケットが好まれるようになった。

2.5 その他のスポーツ用品

その他のスポーツ用品についても，多岐にわたって CFRP が使用されている。例えば，自動車，自転車，バイク，ボート，ヨット，グライダー，人力飛行機，スキー，アイスホッケースティック，弓，アーチェリー矢，凧，ヘルメット，スポーツシューズなどに使用されている。

このように，スポーツ分野に大量に利用されている理由は，航空機の場合と同様に，軽量・高強度・高剛性で，かつ信頼性が高い材料を必要としているからである。また，CFRP という材料は，異方性材料であり，繊維の配列方向，積層パターンを変えることにより，材料の機械的特性を任意に設計できる。この特性が設計への自由度を与え，従来の材料で不可能であった性能を有する商品の開発を可能にさせた。

これら，スポーツ用品を代表する釣竿，ゴルフシャフトの例に見られるように，CFRP は，スポーツ用品の軽量化，機能性の向上，フィーリングの改善に優れており，今後もさらに量的に増加していくものと期待されている。しかし，ゴルフ，釣り具，テニスを凌駕する大量市場は，なかなか出現してきていない。

なお，ゴルフシャフトを始めとするスポーツ用品の殆どが，熱硬化性樹脂をマトリックスとした複合材料で形成されており，生産工程で廃棄される離型紙，端材，仕掛品などは全て産業廃棄物として処理されているのが現状である。環境問題の観点から，再生・再利用を考慮に入れた製品開発が種々試みられているが，関係企業の協力が要望されている。

第8章 炭素繊維・複合材料の用途・分野別先端技術

文　　　献

1) 前田豊編著,「炭素繊維の最新応用技術と市場展望」, シエムシー出版 (2000.11)
2) 前田豊, 工業材料, **53** (9), 11-25 (2005)
3) 竹村振一, 水田美能, A. Kobayashi, 日本複合材料学会誌, **31**, 3, 120-127 (2005)
4) 大森一寛 (ミズノ㈱), 強化プラスチックス, **51** (6), 269-272 (2005)

3 航空宇宙分野

石川隆司*

3.1 はじめに

　航空宇宙分野では，航空機・ロケット・人工衛星などの構造の軽量化のため，先進複合材料，特に炭素繊維強化プラスチック材料（CFRP）の適用は年を追うごとに拡大し，最近では，CFRPなくしては機体全体の成立性がない場合が増加している．本稿では，まず，航空機・ロケット・人工衛星などへの応用の推移を簡単に展望するとともに，現在，話題となっている新規開発航空機への先進複合材料の適用について概説する．次にCFRPの研究開発のトレンドとして，炭素繊維あるいは母材樹脂の研究開発がどの方向に向いているかを説明し，併せて宇宙航空研究開発機構（JAXA）で実施されているCFRPの研究開発成果を紹介する．

3.2 航空機への先進複合材適用の現状

　構造の軽量化は，空を飛ぶ機械である航空機にとって永遠の課題であり，その誕生以来，軽量・高強度すなわち比強度の高い材料の適用が追求されてきた．航空機誕生直後の1910年頃には木，布，ワイヤなどが主な構造材であったが，1930年代初期からアルミニウム合金が使用され始め，現在まで材料の主流を占めている．第二次大戦後，アルミニウムの代用として一部にガラス／プラスチック複合材（GFRP）が使用され始めたが，比強度（強度／密度）は高いけれども比弾性（弾性率／密度）が劣り，フラップ，舵構造材などの2次構造材として，主にハニカムサンドイッチ構造の形で使用されてきた．このような流れの中で，優れた比強度を持つ炭素繊維が出現し，1960年代後半から，これを強化材としプラスチックを基材としたCFRPが誕生し，これを中心にした比強度，比剛性の高い先進複合材料（Advanced Composites）の研究が促進された．これを適用するために，軍用機を中心に，従来の金属材料に置き換える形の試作研究がアメリカを中心にヨーロッパや日本でも行われた．これを航空機構造へ本格的に適用する動きは徐々に拡大を続け，最近では一挙に加速された観がある．この，先進複合材の航空機機体構造に占める割合の歴史的変遷をプロットしたものを図1に示す．CFRPが最初に軍用機に適用され，大幅な適用は常に軍用機がリードしてきたこと，民間機ではエアバス社が常に先行して応用してきたこと，21世紀に入って開発がアナウンスされた機体では先進複合材の使用比率が急増していることがわかる．

　以下に，図1での航空機への先進複合材適用の歴史の中でのいくつか重要な事例について説明する．まず，炭素繊維が1950年代末に産声をあげてから10年以上が経過して，軍用機に初め

　＊　Takashi Ishikawa　宇宙航空研究開発機構　航空プログラムディレクタ

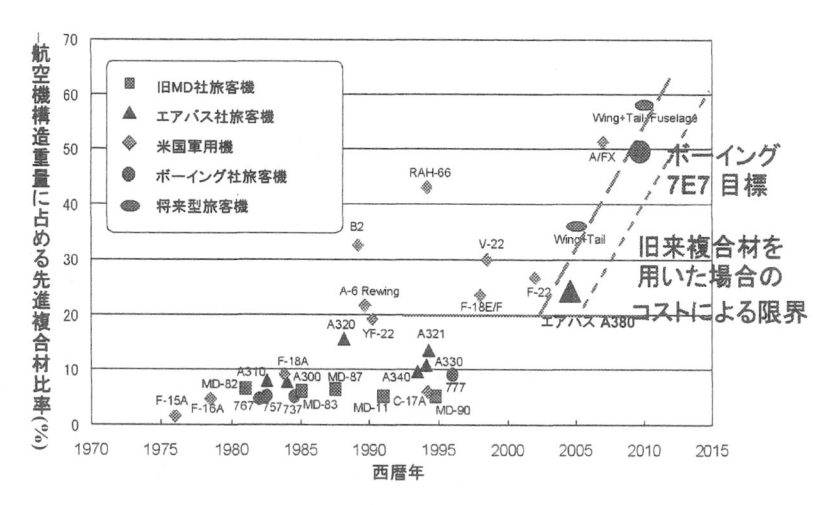

第8章　炭素繊維・複合材料の用途・分野別先端技術

図1　航空機構造重量に占める複合材比率の変遷

図2　我が国で初めてのCFRPの主翼適用事例であるF-2戦闘機とその主翼[2]

て適用された事例の一つとして，米国の戦闘機F-15のスピードブレーキへ適用されたが，この時点では構造重量の1％程度である．我が国でもCFRP技術の発展とともにCFRPの適用が進み，初めて主翼をCFRP化した戦闘機F-2の全機と主翼の写真[2]を図2に示す．適用比率は構造重量の約18％である．次に，民間機部門でのCFRPの適用の歴史を振り返ってみる．民間機で最初に大幅にCFRPを適用したのは我が国でも，現在多数運航しているエアバスA320で，この複合材適用部位を図3に示す．特徴的なのは，三枚の尾翼，床ビーム，エンジンのカウルなどにCFRPが適用され，1980年代当時としては画期的な16％という複合材適用率を達成している．A320への複合材の適用は，エアバス社の機体での複合材適用の標準的なスタイルとなり，その後に開発された，ボーイング社製の機体の中では，大量の複合材を最初に適用したB777でも，

三枚の尾翼・床ビーム・カウルへの適用という方式は踏襲されている。エアバス社では，この伝統を受継ぎ，21世紀早々に超大型旅客機 A380 を開発することを決定したが，超大型であるが故に軽量化への要求は非常に強く，その結果当初計画では全構造重量の20％，現設計段階では25％という多量の先進複合材を適用することとなっている。A380における複合材の適用部位[3]を図4に示す。本機では，上述した定番の尾翼三枚のCFRP化は当然であるが，特筆すべきCFRP適用として，航空機構造の中で最も伝達荷重の大きい部位である主翼中央翼（キャリースルー）のCFRP化が挙げられる。この写真を図5[3]に示す。このような重要部位にCFRPが使用されているのは，材料への信頼と，少しでも構造を軽量化したいという意図の現れと言える。次の特筆すべき適用事例として，部品重量としては大きくはないが，尾部圧力隔壁の低コストを狙ったCFRP化がある。このCFRP構造の場合，樹脂フィルム溶融注入法（Resin Film Infusion：RFI）という新しい成形法とクリンプ無し織物という炭素繊維強化体を組合わせた構成となっていることも興味深い。

　ボーイング社の次代を担う旅客機 B787 においても，ゴールとしては構造重量の50％もの

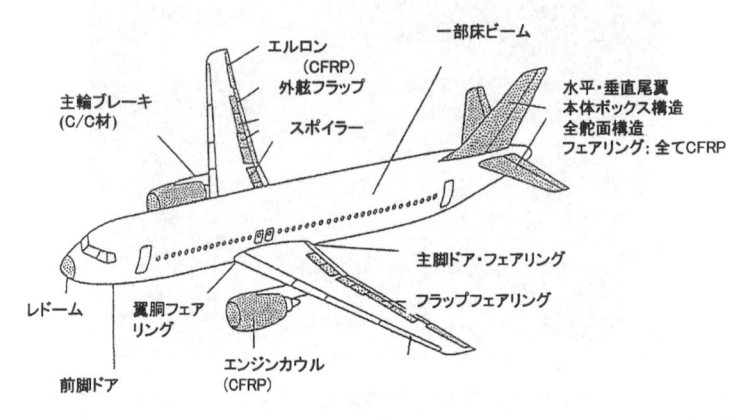

図3　民間機として初めてCFRPを大量適用したエアバスA-320への適用部位

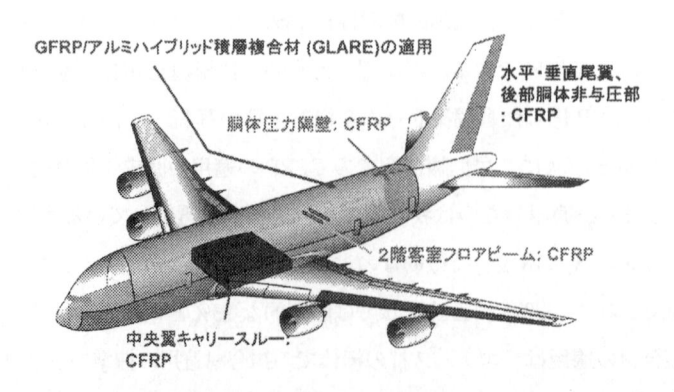

図4　エアバスが開発中の超大型民間機A-380への先進複合材の適用部位[3]

第 8 章　炭素繊維・複合材料の用途・分野別先端技術

CFRPを使用する設計が進んでいる．ここでの最大特徴は，主翼と胴体の全てをCFRP化することである．本機の製造後，塗装の前に見ることができたら，ほとんどの表面はCFRPの色である黒色に見えることとなる．現時点でのCFRP等の複合材料の適用構想と，材料構成比[4]などを図6に示す．本機は2008年頃就航の予定で開発が進められており，主翼・胴体の一部等の主要構造は我が国で製造されることになっている．

3.3　ロケット・人工衛星へのCFRP適用の現状

現状の使い捨てロケットの場合，特に下段は燃料の重量割合が大きいこと，液体水素燃料の極低温環境下でのCFRPの挙動が明らかでないこと，などの理由から，主構造の燃料タンクはまだアルミ合金である．しかし，図7に示す[5]ように，H-ⅡAロケットの場合，1-2段を繋ぐ段間

図5　超大型民間機 A-380 の CFRP 製中央翼（左右主翼の力を繋ぐ重要部材）

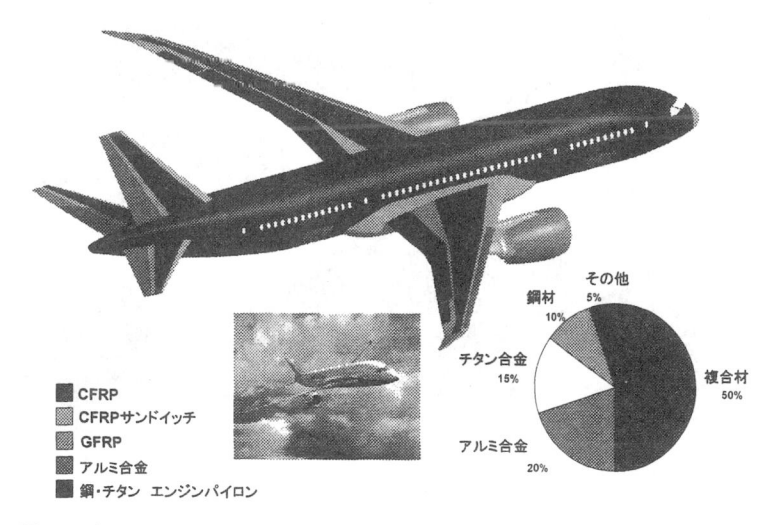

図6　ボーイング社が開発中の高性能民間機 B-787 への先進複合材の適用部位

部にCFRPサンドイッチ構造が適用されたのを始め，固体ブースタ容器にもCFRPが適用され，CFRP化が徐々に進行している．基礎研究を積み重ねれば，将来的にはロケットの燃料タンク全体をCFRP化することも可能であろう．

　宇宙空間で機能する人工衛星の場合，構造は軽ければ軽いほど衛星の機能を上げることができるので，最近の人工衛星はCFRPを始めとする複合材料の塊りである．この一例として，先進複合材料を多用した高出力衛星DS-2000や科学衛星SOLAR-Bなどでの複合材部品例[6]を図8に示す．前者では超軽量アンテナリフレクタやCFRPの高い熱伝導性を生かした熱交換器部品などが特徴的であり，後者ではCFRPの軽量・高強度以外のもうひとつ優れた特徴である低熱膨張率を生かした，超高精度の光学望遠鏡支持構造の例が示されている．

3.4　CFRPの研究開発の方向に関する展望

　このように進歩・成熟してきたCFRPであるが，その研究開発はまだまだ鈍化することなく続けられている．ここでは，最近のこの分野の研究開発のトレンドを展望してみよう．図9に，強化繊維である炭素繊維の単体強度と弾性率のプロット[7]を示す．このように炭素繊維は原料により，高強度をねらうPAN系と高弾性をねらうピッチ系に2極分解している．PAN系高強度糸

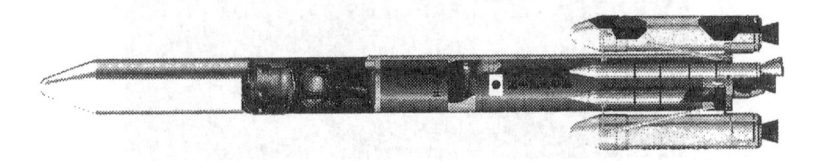

図7　JAXAのロケットH-IIAの段間部と固体ブースター容器へのCFRP適用

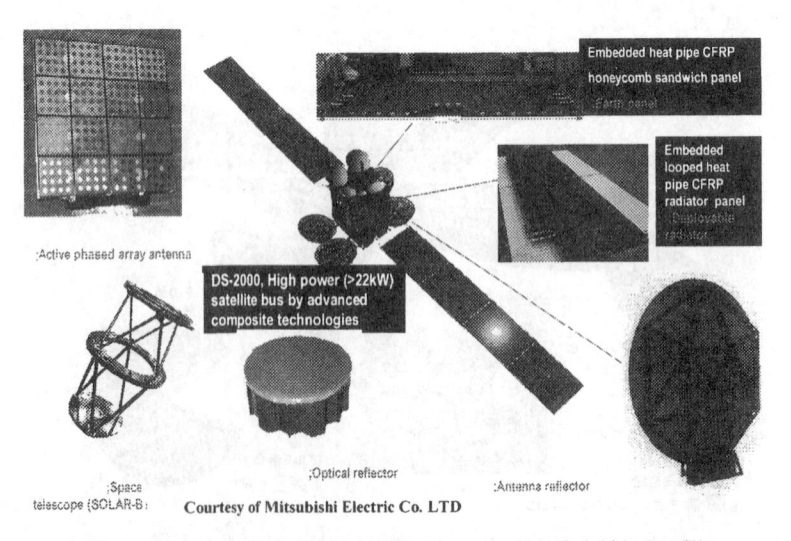

図8　複合材を多用した高出力衛星DS-2000等の複合材部品の例

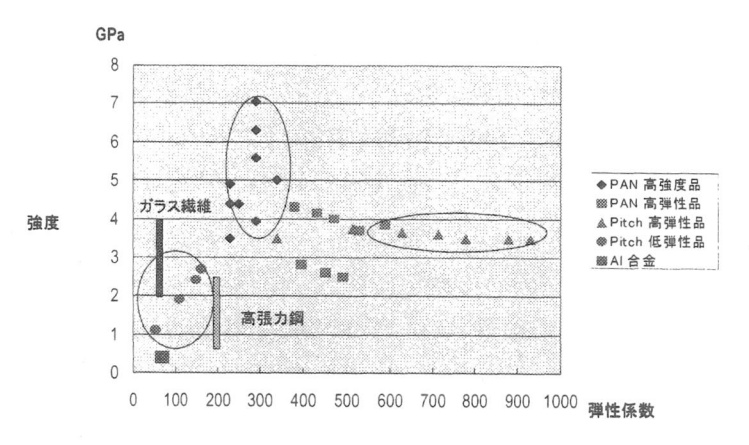

第8章　炭素繊維・複合材料の用途・分野別先端技術

図9　炭素繊維の二つの開発方向：高強度化と高弾性化

の強度上昇の時間的なペースはさすがに鈍っており，商用的生産品としてはほぼ上限に近いと理解される。ピッチ繊維の高弾性率化もコストとの兼ね合いで商品としては上限に近づいていると考えられる。上述した人工衛星部品などは弾性率・熱伝導率・電波特性などで，ピッチ系高弾性率糸が用いられる場合が多い。また，最近話題となっている，この高弾性率特性を利用した一般産業分野への応用として，高速印刷機用のロールがあり，この部品はこの炭素繊維を用いたCFRPがなければ存在し得ないことに注意する必要がある。最近では，特にピッチ系で特殊用途向けに低弾性糸の開発の動きがあり，圧縮強度の改善と相俟って，ゴルフシャフトの高性能化に寄与するため，スポーツ分野への応用が盛んである。

　性能の進歩上からは多少行き詰まり感のある繊維に比べて，CFRPの母材樹脂の研究開発はまだまだ活発に行われている。複合材樹脂の分野で，まず模索されたのは，高靱性化であった。これは，初期のCFRPでは，面内強度は強いが繊維のない横方向強度，特に板としたときの横からの衝撃に弱く，このことのために軽量化が思うように達成できないという教訓に基づいて，いろいろな方法が試された。初期は樹脂の破断伸びを大きくするためにエラストマーが添加されたこともあったが，このような方法では耐熱性が著しく低下してしまい，航空機用途には適さなかった。ボーイング社が同社で初めて複合材料を大量に使用する機体，B-777を開発する時（1980年代半ば）に，世界の複合材料メーカーに材料の開発競争をさせたが，その時のキーの特性の一つがこの高靱性化であり，その競争に打ち勝ったのが東レであった。同社は，炭素繊維にエポキシ樹脂を含浸させたプリプレグという中間素材（現在のCFRPの航空宇宙構造はほとんどこれを用いて製造される）に，特殊な熱可塑性樹脂のパウダーを混入させることで高靱性化に成功し，ボーイング社の厳しい材料スペックを満足することに成功した。この頃，もう一つの流れとして，樹脂単体の破断伸びがエポキシ樹脂などに比べて一桁大きくなる熱可塑樹脂，例えばPEEK，PESなどを母材としたCFRPを用いた複合材構造を開発する試みも盛んに行われた。筆

171

者の属する旧航空宇宙技術研究所でも，PEEK 使用の CFRP 構造の研究を行い，性能的には非常に優れており，エポキシ使用の CFRP 構造がベースのアルミ合金構造に比べて約 20%軽量化されるのに対して，PEEK 母材の CFRP では約 40%軽量化されるという目覚ましい成果を挙げた。ただし，この CFRP は 380℃という高温で成形するので，型・副資材等が極めて高価なものとなってしまい，民間航空機技術としては適さない，ということも同時に明らかとなった。

　樹脂の研究開発のもう一つの流れは，耐熱化である。これは，エンジンやスペースシャトルのような構造の複合材化には極めて重要であり，脈々と研究が続けられている。一般に，耐熱化と高靱性化は相反する傾向にあり，これは高分子の架橋骨格構造からもある程度類推できる。最初に耐熱高分子として登場してきたのは NASA が開発した PMR-15 であったが，これは成形が難しく，しかも低靱性であったので，これを用いた CFRP の軽量構造を成形するのは至難の業であった。それ以来，耐熱熱可塑樹脂である PIXA の系統の樹脂や，また NASA が開発した PETI-5 などの耐熱樹脂が研究されている。この傾向を大局的に示すため，縦軸に耐熱性の指標としてのガラス転移点温度（Tg）をとり，横軸にそれら樹脂の力学特性（主に破壊靱性値を支配する樹脂単体の破断伸び）をプロットしたものを図 10 に示す。このうち，耐熱性と高靱性を合わせ持った樹脂について，世界各国の研究競争が続いている。最近では，ナノテクノロジーの技術を用いて，カーボンナノチューブ（CNT）あるいはフラーレン（C_{60}）などを用いて耐熱性を上げることも実施されている。次節に，この耐熱高靱性樹脂に関する宇宙航空研究開発機構の最新の研究成果について一部言及する。

　樹脂に関連した新しい研究開発の流れとして，低コスト複合材の研究がある。これは，例えば上記に言及した熱可塑樹脂粒子添加による高靱性 CFRP 用プリプレグは，性能は良いがかなり高価なものとなってしまい，コストの点で応用範囲が狭められるということが発生していることを解決しようとするものである。この場合，弱点の層間強度は，樹脂に期待しないで，強化繊維を板厚方向に通す縫合（Stitching）であるとか，板厚方向にステープラの針のようなものを通す Z ピン技術などによって層間強度・靱性を確保し，そのような強化体に後から樹脂をさまざまな方法で注入する，液相樹脂注入により低コストの CFRP 構造を成形する技術が幅広く研究されている。樹脂を注入する方法としては，完全な金型へ強化体を詰めて樹脂を注入する RTM（Resin Transfer Molding）法，片側を型とし，反対面をバッグで覆って真空圧により強化体を押さえながら樹脂を注入する

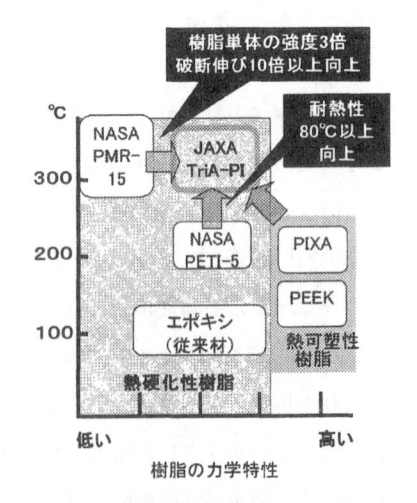

図 10　樹脂の二つの開発方向：高耐熱化と高力学特性（主に高靱性）化

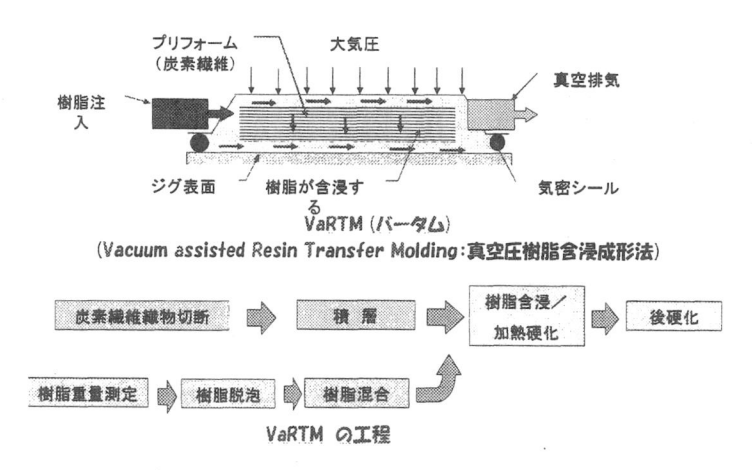

第8章　炭素繊維・複合材料の用途・分野別先端技術

図11　現在のプリプレグ成形より大幅の低コスト化を狙うVaRTM成形の概説

VaRTM（Vacuum Assisted RTM）法，あるいは3.2項に一部言及した，型の上においた強化体に上から樹脂フィルムを置き，加熱によりこのフィルムを溶かして含浸するRFI（Resin Film Infusion）法などがある。これらの新成形技術のうち，最近最も注目されている液相樹脂注入の代表例であるVaRTM成形技術の概略を図11に示す。このような液相樹脂注入に用いる樹脂は，できるだけ粘度の低いものがよく，もし強度要求が低いなら，エポキシ樹脂よりもビニルエステル樹脂などの方が適している。一つ注意する必要があるのは，この低コスト複合材の技術は，樹脂注入技術と層間を強化する強化体の製造技術がセットになって初めて実力を発揮し，どちらの要素が欠けても成立しないことである。この低コスト型複合材構造に関する宇宙航空研究開発機構の最新の研究成果についても，次節に一部言及する。

3.5　CFRPの最新技術に関するJAXA先進複合材評価技術開発センターの成果

まず，ここでは樹脂の耐熱性向上に関して，標記センターでの最近の成果の例を示す。上にも一部述べたように，CNTの分散により，樹脂の架橋構造とは別のネットワークが形成されて元々の架橋構造の熱運動を拘束するので，CNTの少量添加により，元々耐熱性の良い樹脂の耐熱温度をさらに上げることができる。これを我が国で発明された耐熱樹脂，Tri-A PIについて実施した結果[8]を図12に示す。左にここで用いた多層CNTの顕微鏡映像を示し，右にこの添加量とガラス転移点温度Tgの上昇の関係を示す。液相での分散の手法をとると，たかだか7％の添加で20℃以上のTg向上が達成されていることがわかる。

次の例として，もともとJAXA（旧宇宙科学研）では，図10に示されているTriA-PIと俗称される世界最高性能の耐熱樹脂を開発してきたが，特性は優れているものの，プリプレグを作りにくいなどの理由で，複合材化への道のりには壁があった。そこで，本センターでは，自ら有機合

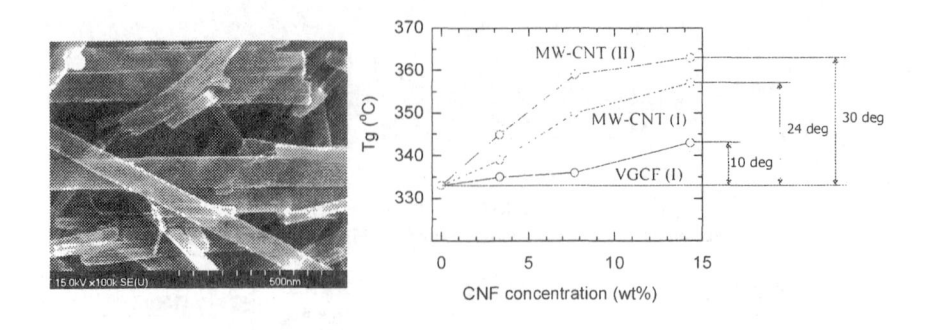

(a) 添加多層カーボンナノチューブ(MW-CNT)　(b) 添加量とTg向上との関係

Ⅰは機械的分散、Ⅱは液相での分散

図12　CNTの添加による耐熱ポリイミド複合材の更なる耐熱性向上

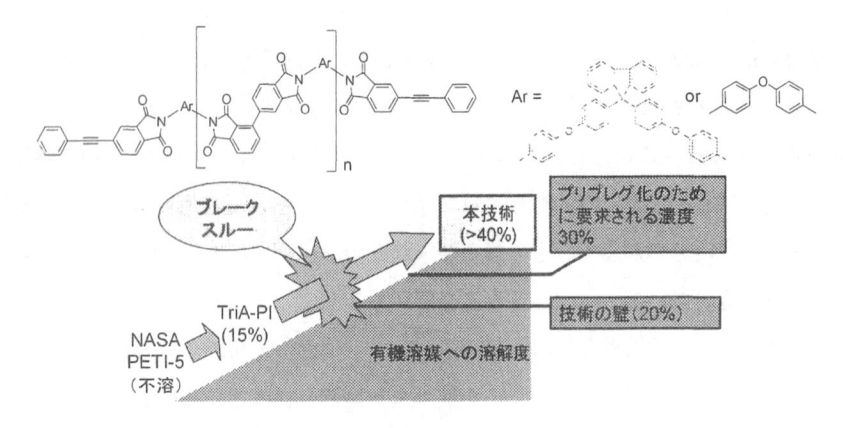

図13　フルオレニリデン基の導入により有機溶媒に可溶とした新ポリイミドの開発

成を行って，嵩高いフルオレニリデン基をTriA-PIの基本骨格に導入することによって，耐熱性・力学特性を損なわずに，溶媒に可溶なイミドオリゴマーを開発することに成功[9]した。この化学式を図13上に示す。Arのところに右の基が入っているのが元来のTriA-PIであるが，左のフルオレニリデン基が入っているのが新ポリイミドである。図13下には，この新ポリイミドにより，イミド化の終了した高分子をプリプレグ化することへのブレイクスルーに成功したことを模式的に示している。このプリプレグを用いると，従来のポリイミドの最大の問題であった成形時のボイド発生の問題を難なく解決できる。図14の左に，この新ポリイミドプリプレグから成形した複合材板の断面[9]を示す。通常のポリイミド複合材では必ず観察されるボイドやクラックがなく，良好な成形状態が得られていることがわかる。この板から切り出した試験片について，樹脂の強度支配の複合材の典型的な力学特性であるショートビーム曲げによる層間せん断強度特性を各温度について取得し，各樹脂を用いた複合材の室温値で無次元化したもの[9]を図14右に示す。

第 8 章　炭素繊維・複合材料の用途・分野別先端技術

TriA-PI 新技術 B と標記したものが，実は，この溶媒可溶新ポリイミド複合材の結果である。比較対象としているのは，米国 NASA で開発され，TriA-PI の出現までは世界最高性能と言われた PETI-5 を基材とする複合材の試験結果であり，250℃では，新ポリイ

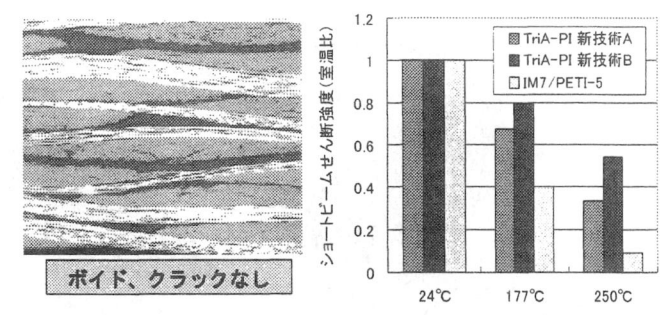

図14　新ポリイミド複合材プリプレグを用いた成形板の断面のボイドのない状況とその複合材（新技術B）層間せん断強度の向上

ミドの結果が断然優れていることがわかる。ちなみに，TriA-PI 新技術Aと標記したものは，有機溶媒に非可溶なTriA-PIを粉末化したものからプリプレグを製造し，それから複合材に成形したものの結果である。樹脂単体の特性では，TriA-PI のほうが新ポリイミドより若干優れているが，粉末経由のプリプレグでは少し欠陥が内在して，強度低下を誘起しているものと考えられる。この新ポリイミドは，今述べたように，単体強度はTriA-PIよりごく僅か低下し，耐熱温度指標であるTgについてはTriA-PIでは345℃で，新ポリイミドでは332℃と少し低下するが，良好な成形性発揮という，耐熱樹脂系複合材を航空宇宙構造へ実用化する上での課題を克服する資質を備えており，今後の急速な発展が待たれる。

　最後に，同センターで実施されている低コスト複合材構造に関する最近の成果について紹介する。JAXAでは，経済産業省の環境適応型小型航空機（通称 MJ 機，90〜70 人乗りの国産旅客機開発）プロジェクトの技術支援として，低コスト型複合材構造の技術開発に努めているが，その大きな成果として，2006 年 6 月に上述した VaRTM 法による複合材主翼模型の開発に成功した。この，全長 6 m の主翼模型の写真[10]を図15に示す。この模型成形の成功の裏には，適切なパートナー企業（㈱カド・コーポ）を選定し，VaRTM の基礎技術開発と含浸ノウハウの獲得を長時間，共同で実施してきたことがある。さらに，この模型の最適構造設計はJAXAで実施している。この模型の成形には成形治具自体も安価なものを開発する必要があり，JAXAとカド・コーポのチームでは，図16に示すような合板とガラス繊維強化 FRP（GFRP）で製造した治具[10]を用いてこの問題を解決している。この他，高価なオートクレーブを用いず，簡易な断熱室と加熱装置で設備投資を大幅に低減している。航空機構造といえども，低コスト化が必須なのは時代の流れであり，この種の低コスト技術は今後一層の発展が期待される。

　この他，同センターでは低コスト複合材の基礎技術として，安価で粘度の低いエポキシ樹脂を用いて炭素繊維織物に工業用ミシンを用いて縫合した強化体にRTM法により樹脂を含浸したCFRPでの破壊靱性の向上について，やはり長年研究を実施している。これについての詳細な紹

炭素繊維の最先端技術

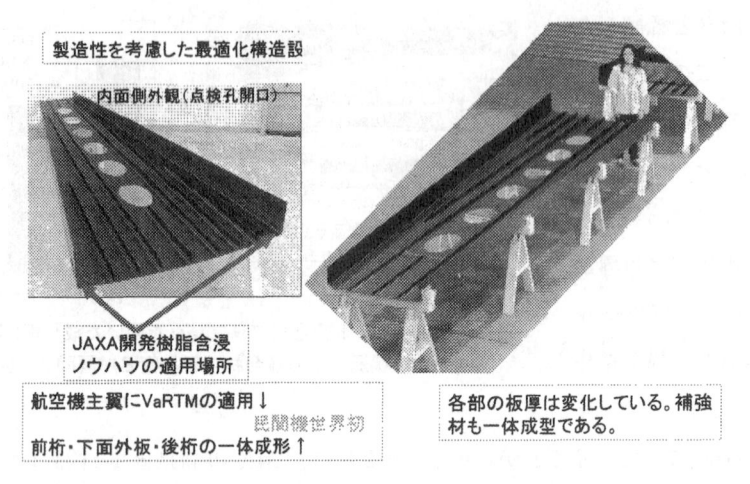

図15 YS-11の後継として開発が検討されているMJ型輸送機の主翼への適用を意識したVaRTM法成形の全長6mの複合材主翼模型

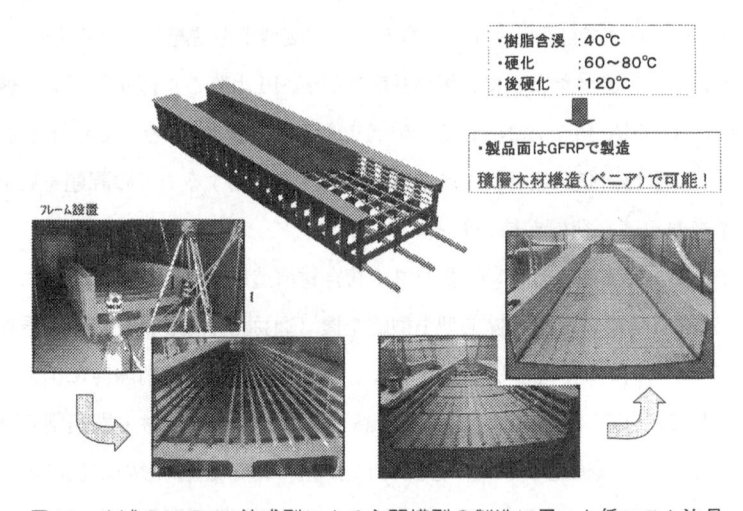

図16 上述のVaRTM法成型による主翼模型の製造に用いた低コスト治具

介は省略するが，要点のみ簡単に紹介する。このような縫合によって，層間破壊靱性のうち，開口型き裂に対する抵抗性の指標であるモードⅠエネルギー解放率が，縫合糸の体積含有率と線形的に増加することが，膨大な実験と有限要素解析によるシミュレーションから明らかとなった。
次に，もう一つの低コスト複合材構造の基礎技術としてのZanchor®技術と，それを用いたCFRPの層間衝撃抵抗向上技術がある。Zanchor®技術は，一般の繊維技術で用いられるニードリングをヒントに，シキボウで特許化され，その後，同社と三菱重工の共同研究で研究されていたものに当センターが加わって研究を実施しているものである。この技術[11]は，針状のもので強化繊維布を「つつい」て，他層の繊維を絡ませて層間の強化を行おうとするものである。Zanchor®

第 8 章　炭素繊維・複合材料の用途・分野別先端技術

の回数が増すにつれ，損傷抵抗が増加[11]し，CFRPにとってもっとも厳しい強度の一つである衝撃後残留圧縮強度（CAI）の値を向上できることがわかる．この関連の技術は，当センターの重点研究分野の一つである．

3.6　おわりに

　先進複合材．特にCFRPの持つ優れた軽量化能力のため，航空機・ロケット構造・人工衛星へのCFRPの応用が年を追うごとに拡大している現状を展望した．また，CFRPの構成要素である炭素繊維と母材樹脂の研究開発の大局的な方向について俯瞰し，最近の動向について解説した．また，この動向に関連して，筆者の勤務する宇宙航空研究開発機構での典型的かつ先端的な最近の研究結果を挙げて，進歩の状況を示した．

文　　献

1) C. Zweben, AIAA Paper 81-0894, AIAA Annual Meeting, Long Beach, CA USA, 1981. 5.
2) M. Kageyama, Proceedings of 13th International Conference on Composite Materials, 2001. 7, CD-ROM.
3) エアバスジャパン㈱提供資料 (2004. 11)
4) M. D. Jenks, Proceedings of 8th Japan International SAMPE Symposium and Exhibition, 2003. 11, CD-ROM.
5) JAXA ホームページ, http://www.jaxa.jp.
6) 尾崎毅志, 平成15年度航空宇宙技術研究所 委託業務成果報告書, 日本複合材料学会, pp. 2/359-2/371 (2004. 3)
7) 荒井豊, 第18回複合材料セミナーテキスト, 炭素繊維協会, pp.9-16 (2005. 3)
8) T. Ogasawara, Y. Ishida, T. Ishikawa, R. Yokota, Composites: Part A, Vol.35, pp.67-74 (2004)
9) Yuichi Ishida, Toshio Ogasawara and Rikio Yokota, "Development of Highly Soluble Addition-Type Imide Oligomers, Imide Wet Prepregs and Polyimide/CF Composites", Proceedings of SAMPE 2005 Fall Conference, SAMPE, 2005. 11, Seattle, USA, CD-ROM.
10) 青木雄一郎, 平野義鎮, 永尾陽典, 杉本直, 日本複合材料学会2006年度研究発表講演会予稿集, pp.79-80 (2006. 6)
11) 山田健, 岩堀豊, 石橋正康, 福岡俊康, 石川隆司, 邉吾一, 第46回構造強度に関する講演会講演集, 日本航空宇宙学会, pp.135-136 (2004. 7)

4 電子・電気・通信分野

尾崎毅志*

4.1 はじめに

　炭素繊維・複合材料の機械的、熱的に優れ、電気的にも適度な導電性を有するなどのユニークな特長は、電子・電気・通信分野においても使い勝手の良い材料であることは自明であり、そのアプリケーションの広がりについては炭素繊維が登場して以来大きな期待が寄せられてきた。例えば、文献1)には電子機器や事務機の軽量化や帯電防止を目的とした筐体への適用、スピーカー振動板等、オーディオ機器への適用、電池への応用の可能性についていくつかの例が挙げられている。しかしながら、こと一般産業用途においては材料の性能と同様にコストは重要な因子であり、炭素繊維の価格も昔に比べればずいぶん下がってきたとはいえ、競合材料を押しのけて適用が拡がる事態には至っていない。実際に適用されている材料を見ても殆どはCFRPTペレットで、炭素繊維の本来的な特長である高比強度、高比剛性が活用されている事例は、後述させて頂く一部の事例を除いては殆ど見あたらない。やはり、軽さに対して相当のコストをかけてもらえる分野は、省エネルギーの観点から「動くもの」が主体であり、動く輸送機においてもロケットから航空機、そして最近ようやく鉄道、自動車へと適用が拡がりつつあるというのが現状で、地上にあって動かない電子・電気・通信機器については、適用されるにしてももう少し先になるものと思われる。

　一方で、軽さが命の電気製品は何かというと、地上ではなく宇宙において通信や観測、各種のセンシングを行う人工衛星であり、地上用の電気製品とは対照的に最も炭素繊維の適用が進んだ製品である。昨今ずいぶん安くなってきたとは言え、それでも1回100億円という打ち上げ費用を衛星重量で割り算すると、1kgあたり200万円、1g2,000円近くに相当する訳であるから、重量軽減のためにはそれなりの材料コストをかけても差し支えない。こうした理屈から人工衛星における炭素繊維の活用はすでに数十年の歴史を有しており、使われる炭素繊維そのものや、使われ方もますます高度化している。

　こうした事情により、本分野における用途事例の紹介として、人工衛星にその大半を割くことにご容赦頂き、以下そのパーツ毎に最先端の適用技術について記述させて頂く。

4.2 衛星構体

　最近の通信衛星の主流となっている三軸衛星の構体構造は図1のように直方体構造をしている

---

* Tsuyoshi Ozaki　三菱電機㈱　先端技術総合研究所　複合・金属材料グループマネージャー

第8章　炭素繊維・複合材料の用途・分野別先端技術

図1　三軸衛星の事例（DS-2000）

ものが多く，各面はそれぞれ機器搭載，あるいは放熱を目的とする構造パネルである。これらのパネルは軽量でありながら主構造として必要な剛性，強度を確保する目的で，通常軽量のアルミハニカムコアを薄い表皮で挟むハニカムサンドイッチパネルが採用されている。構体パネルに要求される性能は，機器より発生する熱を効率よく構造全体に拡散させることのできる熱輸送能力と，衛星の姿勢安定や搭載機器の指向精度を確保するための寸法安定性である。

　熱輸送能力の観点からは，これまでアルミ合金を表皮としたハニカムサンドイッチパネルが主たる構体用材料であったが，アルミ以上の熱伝導特性を有するCFRPの出現により衛星構体へのCFRPの適用も考えられるようになった。構体パネルでは，パネル内或いはパネル間の熱輸送能力を高める手段としてパネル内部のコアの部分にヒートパイプを埋め込むことが多い。この場合，従来のアルミ表皮材をCFRP材料へ単に置き換えるのではなく，CFRPの配向設計を積極的に活用すればパネル全体の熱輸送能力をさらに向上させることが可能となる。図2にこの概念を示す。搭載機器から発生する熱はまずヒートパイプに沿って流れるが，これと直交する方向には

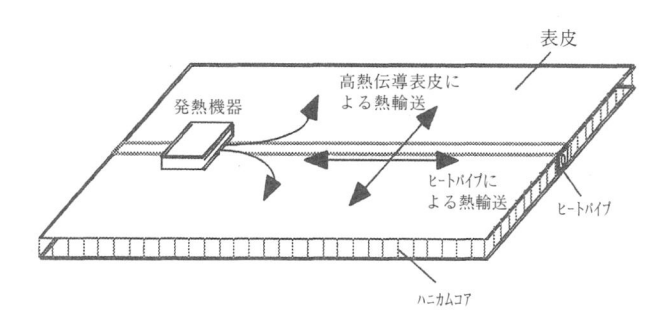

図2　ヒートパイプとCFRP表皮による熱拡散

炭素繊維の最先端技術

500W/(m・K) レベルの超高熱伝導配向設計を行ったCFRP表皮が熱経路となっており，これら2つの熱伝達経路の組み合わせにより効率よく熱を拡散させることができる．図3は衛星構体からの排熱を行うため，軌道上で展開される放熱板（展開型ラジエータ）で，2006年度に打上げられた技術試験衛星8号搭載の開発モデルである[2]．表皮をCFRP化したことにより，アルミに比べた放熱能力あたりの重量が1/2に軽量化されている．

　熱歪み制御の観点においても，ここ10年間のCFRP技術の進歩は目を見張るものがある．構体パネルの熱変形はCFRP単体としてではなく，ハニカムコアと組み合わせて考える必要がある．図4は衛星構体用のハニカムサンドイッチパネルの線膨張係数を比較したものである．アルミ

図3　CFRP展開型ラジエータパネル

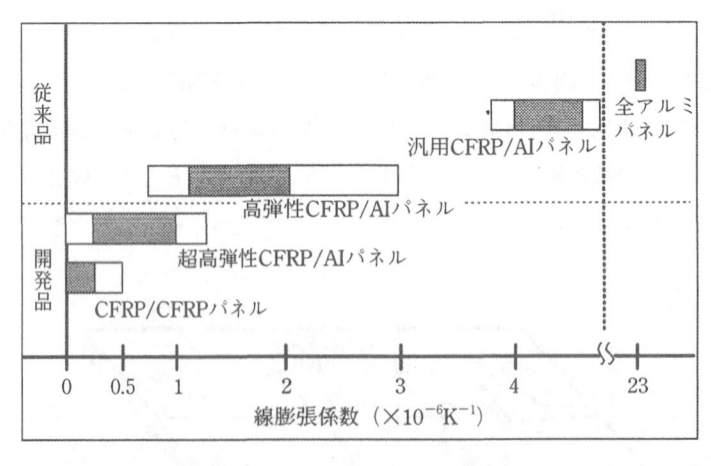

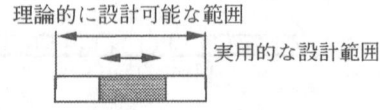

図4　衛星構体用ハニカムサンドイッチパネルの熱膨張係数範囲

第8章　炭素繊維・複合材料の用途・分野別先端技術

表皮／アルミハニカムコアのパネルの場合，線膨張係数はアルミの$23\times10^{-6}K^{-1}$そのものとなる。汎用グレードのPAN系CFRPを表皮とした場合，値は$4\times10^{-6}K^{-1}$前後である。同じPAN系でも，高剛性の炭素繊維を用いれば，表皮自体の線膨張係数はほぼゼロとなるが，アルミハニカムコアの影響により，せいぜい$1\times10^{-6}K^{-1}$を多少割り込む程度が限界である。これに対して，超高弾性率のピッチ系炭素繊維を表皮材として用いれば，自身の線膨張係数が$1\times10^{-6}K^{-1}$以下のマイナス膨張となる超高剛性表皮となるため，アルミハニカムと組み合わせたサンドイッチパネルとしてほぼゼロ膨張が達成される[3]。更に特筆すべきは，炭素繊維を素材としたハニカムコアの実用化であり，ゼロ膨張のCFRP表皮と低熱膨張のハニカムコアとを組み合わせた，超低熱膨張の構体パネルも実現した。図5に試作品の一例を示す。

4.3　光学センサ及び宇宙望遠鏡

これまでに述べてきたCFRPの熱伝導特性と熱的寸法安定性の向上は，この材料のポテンシャルを望遠鏡のような光学用構造材料へ適用できるレベルにまで高める結果となった。2006年に打上げられた太陽観測衛星SOLAR-Bに搭載される可視光・磁場望遠鏡では，厳しい熱的寸法安定性要求を満足させるためにCFRPが積極的に適用された。低吸湿シアネート樹脂をマトリックスとしたCFRPにより，極めて精密な配向設計と熱歪み評価とを実施し，最もクリティカルなトラスパイプでは線膨張係数$10^{-8}K^{-1}$台を実現した。さらに主鏡及び副鏡の支持構造にはCFRP表皮CFRPハニカムサンドイッチパネルを，これらをつなぐ継ぎ手にも金属を廃してCFRP製継ぎ手を採用，低熱歪み化と同時に大幅な軽量化を併せて達成した。

CFRPの宇宙望遠鏡への適用開発は今もなお盛んに進められており，例えば米国のJWST（James Webb Space telescope）関連の開発研究ではCFRPを光学反射鏡そのものへ適用することが試みられている[4]。

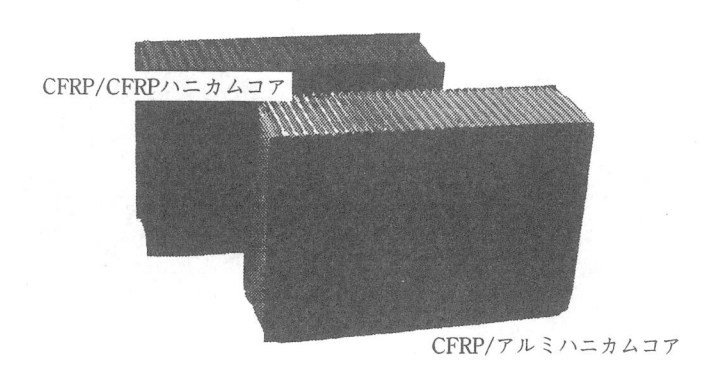

図5　低熱膨張衛星構体用ハニカムサンドイッチパネル

4.4 通信アンテナ

最近の商用衛星に搭載されるアンテナリフレクタは，反射面に幾何学的な修整を施すことにより，電波の放射効率を上げる鏡面修整リフレクタが主流となっている。図6に鏡面修整による放射パターンの例を示す。放射領域の面積の積算値はパターンによらず概ね一定であるので，通信サービスを行いたい地域の形状に合わせて電波を絞り込んで供給すればより効率の良いサービスが提供できる。このようなリフレクタでは，従来のパラボラ鏡面のリフレクタと異なり，わずかな熱歪みによって放射領域が変わってしまうことから，寸法安定性への要求はより厳しいものとなる。具体的な数値で言えば，通信する電波の波長やリフレクタサイズに依存するが，例えば，商用通信衛星用アンテナとして一般的な開口径2.5m程度のリフレクタで，周波数12〜14GHzのKuバンドの通信を行おうとする場合，理想的な反射面からの形状ずれの許容値は，熱変形を含めて一声0.5mmRMS（自乗平均）といったところである。

衛星搭載アンテナリフレクタの置かれる温度環境は概ね−170℃から+150℃と300℃以上の温度差がかかる厳しいものであることから，要求を満たす寸法安定性を達成するためには，とにかく材料の熱膨張率を小さくする必要があるし，吸湿変形問題も無視できない。こうした課題に対するブレークスルーとしてここ10年で取り組まれてきた技術開発をいくつか紹介しておきたい。

最初に紹介するのがピッチ系高剛性炭素繊維の活用である。図7にサンドイッチ構造によるアンテナリフレクタの例を示す。この反射面はCFRPを表皮，アル

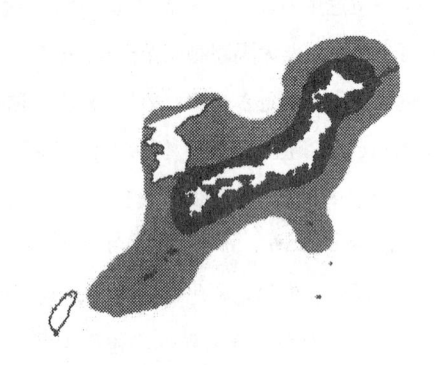

図6 修整鏡面の放射パターン例

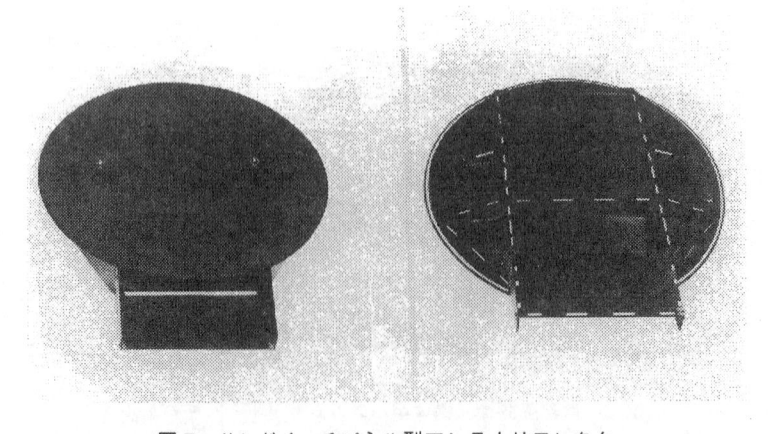

図7 サンドイッチパネル型アンテナリフレクタ

第8章　炭素繊維・複合材料の用途・分野別先端技術

ミハニカムをコアとして構成されたハニカムサンドイッチパネルで，構造的には軽量で曲げ剛性を稼げる特徴を有する。すでに述べたように，CFRPの低熱膨張性は炭素繊維のマイナス膨張性，即ち温度を上げると繊維方向に縮む性質に由来しており，プラス膨張である樹脂と組み合わせたときに，ほどよく均衡がとれて低熱膨張となるものである。そのバランスは，軽量を目指した宇宙用FRPでは一般的な繊維体積含有率55〜60%で，弾性率が約600GPaの高弾性率炭素繊維を用いた場合に2次元等方でゼロ膨張となる。弾性率600GPaはPAN系炭素繊維としては最も高剛性なものに相当するが，これを用いたとしてもCFRP表皮がゼロ膨張となるだけであるため，熱膨張率の大きいアルミコアやエポキシ等の樹脂接着剤と組み合わせたサンドイッチパネルとしての低熱膨張化には従来限度があった。衛星構造体の稿でも紹介したピッチ系の炭素繊維は，弾性率が最大で950GPaと超高剛性であるため，2次元等方的にはマイナス膨張で，サンドイッチパネルとしてゼロ膨張を実現させることができるようになった。

これも衛星構造体の稿で紹介した新材料であるが，シアネート樹脂のアンテナの進歩への貢献も大きい。この樹脂のアンテナにおける主要なメリットは，①吸湿変形が小さい，②耐マイクロクラック性に優れる，③誘電損失が小さい，の3点である。

吸湿変形問題はFRPの金属に対する大きなディスアドバンテージの一つであるが，シアネート樹脂の吸湿量と吸湿時の変形量の小ささとを組み合わせた結果として，エポキシ樹脂をマトリックスとするFRPに比べて変形量を一桁小さくできるようになった。このことは宇宙用のみならず地上用途の拡大を考える上でも朗報である。

マイクロクラックは，CFRPが大きな温度差にさらされる中で，繊維と樹脂マトリックスとの熱膨張差により界面で細かなクラックが生じる現象で，リフレクタ構造の破壊や強度低下に結びつくようなものではないが，マクロに見た樹脂の剛性低下によりCFRPの熱膨張率がシフトする，即ち，リフレクタの熱変形挙動が運用中に変わってしまう問題に結びつく。シアネート樹脂は一般的にエポキシ樹脂よりタフであり，衛星搭載リフレクタの厳しい温度環境下でさえもマイクロクラックを発生させない樹脂も現れたことは大きな進歩である。

誘電損失はいわゆるtanδと呼ばれているもので，Ghz帯での値が，エポキシ樹脂ではだいたい10^{-3}台であるのに対して10^{-4}台と一桁小さい。レドームのような電波の等価体ではその等価損失を左右する物性であり，より損失の小さい構造を作ることができる。

図8にこの性質をアンテナリフレクタで活用した事例として，デュアルグリッドアンテナリフレクタを示す。これは，電波の偏波特性を利用したもので，1つの周波数に励振方向が直交する2種類の偏波を畳み込んでおき，これを受信時の2枚重ねにしたリフレクタで分離しようというものである。重ねられたリフレクタ自体は誘電体でできており，それぞれの反射面に直交するグリッド状の導体がパターニングされている。2つの偏波のうち片方の偏波は前面のリフレク

タで反射され，これと直交する偏波は前面のリフレクタを透過して背面のリフレクタで反射する仕組みである。この場合，背面のリフレクタはグリッドリフレクタの代わりに，前面を透過した電波を全反射させる，通常の導体のリフレクタでも同様の効果が得られる。1つの周波数帯で2つの別個の情報を運ぶことができれば，機能としては2つのアンテナリフレクタを搭載しているのと同じことであり，衛星の限られたスペースを有効利用できるアンテナ方式として，商用通信衛星ではしばしば採用されるようになっている。図8のリフレクタの前面鏡は電波の透過損失を軽減させるため，エポキシに代わってシアネート樹脂（強化繊維はケブラー）をマトリックスとした表皮を用いたハニカムサンドイッチパネル（コアはケブラーコア）である。

　アンテナリフレクタ構造の進歩には，新たな織物や成形方法の実用化が寄与しているところも多い。最近衛星分野で実用化された織物の代表格は三軸織物（Triax Fabric）である。図9に三軸織物の例を示す。従来の織物は縦糸と横糸の二方向の強化方向からなるもので，さらにそのほとんどは0°，90°の構成であるから，この織物を用いたCFRPの力学特性は直交異方性となる。

図8　デュアルグリッドアンテナ

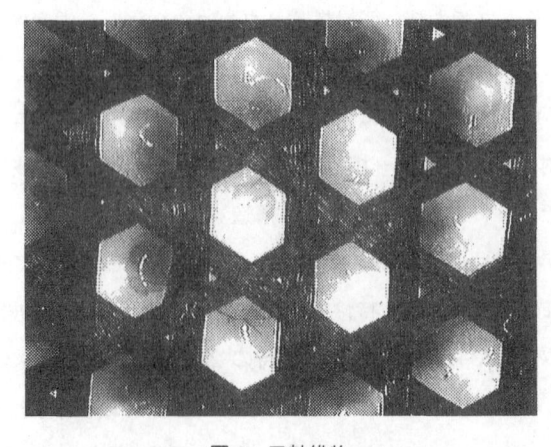

図9　三軸織物

第 8 章　炭素繊維・複合材料の用途・分野別先端技術

　これに対して三軸織物では基本的に 0°，60°，−60°の三方向の強化がなされているため，この CFRP は面内ではどの方向から見ても等方的に強化された疑似等方性材料となる。

　疑似等方性はもちろん平織りを組み合わせても実現できる訳で，0°/90°の織物と±45°の織物を重ねれば疑似等方である。しかし，これだけでは面外方向に非対称となるのでこの逆を積層して 0°/90°，±45°，±45°，0°/90°の 4 層構成で疑似等方性材を作ることになる。先に登場したサンドイッチパネルタイプのアンテナリフレクタでは，コアを挟んでこの 4 層で強化することで軽量かつ高剛性のリフレクタ構造を実現する合理性があった。しかし疑似等方性がたった 1 層（プライ）で実現できるのであれば，リフレクタ構造の設計思想は変わってくる。

　サンドイッチパネル構造では，ピッチ系炭素繊維の登場以前は CFRP を用いても多少の熱変形が避けられなかったため，この変形を構造的にも拘束する必要があった。このため，図 10(a) に模式的に示すように，鏡面自体を剛性の高いハニカムサンドイッチパネルで構成するとともに，背面構造として鏡面に垂直なハニカムサンドイッチパネルを立てるリブ構造とし，互いの熱変形を構造的な剛性によって拘束し合う設計が行われていた。

　CFRP 表皮だけならば PAN 系，ピッチ系を問わず，疑似等方性かつゼロ膨張のリフレクタ面は成形できる。吸湿変形の小さいシアネート樹脂をマトリックスとして用いれば，鏡面自体の変形は無視できるレベルになるので，鏡面が剛性を持たない薄いメンブレン構造で構成することも可能である。

　鏡面が軽く，変形も考慮しなくてすむようになった結果，図 10(b) に示すように，これを構造的な拘束無しに，軽め穴で軽量化された薄型の背面構造で支えるだけのシンプルな構造が実現した。この新しい材料／構造設計に基づいて設計，試作されたリフレクタを図 11 に示す。このリフレクタは，開口径 2.4m に対して重量がわずか 6.1kg と，従来構造に比べ重量が 1/2 以下に軽減された[5]。

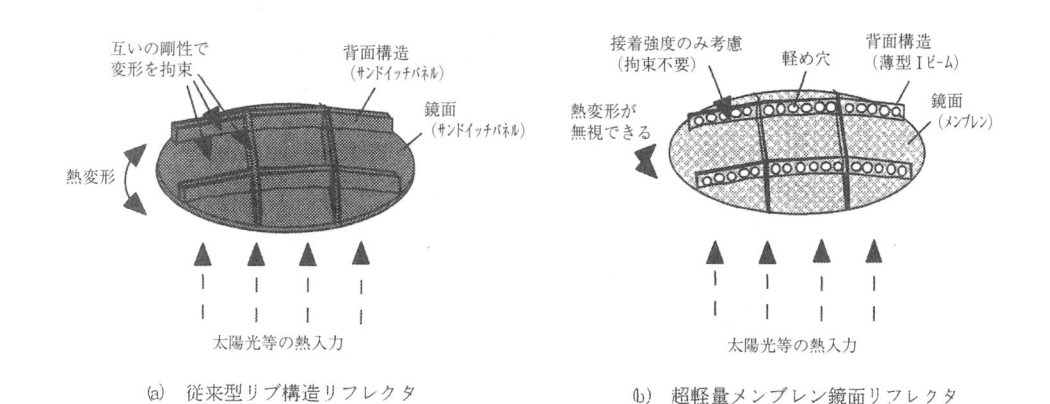

(a)　従来型リブ構造リフレクタ　　　(b)　超軽量メンブレン鏡面リフレクタ

図 10　リフレクタ構造の比較

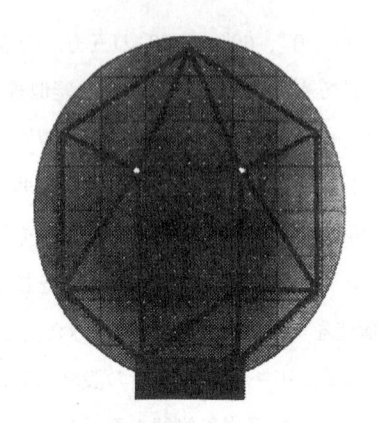

図11 超軽量メンブレンリフレクタ

4.5 地上用途の広がりについて

　FRPは通信，家電機器に対して，その心臓部にプリント配線板の形で活用されている。ガラエポ基板の名前で親しまれているように，FRP基板としてはガラス繊維とエポキシ樹脂とを組み合わせたものが最も一般的で，ガラス布ないし不織布を強化材とした数種類の基板がJIS及び各国の工業規格として規定されている。エポキシ樹脂以外の樹脂としては，熱膨張係数の小さいポリイミドやBTレジン，低誘電率の樹脂としてフッ素樹脂などが用いられている。シアネート樹脂はここでも検討されつつあり，ガラス繊維の他，低誘電損失のクオーツ繊維や低熱膨張のアラミド繊維との組み合わせが試されている。

　FRPの今ひとつの活用形態としてのハウジングについては，携帯型の機器，即ちノートパソコンや携帯電話をはじめとして小型，軽量化を実現する構造材料として適用されており，ガラス繊維強化ポリカーボネート樹脂は以前から一般的に用いられているが，導電性を賦与する意味も含めて炭素繊維が添加されたハウジングも適用が進んでいる。この樹脂としてはポリカーボネート以外に，フェノールやポリアミドなどがあるが，炭素繊維といっても短繊維あるいはコンパウンドに限定され，その含有率も15～30％程度のものである。この分野ではマグネシウム合金という強力なライバルが存在するため，主役の座を獲得するには至っていないが，今後低コスト化の進行状況によってはシェアを拡大する可能性を秘めていると言える。

第8章　炭素繊維・複合材料の用途・分野別先端技術

文　　献

1) 前田豊, 炭素繊維の最新応用技術と市場展望, シーエムシー出版 (2000)
2) Ozaki, T. *et al.*, Proc. 51th International Astronautical Congress, I. 6. 11 (2000)
3) Kabashima, S., Proc. ICCM11, VI, 762-769 (1997)
4) Abusafieh, A., Proc. Optomechanical Design and Engineering 2001, 4444-02 (2001)
5) 三菱電機㈱, 平成7年度社団法人日本航空宇宙工業会委託開発成果報告書 (1995)

5 一般産業分野

5.1 輸送系・大型主構造用途

木村　學*

5.1.1 はじめに

輸送システムの歴史を構造材料の面から眺めると丸木舟から木構造の船，馬車・列車が徐々に鋼構造となり，飛行機が木材・布から軽合金となり，今日 CF 複合材：ACM 構造へ行き付いている。

筆者は幸いな事に創業以来，陸・海・空・宇宙など多くの先端 CF コンポジット製乗り物の開発に関わる事ができた（図 1）。この様に広範囲な乗り物：Vehicle の構造設計から型ジグ・成形・組立・評価までを一貫して経験するチャンスはなかなかないと思われ，ここに紹介する事例が読者の参考になれば幸いである。

5.1.2 アメリカズ・カップ艇（図 2，AC 艇）

1997～2000 年，日本チャレンジ〈阿修羅〉〈韋駄天〉2 艇，構造設計・型ジグ設計・ACM 成形プロセス計画を当社が担当．建造も当社と日本チャレンジ・Building Team である（図 3）。

図 1

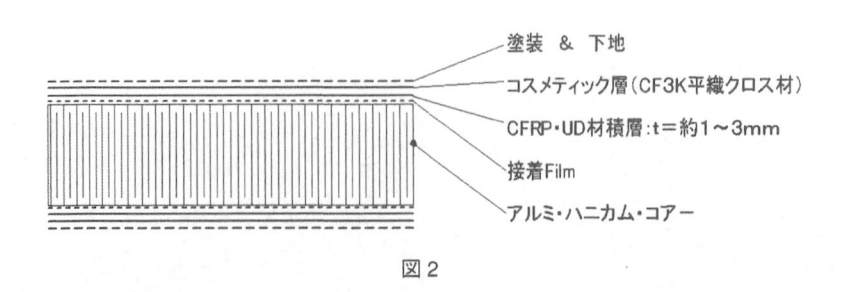

図 2

＊　Gaku Kimura　㈱ジー　エイチ　クラフト　代表取締役

第8章　炭素繊維・複合材料の用途・分野別先端技術

図3
(NASDA提供)

図4
(NASDA提供)

　AC艇は全長25m，幅4m，総重量25トンのうち船体構造重量1.8トンとヨットでは特異な仕様である。艇体（図4）のようにCFRPサンドイッチ構造の船殻とデッキ，およびこれらを船体内部から支えるフレーム類など全CFRP構造で構成されている。一般にAC艇はルール最小の艇体重量とし，節約した重量をバラスト・バルブに追加することで艇の傾き（ヒール）を減少させ風上帆走性能を向上させる。そしてより抵抗の少ない細長船形を確保できる。各部材の重量は，船殻：900kg，デッキ：500kg，フレーム類：350kg，全構造重量は1,800kgで建造規則ミニマムを達成している。

〈技術課題〉
- Rule内でMin.重量，剛性／強度Max.を確保する事
- CF／ハニカム・サンドイッチ構造ACM最適化設計を大形構造への適用
- ファスナー・レス／大モジュール成形，接着・組立構造の採用
- 航空／宇宙技術（3次元デジタル・データを主とする）を造船・舟艇建造
- Smart構造（事故損傷検出システム）の採用

〈建造の課題と対策〉
- Cost Down !　コストパフォーマンス（厳しい予算内で世界一の性能）
- NPO的なスタッフを一般公募し，乗組員（クルー）も参加する建造Teamを組織する
  （カップ防衛国NZLは世界で最も，ACM造艇技術・技能者を保持しており，これに対抗する国内BuilderのレベルアップやACM技術の普及を図り，あわせてCost削減効果も期待した）
- 職人の技能にできる限り頼らず，技術集約的（CAE・CAD・CAMを多用する）建造の実現
- 品質：次工程に不具合を送らない，プロセスで品質を造り込む方式を考案と採用
- 寸法精度：一般工業・自動車・航空機同様の寸法公差で各要素部品を完成，組み立てる
- とにかくレース中に壊れない艇の建造（信頼性確保）

- 短期間での開発（構造設計開始：1998年6月，竣工進水：1999年7月）
  競争に勝つ船形開発を行うため，出来る限り艇の建造期間を短くする。船形が確定する前に予想船形で構造解析を事前に行い，構造設計に必要な期間の大幅な短縮を図った。
- 航空宇宙機製造に準じる清潔な製造環境の確保
  ACMを用いる製造現場はとにかく清潔でなければならない。従来舟艇の製造現場の環境はプリプレグ成形の工場とは程遠い。工場の清掃，床ペイントを徹底し，わずかなチリ・ゴミの存在がわかる環境の確保に努めた。

〈開発・構造設計プロセス〉

テクニカルグループにより開発・決定された船形は，まず高度な3次元サーフェースCAD上でフェアーに磨き上げる。その後ソリッド・モデリングで内構造までデジタル・モックアップを作成し，その3D・CADデータを構造解析，構造最適化設計，成形治工具設計・直接型ジグ加工などへ展開・活用した。

〈造艇方針〉

CAD/CAM，NCマシニングをできる限り活用し，従来の舟艇業界の技能者に依存した現場作業からの脱却を試みた。技術主導の作業現場とする事でニッポンチャレンジの乗組員（クルー）とこの建造のために一般から公募した未経験者に熟練技能者数名を加えたビルディングTeamで高精度な成形用型ジグ（精度：航空／宇宙機のレベル）を製作した。

〈型〉

材質は熱膨張の小さい合板と，寸法が安定している軽量形鋼，合板／GFRPのハイブリッド積層の構成とし，木工技能に依存しない製作方針とした。

〈成形作業〉

- CF低温プリプレグ積層・硬化プロセス

船殻，内部構造，マスト，舵，水中翼などの積層計画は構造解析から積層設計を行い，全工程成形プロセス・チェックシートに基づき精密な積層，品質の確保を行った。

大形サンドイッチ構造を確実に評価するNDIなどの装置が使えなかったため，各工程毎に不良を後工程に持ち越さない方式の徹底を行った。全長24mの船殻は表面積が約$150m^2$あり正確にプリプレグを一層積層するのに15名で12時間以上を要した。毎日積層作業終了前に真空バッグで覆い翌朝までデバルクも行った。

硬化(Cure)は積層品質と不具合リスクを回避するため，内皮，コアーボンディング，外皮と3回に分けて行っている。成形時の加熱温度は建造ルールで103度未満とされている。

全長24m専用のOvenを設計製作した。この大きさの型ジグを各硬化工程の都度Ovenへ工場内移動する事は型の変形などのリスクを伴うので，Ovenを型ジグの上に組み立てる方式とし

第8章　炭素繊維・複合材料の用途・分野別先端技術

た．熱流体解析による温度分布最適化シミュレーションなども行い，コストパフォーマンスに優れ，個性的なAC艇専用Ovenを完成させた．

　船殻部完成後，国際検査員により建造規則積層の確認検査が行われ，指定する部分をコアードリルでサンプルを切り取り計測される．いずれもルールミニマム0〜+0.1mm近傍でパスし，また積層間のボイドも非常に少ない高品質積層を確認できた．

〈接着組立〉

　成形工程を終えた船殻，デッキ，各構造材とファスナーを殆ど用いずに接着組立を行った．寸法精度を高く設定する意味は正確な船形の確保とともに，全て型成形された構造部材の正確な接着組立を可能にする．現場の不安定な〈Wet 2次的追加積層〉などの作業を回避し，重量を計算値に限りなく近付けるようにするために有効であった．

〈評価〉

　船体の剛性，強度評価は，平水面上に艇を浮かし，マストを支える前後のステイにテンションを設計値まで加えマストから船殻にコンプレッションを与える曲げ試験を行い，光学的に歪を計測して確認した．

〈主要材料〉

　品質が安定し室温で積層しやすい適度なタック性を持つ低温硬化（100℃）CFプリプレグ（#930：三菱レイヨン）はこのプロジェクトを成功させる大きな要因であった．この材料があってハニカム・サンドイッチ，大気圧・真空バッグ・一体成形がオートクレーブ成形と遜色がない航空宇宙機並み高性能複合材モノコック構造を実証する事ができた．従来不可能であった大形構造へCFコンポジットをLow Costで展開できる可能性を示した．

5.1.3　HOPE-X 全CF複合材実大構造試験モデル

　HOPE-X全CF複合材実大構造試験モデルは，前述のAC艇建造実績を基にしている．

　CF・アルミハニカムサンドイッチ全複合材料モノコック構造にて宇宙往還技術試験機（HOPE-X）の機体構造を設計・製作した（図3）．以下，本機開発のプロセス概要および，CAEを活用した設計手法について紹介する．

　本機開発における目標は，「低コスト」「軽量化」「超短期成立」「設計と実態の比較」「革新的な開発形態の確立」である．

　これらすべてを達成する為にはCAEの活用が必要不可欠である．CADによるデータの共有，デジタルモデルの作りこみによる詳細検討，FEMによる定量評価・最適設計との充分な連携による事前検討の徹底が後工程での不具合を防止する．

　コストは初期の「設計コンセプト」によって決まる．設計・製造・組立工程の隔てなく，開発プロセス全体を見通した構造コンセプトの計画が重要である．設計者には開発プロセス全般にわ

たって Total に製造プロセスを認識・判断する能力が要求される。

型治具設計，積層計画，成形，組立といった ACM 構造工程を深く理解し，設計者が構造・機能作業をいかに配慮し，定量的に比較評価する CAE 技術との融合・活用が開発を成功に導く為の Key となっている。

開発体制について重要な事は今回，発注主と受注先といった従来の階層的な開発体制を一新し，関係者が一室に集まり即断即決する開発チーム，Design Built Team（DBT）を結成。短期成立を可能とした。

・構造コンセプト

機体構造は全長約13m，全幅約10m，重量約2トン。上部胴体，下部胴体／主翼，主翼上部パネル，フレーム・スパー，従通材などからなるきわめてシンプルで大型パーツ一体成形プラモデルのような接着構造とした（図4）。

前例のない開発であるがゆえに，従来の常識にとらわれない新しい発想の模索・採用により，従来のアルミ合金フレーム・ストリンガー構造から，部品点数の大幅削減，構造の簡略化・軽量化を図った。

・低コスト成形ジグの開発

ポストキュアにより，要求される160℃程度の耐熱性を得る低温硬化型耐熱樹脂を開発（三菱レイヨン＃850）。超大物の機体構造は一方向繊維の低温硬化プリプレグを使用しオーブン成形により製作した。一次硬化温度を下げることで成形精度を向上。また硬化温度が低い為（90℃ Cure），型材料には建築材料等の入手性のよい安価な素材を使用することが可能。低コストでありながら充分な成形能力をもつ高精度大型ツールの製作を実現した（図5）。

大型パーツの成形冶具は，形状・サイズに合わせて移動可能なオーブンを設計・製作。灯油炊きバーナー及び電熱ヒーターが熱源である。オーブンは，積層作業時には空調を施した簡易クリーンルームとしても活用し，一次硬化及びポストキュアまでを行った（図6，7）。

宇宙・航空の機体構造技術は一般に保守的で，一度開発した技術は20〜30年用いる。しかし材料や成形手法は日進月歩である。最先端技術は開発に長い期間を要すると，それ自体が陳腐に

図5 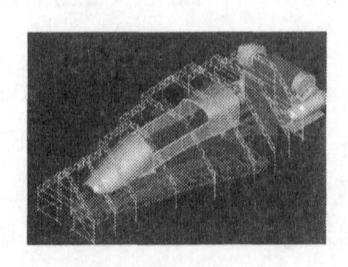　　　　　　　　図6 　　　　　　　　図7

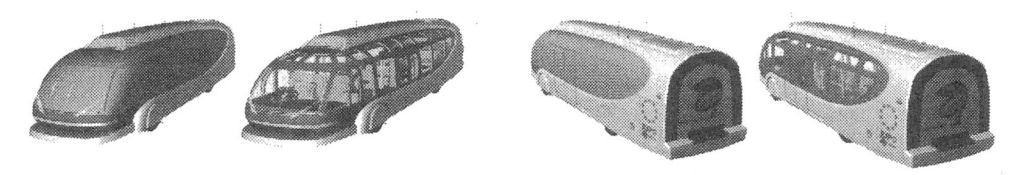

第8章　炭素繊維・複合材料の用途・分野別先端技術

図8　万博新交通システム
（トヨタ自動車提供）

なってしまう。そこで開発期間の短縮は大きなメリットであり必須である。航空宇宙分野における複合材料の適用は，いまだ多くの課題を抱えている。しかし今回，実際にやってみる，作ってみることに意義があった。日本は航空・宇宙機の経験が少ないので，開発コストを大幅に下げることでより多くの開発を行い，失敗成功の開発サイクル回数が今後の発展に何よりも重要である。そのような意味で，今後の宇宙開発事業の発展に効果的な試作開発であった。

5.1.4　万博新交通システム（図8，トヨタ自動車提供）

・万博新交通システム

　自動車は意匠デザインが大変重要で，さらに愛地球博は環境がテーマであった。この乗り物のテーマは，〈未来の都市を体験する〉である。このテーマをデザイナーは美しい曲面ガラスと独特の意匠デザインで表現する事を試みた。実際に製作を担当する技術側は，開発・製造コストの両面でCF複合材構造でのみ実現可能と判断しこのプロジェクトが始まった。

　大きな課題は2点．①CF複合材料は環境フレンドリーであるのか，②鉄道車両同様の耐火安全性であった。

　①は，東京大学・高橋助教授による，運輸部門の省エネ・温暖化対策技術評価，エコ新素材開発（複合材料，天然素材）・環境性能評価（LCA，リサイクル性）など発表があり，開発イニシャルコスト，製造コスト等全コスト，LCC全てにおいて金属構造より優れている事を示した。

　②は，すでに新幹線の全CFRP構造先頭車両の実績がある事に加えて欧米諸国の耐火基準を基

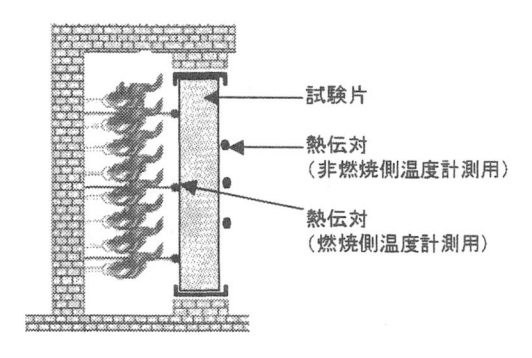

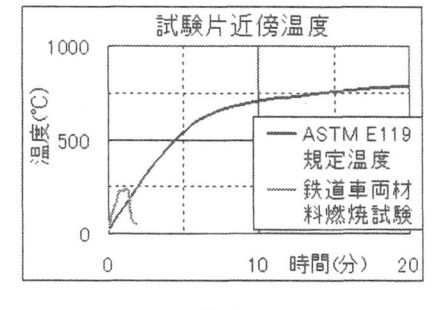

図9

図10

図11

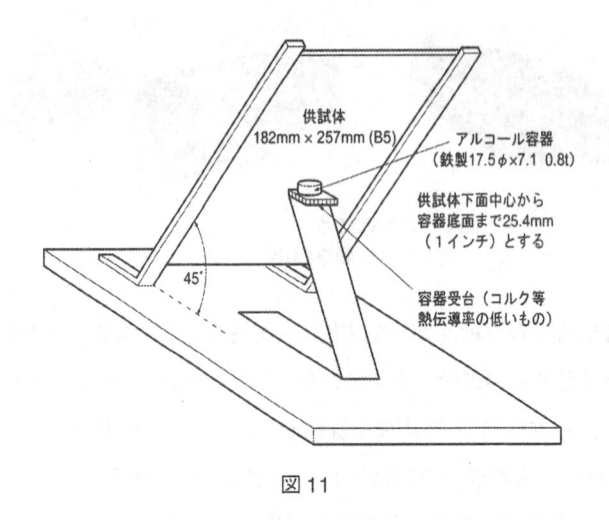

に乗客が火炎から充分に待避する時間を保持，発煙・有害ガスなども出さないなど実証した。

・耐火・断熱性をクリヤーするCF複合材構造

　火災発生時に乗客が避難する時間確保と火気・火炎が客室に侵入する事を防止する。

　ASTME119試験（図9，10）を実施し，防火壁に火炎を浴びせ15分後客室側壁面温度が100℃未満である事を規定している。鋼板T＝3mmにロックウールT＝25mmを組み合わせた場合ちょうど15〜16分後100℃に達する。これに対して火炎側のロックウールT＝25mm，CFRPの表面板T＝3mmとバルサコアーT＝25mm，客室側CFRP：T＝3mmの組み合わせの結果は15分経過後5℃未満の上昇，30分経過後10℃未満であった。

　もう一つの基準である国交省鉄道車両の不燃性試験は図11のようにアルコール1cc燃焼時の熱量でその部材が変色や発煙しない事を求めている。これは金属同等以上の不燃性をこの試験で求めている。実験の結果，極難燃性樹脂のCFRP積層板T＝3mm以上はこの試験をパスする事が判った。CF基材の熱伝導性の良さが貢献している。

　またバルサコアーは燃焼に強く，それ自体火炎を浴びると炭化し，天然の微細なハニカム構造が断熱性と難燃性に貢献し，炭化時に有害なガスの発生が無く，優れたサンドイッチ構造材である事が判っている。余談だがこの事から次世代US Navy艦船複合材構造の主要な材料として採用されている古くて新しいACM天然素材である。

　真夏のエンジンルーム温度は部分的に150℃に達し，排気管付近は輻射熱で更に温度が上昇する。また，騒音遮蔽性も優れており，従来の鋼板構造バスと比較して弾熱性，静粛性が極めて向上した。

　参考までに主用構造図を示す（図12，13，14，15，16，17，開発プロセス：トヨタ自動車提供）。

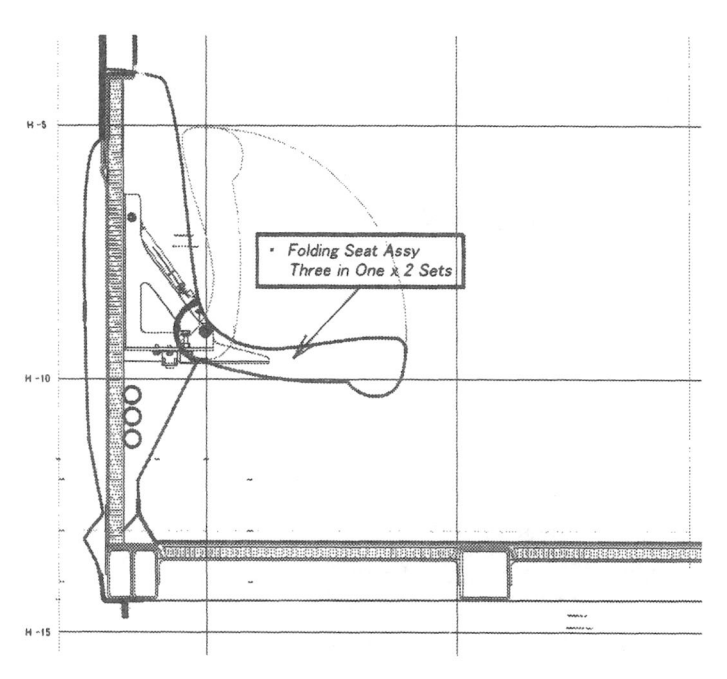

第8章 炭素繊維・複合材料の用途・分野別先端技術

図12 開発プロセス
（トヨタ自動車提供）

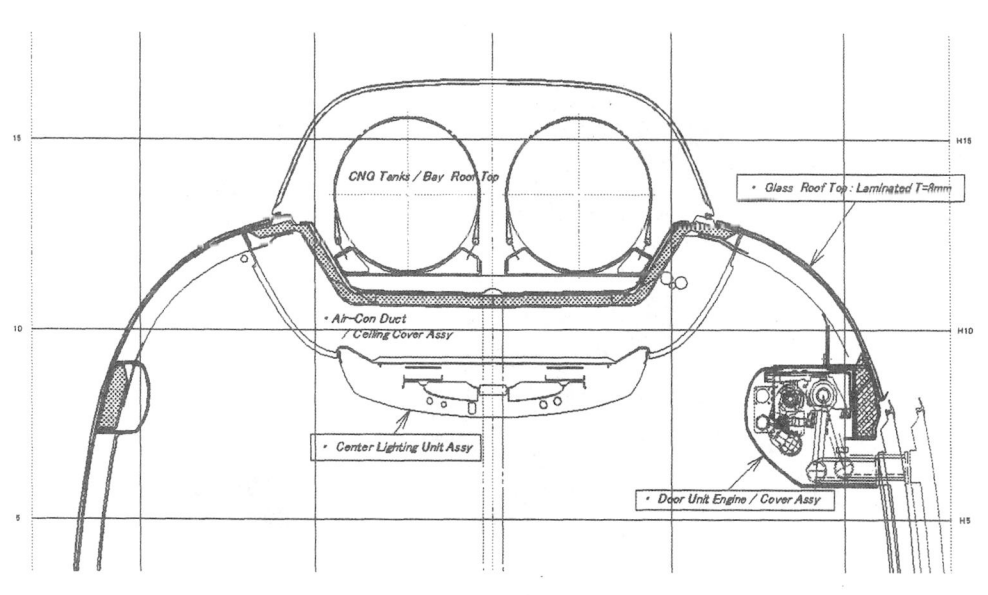

図13 開発プロセス
（トヨタ自動車提供）

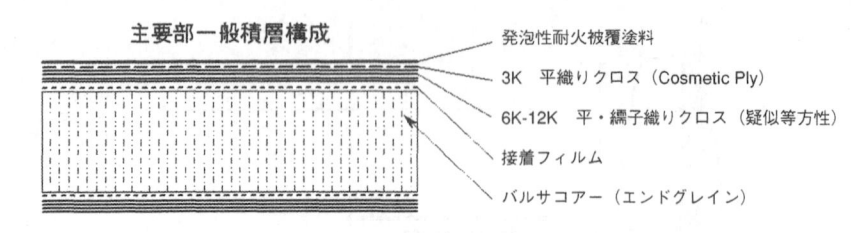

主要部一般積層構成
- 発泡性耐火被覆塗料
- 3K 平織りクロス（Cosmetic Ply）
- 6K-12K 平・繻子織りクロス（疑似等方性）
- 接着フィルム
- バルサコアー（エンドグレイン）

図14

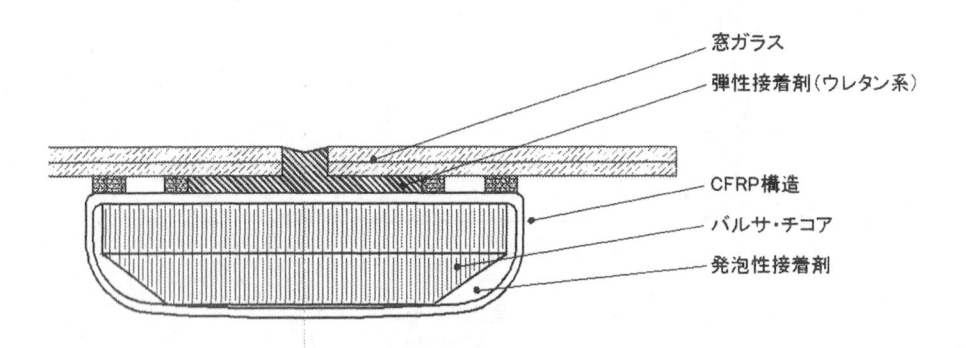

- 窓ガラス
- 弾性接着剤（ウレタン系）
- CFRP構造
- バルサ・チコア
- 発泡性接着剤

図15

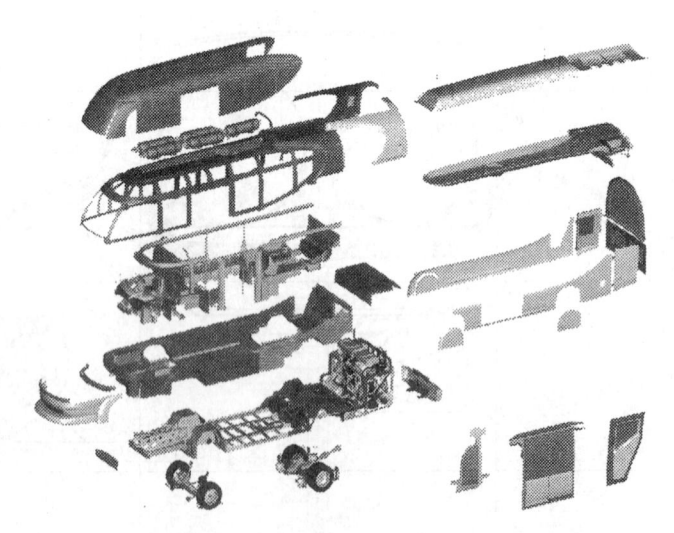

図16
（トヨタ自動車提供）

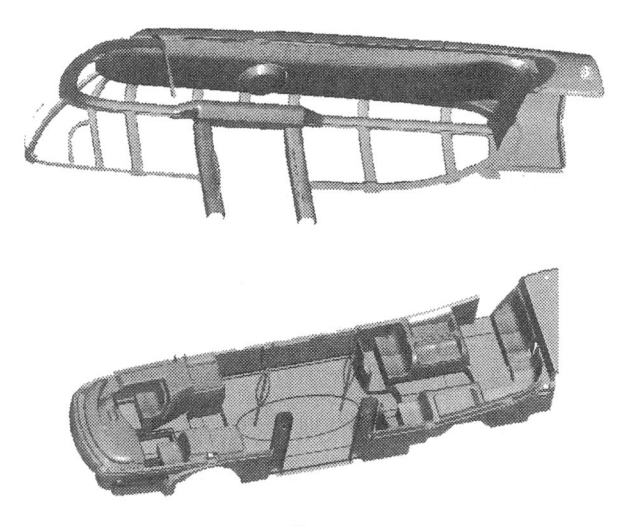

第 8 章　炭素繊維・複合材料の用途・分野別先端技術

図17
（トヨタ自動車提供）

5.1.5　おわりに

　炭素繊維が市場に登場してから35年以上になる今日，ACM構造はやっと大開拓時代を終え発展期を迎えようとしている．と私は思っている．産業革命が鉄鋼の量産技術の進歩によって興り，鉄は先進国の力！　その物であった．日本の工業技術／産業の発展のために国を上げて研究開発が成され現在の日本の産業が存在している．21世紀の主要な構造材料は現在のところ炭素繊維で，その後更にカーボンナノチューブ：CNTが加わるだろう．それまでにはまだ10年かかるかも知れないが，それらが実用化するのに併せてあらゆる成形・加工技術を磨いておく必要がある．業界・技術者の技術レベルを常に高め，知識を共有する事で新たな事業が新興し，地球規模の環境問題に貢献できる．

　カーボンファイバーを主とするコンポジット産業は100年前の鉄鋼と類似しており，材料による〈ものづくり〉のスタイルが劇的に変化する時代を迎えていると思う．

　ここに紹介した3つのプロジェクトでは社外の多くの方々，企業の御協力御支援があり成功することができた．あらためて感謝申し上げる．

5.2 レーシングカー・自動車

奥　明栄*

5.2.1　レーシングカー

(1) 概況

近年，レーシングカー部品の構造材料としてCFRP（Carbon Fiber Reinforced Plastics）に代表されるコンポジット材料は，最もポピュラーな素材としてあらゆる部位，さまざまな部品に適用されるに至っている。とりわけF-1などの上級カテゴリーでは，車両の技術規定がコンポジット材料の特徴を最大限に生かした思想で構築されており，もはやコンポジットなくしては競技そのものが成立しえない状況である。

レーシングカーとコンポジット材料の関わりが，これほどまでに密接となったのは，常にスピードと運動性能を追求し続けてきたレーシングカーの軽量化推進，強度・剛性向上，安全性向上などの技術的命題解決にコンポジット材料の有する機械的特質がぴったりと適合したと見ることができる。

この項ではレーシングカー部品におけるコンポジット材料の適用の歴史と背景，具体的事例や効能について述べることにする。

(2) コンポジット材料適用の歴史

数あるレーシングカーのカテゴリーの中で，その頂点にあるF-1がコンポジット材料適用拡大の中心的役割を担ってきた。最も技術的な競争が活発で，積極的に最先端技術を取り込む姿勢とそれらを可能にする経済的背景がうまく作用してきたと言える。

1970年代のF-1のシャーシは，アルミニウムスキンとアルミニウムハニカムのサンドイッチパネルを主要部材とするモノコック構造のメインフレームをウエットレイアップ成形のGFRP製ボディで覆う方式が一般的であった。

その後，カーボンファイバー材料が容易に入手できるようになると，グラスファイバーからの移行が急速に進み，今度はアルミ合金に代わる素材としての応用開発が活発となり，2次構造に留まらず次第に1次構造への適用が模索された。そして，コンポジット技術をリードしていた航空・宇宙分野から技術転用が積極的に図られると，エポキシ樹脂をマトリックスとしたプリプレグ材料を用いたオートクレーブ成形が主体となり始める。

78年，流体力学上の効果を最大限に活用したウイングカーが登場，空力的ダウンフォースが約2倍になったことで，それに見合った高い強度と高い剛性のシャーシが要求されるようになり，開発はさらに拍車がかかり，81年ついにフルカーボンコンポジット製の本格的なモノコックシャーシを持ったマクラーレンMP4が登場した。すぐにその基本的な優位性が実証されると，

---

*　Akiyoshi Oku　㈱童夢カーボンマジック　代表取締役

第8章 炭素繊維・複合材料の用途・分野別先端技術

数年のうちに従来のアルミ合金製構造部品はカーボンコンポジット製へと一気に置換が進行し，車両性能も格段に進歩したのである．

その後，コンポジット材料の優れた衝撃エネルギー吸収特性がもたらしたドライバーの安全性改善効果なども適用拡大を後押しし，車両の各製造者は独自にコンポジット部品の研究・開発・製造設備の導入に力を入れ，試行錯誤を繰り返して，大きな負荷を受けやすいロールフープやサスペンションアームなど従来スチール合金製が常識であった部位にまで適用が拡大，その優位性を立証するに至った．

さらに近年では，マグネシウム合金鋳造製かチタニウム合金溶接構造製が一般的であったギアボックスなどの複雑形状品や熱間での物性や極めて高い信頼性が要求されるエンジン部品などへの適用が進んでおり，材料や成形法についても新機軸の考案や改善が盛んに行われている．図1にコンポジット材料適用の歴史を示す．

(3) 現在の適用状況

最も適用が進んでいるF-1と，LMP（ルマンプロトタイプ）を例に挙げ，現在の概況を図2および図3に示す．車両の外観上，タイヤと規則でコンポジットの使用が禁止されるホイール以外は，ほとんどすべての部品がコンポジット製である．また，車両の1次構造においても大部分がコンポジット製となっており，車両の技術規則が，コンポジット材料の適用を前提に構築されて

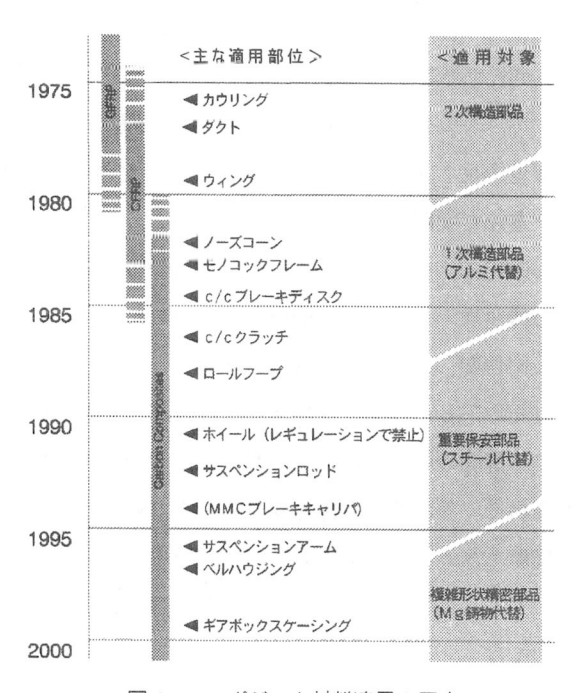

図1 コンポジット材料適用の歴史

炭素繊維の最先端技術

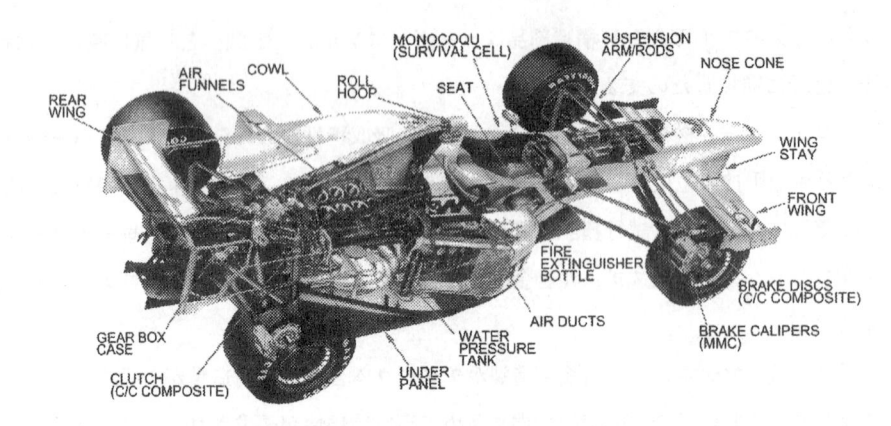

図2　現在の適用状況（F-1）

図3　現在の適用状況（LMP）

いて，コンポジット材料が最も身近な素材となっている．さらに，耐熱性が要求される排気管まわりなどには，セラミックやポリイミド系コンポジットが，熱間での強度・剛性を確保したいブレーキキャリパなどには金属系コンポジット（MMC）が適用されるなど進化が続いている．

(4) コンポジット化が進んだ要因

コンポジットの急速な適用拡大の要因は，レーシングカーの性能追求上の要請によるものだが，コンポジット材料の持つ次のような工学的特長が適合したものと思われる．

① 機械的特性，特に比強度・比剛性に優れている．
② 応力分布や応力方向に応じた無駄のない合理的な設計が可能である．
③ 曲面成形が容易で，薄肉の応力外皮構造やサンドイッチ構造を構築しやすい．
④ 部品の一体化が容易で，部品間結合部を少なくでき，強度・剛性面で有利．
⑤ クラッシュ時の衝撃エネルギーの吸収力に優れている．

また，これらの利点に対して適用の妨げとなる要素や問題点も存在した訳だが，レーシングカーとりわけF-1においては，

① コスト上の制約が厳しくない．

第8章 炭素繊維・複合材料の用途・分野別先端技術

② 極少量の生産であり，元来手作業による製造が主体であった。
③ 使用期間が数年と短く，保守点検が適切かつ十分になされ，耐久性・耐候性などの条件が厳しくない。
④ 使用条件が限定されており，安全性確保に配慮がゆきとどく。

などの有利な背景が存在したのであった。

次に部品別にコンポジット材料に求めた特性や要件を整理すると表1のようになる。

(5) コンポジット化がもたらした効果

コンポジット材料の適用によりレーシングカーの性能は著しく向上した。部品単位での適用の効果は次項でふれるが，車両全体で見た場合の主な効能は，次のような点が挙げられる。

① 操縦性・安定性の大幅な改善

車体系部品の剛性向上によって4本のタイヤの接地状態が理想に近づけられ，同時にドライバーが路面からの入力をダイレクトに感じ取りやすくなった。

② 車両運動性能の飛躍的な向上

前項とも通ずるが，コンポジット材料の軽量性を生かして低重心・低慣性モーメント化やバネ下重量低減が推進されたことで車両全体としての運動力学的特性が向上した。

③ 衝突安全性の顕著な改善

比強度・比剛性に優れたコンポジット材料を用いた非常に強固なサバイバルセル（モノコック）の構築でドライバーの生存空間が守られ，さらに周囲に配されたクラッシャブルゾーンで衝撃を和らげる手法が奏効した。

④ 車体空力性能の改善

曲面成形や一体化，薄肉化が容易なことが，空力性能追求上の設計自由度を増加させた。

表1 部位別適用への条件一覧

◎特に重要な要件　○留意すべき要件

特性 \ 部位	軽量性	高強度	高剛性	耐衝撃性	衝撃吸収性	耐疲労性	摺動特性	寸法安定性	耐熱性	熱膨張性	振動減衰性
サバイバルセル	◎	◎	◎	◎		○		○			
ノーズコーン	○	○	○		◎						
ウイング	◎		○								○
カウリング	◎		○			○					
サスペンションアーム／ロッド	○	◎	○	○		○		○	○		○
消火器ボトル	○	◎		◎							
ギアボックスケーシング	○	◎	◎					◎	◎	◎	
c/cブレーキディスク	◎						◎		◎	○	

炭素繊維の最先端技術

⑤ スペース効率の向上

コンポジット化によって可能となった部品のコンパクト化や多機能化，部材の薄肉化や一体化が，パッケージレイアウトを簡潔なものとし，限られたスペースを有効に使えるようになった。

(6) 適用の事例と基本構造

コンポジット材料で形成される主な部位について，適用の具体例と基本構造について述べる。

① モノコック

F-1やインディカー，ルマンプロトタイプなどの上級カテゴリーはもちろんF3000，F3さらに最近では初級フォーミュラにまでコンポジット製モノコックの採用は進んでいる。

写真1に一般的なフォーミュラカーのモノコックの外観，図4に構造の概念を示す。上下2分割のシェルと2～3枚のバルクヘッドからなる接着組立て構造を採るが，生産性よりも極限の性能と完成度を求めるF-1では，シェルの一体成形も実績のある手法である。

材料や製法の進化とともに，安全性に関わる規則も強化されており重量も変化しているが，単体重量はおおよそ40～50kg程度である。

図5は，モノコックの軽量化と剛性向上を目的とした，形状と構造，積層構成の最適化解析結果である。モノコック表面の大部分は，空力的要件の厳しい外皮を兼ねること，内部にはドライバーや燃料タンク，サスペンションシステム，ステアリングシステム，電装品などが綿密にレイアウトされていることから，極めて限定された空間での最適化を図らねばならない。

通常，評価は捩り，縦方向，横方向の曲げを負荷した際の応力分布と変位で行われる。また，軽量化に加えて低重心化も命題であり，重心高も重要な評価項目である。

図6ではモノコックの代表的な断面構造を示した。サンドイッチ構造のアウタースキン肉厚は1.5～

写真1　モノコックの概観

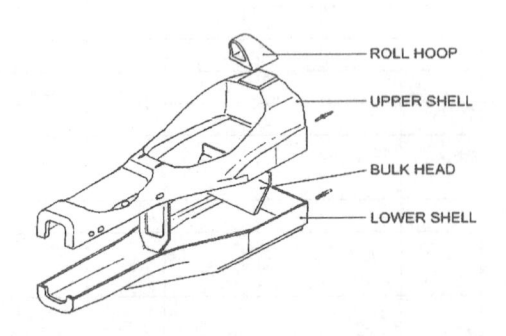

図4　モノコックの構造

図5　モノコックの応力分布（捩り負荷）

第 8 章　炭素繊維・複合材料の用途・分野別先端技術

2.5mm，インナースキンは0.5～1.5mmが一般的で，コア材にはアルミニウムハニカムをインサート材にはフェノール樹脂やCFRP積層板，アルミニウム合金の機械加工品が使用される。

図7に積層構成例を示す。使用する材料は多岐にわたるが，引張強度6GPa超の高強度繊維や引張弾性率600GPa超の高弾性繊維も要所に配されている。また側面には衝突時に鋭利な物体の侵入を防ぐ為，規則によって一定以上の強度を有していることを実地に検証するよう求められている（(7)項参照）。

図8はモノコック，エンジン，ギアボックスと連なるフォーミュラシャーシの捩り剛性変位を示している。このデータはF-3クラスのものであるが，コンポジット製モノコックの採用によりアルミニウム製モノコック時代のF-1と比較すれば重量の約20％低減と剛性の2倍以上の増加を達成している。

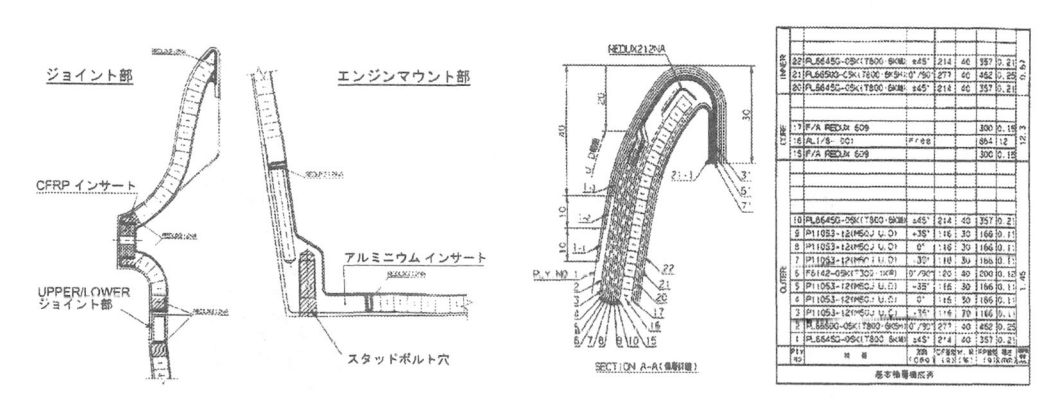

図6　モノコック断面構造　　　　図7　モノコックの積層構成

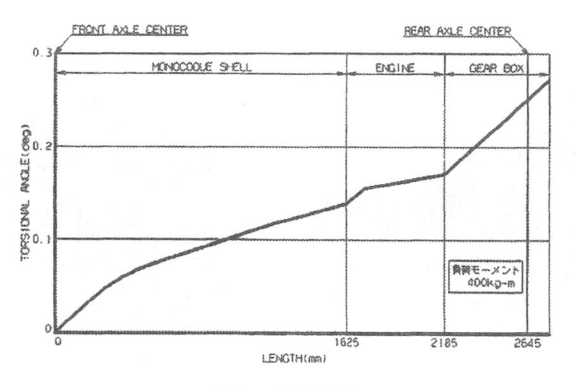

図8　捩り剛性

② ロールオーバー構造

図9に車両転覆時のドライバー保護を目的とするロールオーバー構造のFEM解析結果を示す。コンピュータによるシミュレーション技術の進歩も重要部位への適用を後押しした。

③ サスペンション

写真2はF-1のフロントサスペンションを示す。ジョイント部を除いてアームやロッド類は内圧成形のカーボンファイバーコンポジット製になっている。従来のスチール合金製に比べて比剛性で優れるほか、空力性能に配慮した形状の形成が可能となった。アーム内部には靭性不足を考慮して衝突時のタイヤの飛散防止ケーブルが仕込まれているほか、ブレーキ配管、電気配線などが収まっている。

④ ブレーキローター

カーボン／カーボンコンポジット製のブレーキロータ（写真2）の出現によりレーシングカーの制動性能は著しく向上した。当初はコスト的な要因から採用は上級のカテゴリーに限られていたが、素材の耐摩耗性向上とコストダウンにより、次第に採用が広まりつつある。また、クラッチの摩擦プレートへも適用はさらに進んでおり、もはや一般的な素材となっている。

⑤ ギアボックス

マグネシウム合金鋳造製が一般的であったギアボックスにもカーボンコンポジットの適用が進んでいる。写真3では主構造をカーボンコンポジット化し、連結部や駆動系ベアリング嵌め込み部分などにチタン合金製部品を配している。車体一次構造としての剛性、サスペンションからの局所的な負荷、エンジンおよび駆動系からの振動、オイルや排気管か

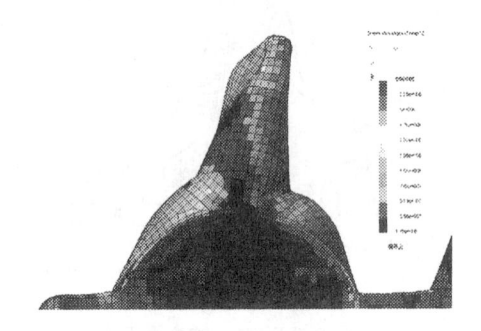

図9 ロールオーバー構造のFEM解析

写真2 サスペンション

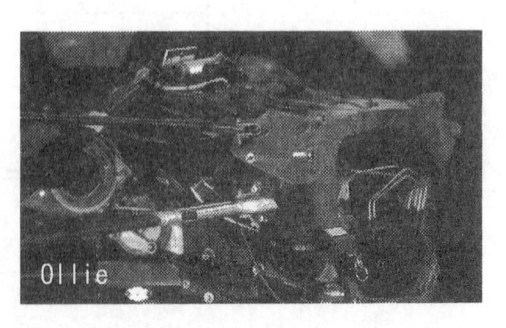

写真3 ギアボックス

第8章　炭素繊維・複合材料の用途・分野別先端技術

らの受熱などカーボンコンポジット材料にとって極めて過酷な条件が揃っているが，試行錯誤と巧みな設計で克服し，実用可能なレベルに達している。

⑥　ボディカウル

写真4にルマンプロトタイプのボディカウル外観を示す。ボディカウルは強い空気力を受けるので，変位を抑えるためほとんどの部分はアラミド製のハニカムをコア材とするサンドイッチ構造をとるが，カーボンコンポジットのスキンは0.2～0.4mm程度の極薄肉になっていて，さらにスキンとコアの接着剤を減量するなどグラム単位の軽量化に努め，図のボディカウル一式の重量は約33kgでしかない。

⑦　車載消火器ボトル

耐圧性と機密性が要求される車載消火器のボトルもコンポジット製が一般化している（写真5，矢印部分）。

モノコック内面に密着する曲面設計が可能となり，コクピット内のスペース効率が改善された。

(7) **安全性向上への寄与**

カーボンコンポジットの出現なくして現代のモータースポーツの隆盛はあり得なかったと言ってよい。追い求めたスピードに相応の安全性をレーシングカーに求める上で，カーボンコンポジットに代わる素材は見当たらない。ここでは，レーシングカーの安全性について述べる。

①　セフティコンセプト

F-1を始めとするコンポジット製シャーシを有するレーシングカーは，クラッシュを想定して図10に示したセフティコンセプトの上に成り立っている。万が一の際にも損傷を防止したいドライバー，フューエルタンク，消火器やデータロガーなどを強固なサバイバルセル(モノコック)内に配置・固定し，その周囲に適度に破壊し衝突エネルギーを吸収する構造を配する。いずれもコンポジットの特徴を巧みに生かした手法といえる。なお，これら構造は事前に強度試験と衝突試験に供せられ，性能確認と認証を受ける規則になっている。

写真4　ルマンプロトタイプ　　　　写真5　車載消火器ボトル

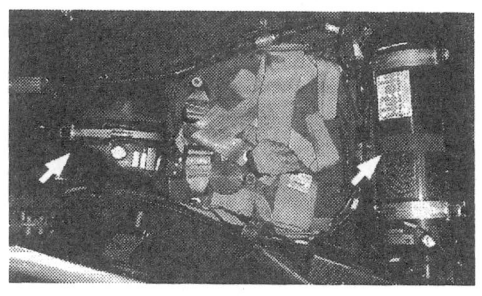

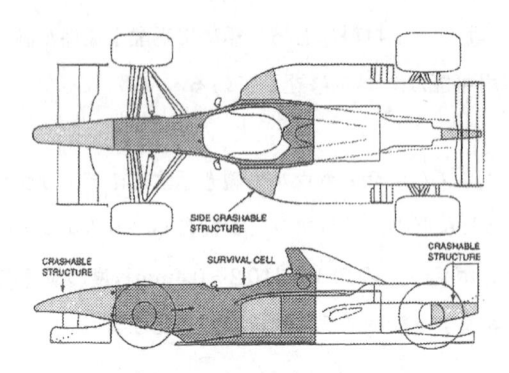

図10 セフティコンセプト

写真6 前方衝突試験

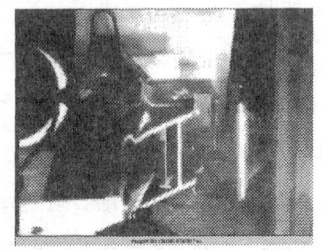

写真7 後方および側方の衝突試験

② 衝突試験

前項で述べたコンセプトに基づく構造の性能を評価する手段として，前方，後方，側方からの衝突試験（写真6，7）を実施している。

評価項目は，衝突体のピーク減速度と平均減速度ならびにサバイバルセル（モノコック）の損傷有無となっている。レーシングカーにとって軽量化は至上命題であるため，この評価要件を満たす最低限の構造を目標とする最適化がなされるのが通例である。

③ 強度試験

衝突試験と合わせて安全に関わる構造各部に対して，強度試験が実施される。

第8章　炭素繊維・複合材料の用途・分野別先端技術

写真8は衝突時にモノコックの側面から鋭利な物体が侵入し，ドライバーを傷つけぬよう規則で定めた強度とエネルギー吸収力を有するか評価するための試験である。実物ではなく，モノコック側面と同じ設計のサンドイッチパネルで実施する。

5.2.2 自動車

(1) 概況

自動車業界では，地球温暖化など環境問題，資源節減，そして原油高を背景に燃費性能の向上が最も重要な課題のひとつとなっている。2015年には新しい燃費規制導入の動きもあり，2006年からの10年間で約30％の燃費向上を図らねばならないとされる。自動車メーカー各社はハイブリッド車や新型変速機開発を進めるなど燃費改善に努めているが，なによりも改善の効果が期待できるのが，車体の軽量化である。

試験装置

負荷状況

試験後の供試体

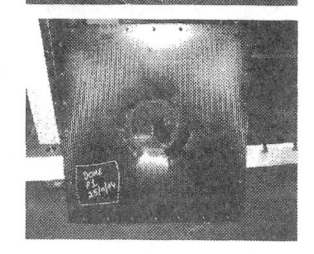

写真8　側面貫通試験

車体の主材料は，自動車誕生から約100年を経てスチールからアルミニウムへと変遷し，そしてカーボンコンポジットへの進化を確実に視野に入れる段階に達している。

カーボンコンポジットの日本での量産自動車への本格的な適用は，1990年代のプロペラシャフトに始まり，その後高級車のボンネットやリアスポイラー，アンダーパネルなど従来のアルミニウム，合成樹脂製部品の材料置換に及んだ。

一方，ヨーロッパの超高級スポーツカーメーカーでは，少量生産，高価格を背景に一足先にボディ外板部品など2次構造にカーボンコンポジットを採用していたが，2000年あたりから車体フレームなど1次構造にも適用するに至っている。

しかしながら，基本構造やコンポジットの成形方法は，前項で述べたレーシングカーのそれを応用・改良したものであり，冒頭で述べた最終目的である地球規模の環境問題の解決策とは言いがたいものである。一般的な量産車に適用が可能な技術とするには，材料，成形法，車両コンセプト，設計などすべての面で大幅な技術革新が必要であり，段階的な進化を続けなければならない状況である。

自動車に使われている鋼材をすべてカーボンコンポジットに置換した場合，車両重量が300kg軽くなり，燃費が36％向上，二酸化炭素が17％削減できるとの試算もあり，本格的な採用に向

け自動車メーカー，材料メーカーはもとより国家プロジェクトとしての取り組みがなされ，研究・開発の急速な進展が期待されている。

(2) 適用の効果と問題点

一般的に自動車に求められる開発要件は，

① 高い安全性
② 優れた操縦性・安定性
③ 低燃費のための軽量化
④ 高い快適性・高級感
⑤ トータルコストの削減
⑥ リサイクルの容易な材料，構造
⑦ 部品・材料の標準化

表2 主要部位の減量効果

対象部位	減量効果
プラットフォーム	－50kg
インパクトビーム	－3kg
ボンネットフード	－12kg
ルーフ	－10kg
トランクリッド	－5kg
リアスポイラー	－4kg
プロペラシャフト	－5kg
ディフューザー	－10kg
合計	－99kg

（材料メーカー資料による）

などである。このなかでカーボンコンポジットの適用によって，①②③項の要件は，従来材料では成しえないレベルの効果を挙げられるであろう。まず最も効果の大きい③項について，適用の初期段階としては，スチールやアルミニウム製であった従来構造を基本的に踏襲した材料の代替がその手法となるが，それでも表2に示す軽量化効果が見込まれている。

さらに，材料の代替に止まらず，カーボンコンポジットの適用を前提とした車両コンセプト，設計が進めば，大幅な軽量化（表3参照）が実現すると考えられている。

次に②項の操縦性・安定性については，必然的に軽量化による車両運動性能向上の効果が現れるほか，コンポジット化によって成しえる部品の一体化と肉厚等の最適化が進み，車体剛性の向上が当該特性に貢献すること，①項についても強固なキャビン構造がもたらす生存空間の確保と，コンポジット材料の破壊による優れたエネルギー吸収性を活用した衝突時の安全性向上に期待が

表3 軽量化の可能性

ボディ (450)	ボディの約半分をCFRP化 → ボディ (315) [70%]	ボディの約8割をCFRP化 → ボディ (225) [50%]		ボディ (225) [50%]		ボディ (180) [40%]
内外装 (200)	内外装 (200)	内外装 (155) [78%]	シャーシも一部CFRP化	内外装 (150) [75%]	構造部分はほぼ全綱CFRP化	内外装 (150) [75%]
シャーシ (350)	シャーシ (350)	シャーシ (350)		シャーシ (270) [77%]		シャーシ (180) [51%]
1000kg	865kg	730kg		645kg		510kg
エンジンミッション (250) 電装 (50) 液 (50)	エンジンミッション (250) 電装 (50) 液 (50)	エンジンミッション (250) 電装 (50) 液 (50)	エンジン等の小型軽量化	エンジンミッション (200) 電装 (50) 液 (50)		エンジンミッション (200) 電装 (50) 液 (50)
350kg	350kg	350kg		300kg		300kg
1350kg (現状)	1215kg (-10%)	1080kg (-20%)		945kg (-30%)		810kg (-40%)

（JAMA資料による）

第8章 炭素繊維・複合材料の用途・分野別先端技術

かかっている。

反対に⑤⑥⑦に関しては，課題が多く厳しい状況にある。なかでもコストに関しては，カーボン材料の価格上昇に加え，手作業による工程が多く残る成形手法，緻密なコントロールと時間を要する樹脂硬化工程など難条件が重なっている。今後総合的な材料および成形方法の開発・改良が必須である。

(3) 材料と成形方法

レーシングカー部品が連続繊維と熱硬化型樹脂からなるプリプレグ材料を使ったオートクレーブ成形法を標準とするのに対し，一般自動車部品への適用に向けては，成形サイクルを早めて量産効果を上げコストダウンを図る手法が求められる。自動車部品は形状が3次元的で複雑で細かな変化を持つこと，比強度，比剛性を極力高めなければ最高の効果が得られないことなどを前提とすると，成形性に優れ，連続繊維が使えて樹脂量を抑えられるプリプレグを用いたオートクレーブ成形法が最適であるが，成形サイクルが極めて低いうえ，成形設備が大がかりでコスト面での成立性に乏しい。そこでRTM成形法やプレス成形法などで成形サイクルを高め，熱可塑性などマトリックス樹脂を開発するための研究・開発がなされている。またSMC成形法は，すでに多くの採用実績を持っているが，強化材が長繊維であり樹脂比率も高いうえ，形状の自由度にも制約が多いことから適用部位が限定されている。今後連続繊維とうまく組み合わせた成形法なども解決策のひとつとして開発が進むものと思われる。

(4) 適用および研究事例

① プロペラシャフト

写真9に一例を示す。軽量化効果のほか，優れた衝突時の衝撃エネルギー吸収力，振動減衰性，固有振動数向上が評価され，多くの車種に採用が広まっている。

比較的量産性が高いフィラメントワインディング成形が使える形状であったことが，普及の要因といえ，今後需要が高まるであろう天然ガス自動車用CNGタンクや燃料電池自動車用水素タンクも同様に適用が見込まれている。

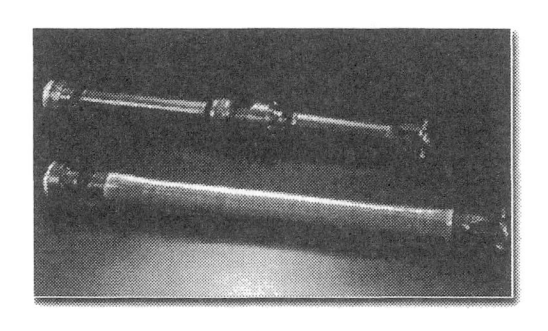

写真9 プロペラシャフト

② ポルシェカレラ GT

2001年に生産が開始されたポルシェカレラGTは，1,500台の限定生産，価格約5,000万円という特殊な条件下で成立した事例であるが，カーボンコンポジット材料を積極的に適用した先駆けとして画期的な存在である。フレーム構造は，ほぼ同時期にデビューしたメルセデス・ベンツSLRに見られるモノコック構造ではなく，キャビンであるカーボンコンポジット製タブに，エンジンやサスペンションを支持する籠状のサブフレームを連結する独特の構造を持っている。写真10に1次構造部位を示す。エンジンを囲むサブフレーム構造は，上下2ピースから成り立っており，モノコックタブとはボルトにより連結されている。また前後には衝突時のエネルギー吸収体を兼ねた構造体が見えるが，現状の材質はアルミニウム合金である。写真11にモノコックタブ部分を示す。キャビン上方が開放されたタルガトップ構造も強固なモノコックタブを持ってして実現したと言える。

また，ボディパネルも全てカーボンコンポジット製で図11に示すように各部位ごとの特質に応じた成形法が用いられている。

結果，カーボンコンポジット化の効果は大きく，大排気量エンジンを搭載しても重量は

写真10　ポルシェカレラGTの1次構造部位 　　写真11　ポルシェカレラGTモノコックタブ

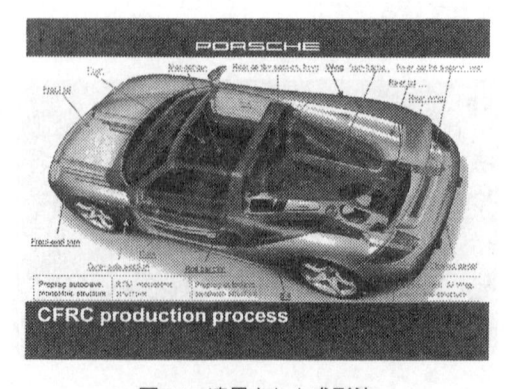

図11　適用された成形法

第8章　炭素繊維・複合材料の用途・分野別先端技術

写真12　BMW-M3

1,380kgに抑えられている。

③　BMW-M3

2003年に市販されたBMW-M3（写真12）も高価格車であるが，近い将来の量産手法を試行し，具現化した存在として興味深い。車体の重心から離れた位置にあるルーフ，フロントエプロン，リアディフューザにカーボンコンポジット成形品を採用することで，軽量化に加え低重心化と低慣性モーメント化を図っている。またSMC製のトランクリッドなど随所にさまざまなコンポジット部品を配している。今後，この技術が次第に下位クラスのモデルにも展開されるであろう。

④　NEDOプロジェクト

2003年よりNEDO（新エネルギー・産業技術総合開発機構）が推進している「自動車軽量化炭素繊維強化複合材料の研究開発」なる国家プロジェクトで，高張力鋼より高強度で大幅な軽量化効果が期待できる連続繊維強化複合材料を用い，複合材料の設計，成形からリサイクルに関わる技術を開発し，実用化へと展開を図ることを目的としており，2008年度に，

①　自動車用軟鋼板の車体に対して重量を50％軽量化でき，かつ安全性（エネルギー吸収量：スチール比1.5倍）を備えた車両の構造部材の開発。

②　成形サイクル時間を10分以内とする製造技術の開発。

を達成することを目標としている。

その成果に多大な関心と期待が持たれるプロジェクトである。

(5)　今後の展望

航空・宇宙技術の転用から始まったレーシングカーとコンポジットの関わりは，30年を経て，レーシングカー固有の技術分野を確立するに至っている。これは，コンポジットの技術的な用途適合性のほかにレーシングカーの極端な短期間・短周期開発，そしてレースという技術競争の場での絶対評価が強力な促進材料となったと見ることができる。

一方，一般の自動車においても，カーボンコンポジットの適用が急速に進みそうな気配を見せている。超高級車，特にスポーツカーなどレーシングカーとイメージ的な繋がりを求める上で，積極的な軽量化や安全性向上を図る上で，カーボンコンポジットはうってつけの存在である。

改めて自動車関連技術進化の歴史を振り返ると，レーシングカーが先駆けとなり，その後量産車に広まった技術が少なからず存在する。カーボンコンポジットも当面そのような展開を歩むものと考えられるが，量産性とコストダウンという命題に向け，ある時点からは違った方向に深化しなければならないだろう。

文　　献

1) 自動車技術会，自動車技術，54巻，2号，p29
2) imon McBeath；Competition Car Composites (2000)
3) 日本複合材料学会，複合材料活用辞典，p77～83 (2003)
4) ㈶えひめ産業振興財団，成果報告書，2005年3月
5) ㈳日本自動車工業会，JAMAMAGAZINE，2006年3月号

5.3 土木・建築用途

木村耕三*

　1986年に東京・六本木のアークヒルズのカーテンウォール（外壁）に使われたのが建設分野における炭素繊維（短繊維）の最初の適用である。短繊維では，高強度・高弾性という炭素繊維の特長を十分に生かすことが出来ないため，連続繊維を鋼材と同様の用途へ利用することが検討され，1988年に建築分野で，炭素繊維ストランド（糸）および炭素繊維シートを補強材とした既存鉄筋コンクリート（RC）構造物の耐震補強工法が実用化された。当時，建設分野では構造材料として炭素繊維に対する認識は低く，コストも鋼材の100倍以上と高価であったため，耐震補強工法として広く普及するに至らなかった。しかし，1995年の阪神淡路大震災の復興を契機に，炭素繊維による耐震補強工法が土木・建築分野において急速に普及した。炭素繊維は2006年2月の建築基準法の見直しにより，既存建築物の耐震補強に限り，炭素繊維シートの利用が認められたものの，建築基準法での指定材料として認められていないため，炭素繊維強化プラスチック（CFRP）を柱，梁などの主要構造部へ適用することは難しい。そのため，建築基準法の規制の少ない外壁などの二次構造部材の補強材としてCFRPが使われている。

　土木分野では，1988年に過酷な環境下にある石川県の人道橋"新宮橋"の補強材（PC緊張材）としてCFRPが採用され，その後，PC緊張材をはじめ，地盤補強（グランドアンカー），シールド立抗地下連続壁の補強筋などに炭素繊維補強材が使われている。

　建設分野における炭素繊維補強材の利用目的は表1に示す3つに大別される。表2に建設分野における繊維補強材（アラミド繊維も含む）の用途開発の一覧を示す。なお，建設分野における繊維強化複合材料の適用事例等については文献1）～5）にまとめられている。

5.3.1 鉄筋あるいは緊張材代替

　炭素繊維は，板状，より線（ストランド），異形棒材，格子状に成形加工したCFRP補強材として利用されている。緊張材として使われているCFRP材の強度特性の一例を表3に示す。

表1　炭素繊維の用途（利用目的）

利用目的	用　途	利用特性
鉄筋あるいは緊張材代替	PC緊張材	耐久性，強度・弾性
	アースアンカー	耐久性，軽量，強度・弾性
	シールド立抗地下連続壁	強度・弾性，易切削性
	電磁シールド壁	強度・弾性，導電性
	ケーブル（仮設用緊張材）	軽量，強度・弾性，低膨張率
既存構造物の補修・補強	建築物の柱・梁，橋梁など	軽量，強度・弾性
鋼材（形材）代替	立体（屋根）トラス	耐久性，軽量，強度・弾性

＊　Kohzo Kimura　㈱大林組　技術研究所　プロジェクト部　専門副主事

表 2 建設分野における繊維補強材

分類	主な開発・実用化時期
	1985 1986 1987 1988 1989 1990 1991 1992 1993 1994 1995 1996 1997 1998 1999 2000 2001 2002 2003 2004
一次構造材（主要構造材）	▼基礎梁への適用　▼屋根及び階段への適用　▼CFRP屋根トラス　▼スカイウェイ屋根への適用　▼木造梁への適用　▼CFRP屋根板（モノコックルーフ）の適用
二次構造材（非構造材）	▼カーテンウォールへの適用　▼隔壁パネルへの適用　▼電磁シールド壁への適用　▼電波透過カーテンウォールへの適用　▼電磁環境実験施設への適用
	▼OAフロアへの適用　▼パラペット・ルーバーへの適用
基礎構造	▼沿面・地盤補強への適用　▼アースアンカーへの適用　▼ケーブルトンネルへの適用　▼非磁性PCパイルへの適用　▼核磁気共鳴施設の基礎への適用
	▼シールド縦坑補強への適用　▼高電圧施設基礎への適用
補修・補強	▼既存RC造煙突の耐震補強　▼木造梁補強への適用　▼既存RC造建物柱の耐震補強　▼煉瓦造（灯台）の耐震繊維補強　▼FRPブロックによる耐震補強
	▼道路橋脚の補強・補修　▼斜張橋ケーブルへの適用
土木構造物	▼浮体構造物への適用　▼リニア用桁への適用　▼海洋構造物への適用　▼FRP橋梁（歩道橋）への適用
	▼浮き桟橋への適用
付帯構造物	▼橋梁（緊張材）への適用　▼エントランスゲートへの適用　▼パイロットロープへの適用
	▼大型冷水塔架構への適用
仮設構造材	▼木入型枠への適用　▼仕上げ兼用型枠への適用　▼テンションロッドへの適用
その他	▼吹付けコンクリート補強材への適用　▼吊り足場（ネットウォーク）への適用
	▼仕上げ剥落防止への適用
主な研究会　新素材全般補修・補強（貼付補強）	▼CCC研究会設立　▼ACC倶楽部設立　▼CRS研究会設立　▼CFルネサンス協会、ACC協議会、MARS研究会設立　▼アラミド補強研究会、AFT法研究会設立　▼アクリバー研究会設立　▼ITL法研究会設立
	▼炭補研設立　▼CF建協設立　▼CFアドバンストエ法協議会、ARシステム研究会設立　▼FIRSt協会設立
基礎・地盤	▼NOMST工法研究会設立　▼NMアンカー研究会設立　▼SR-CF工法研究会設立

214

第8章 炭素繊維・複合材料の用途・分野別先端技術

表3 炭素繊維補強材の強度特性（例）

用　途	形　態	引張強度[*1]	ヤング率[*1]	伸び（%）
PC緊張材	7本より線（12.5φ）	2.14	141	1.6
	丸棒（8φ）	2.55	147	1.6
補修・補強	炭素繊維シート[*2]	3.43	230	1.5
	CFRP板（板厚1～2mm）	2.4	156	1.5
	L形CFRP板（板厚1.4mm）	2.25	120	1.7
鋼材（形材）代替	CFRPパイプ	1.55	115	2.0

＊1　単位：kN/mm^2．＊2　樹脂を含まない（炭素繊維のみ）値

　ACC倶楽部の報告[3]等によると，炭素繊維補強材の適用事例（既存構造物の補修・補強用途を除く）は，緊張材としての適用33件（CFRP補強材の使用量：約10万m），地盤アンカーへの適用77件（CFRP補強材の使用量：約28万5,000m），シールド立抗地下連続壁への適用180件，ケーブル（仮設用を含む）への適用13件，鉄筋コンクリート構造物（基礎構造を含む）への適用31件（CFRP補強材の使用量：約10万m），その他3件となっている。

　シールド立抗地下連続壁への適用は，高強度，高弾性であるがせん断に弱い（切断しやすい）という炭素繊維の特性を生かした用途の一つといえる。従来，シールドトンネルの施工ではあらかじめシールド立抗地下連続壁を設けた後，立抗を掘削し，シールドマシンによって掘削する部分の地下連続壁の補強材（鉄筋，鉄骨）を人力によって切断・除去していたが，この部分の補強材にシールドマシンのカッタービットで容易に切削出来るCFRP材を用いることによって，シールドマシンの発進，到達時の作業の省力化，安全性を向上させ，工期短縮を図ることが出来る。本工法（NOMST工法）の詳細はhttp://www.nick.co.jp/html/4.htmlに詳しく述べられている。

5.3.2　既存構造物の補修・補強

　土木・建築構造物の解体・新築（Scrap & Build）は，多くの建設廃材の発生と資源の大量消費につながるため，地球環境の維持・保全および社会・経済情勢の変化に伴う対応という観点から，インフラストラクチャをはじめとする社会資本に対する考え方が大きく変わってきている。具体的には，図1に示すように社会資本の有効活用（既存構造物の長寿命化），高齢者社会への対応に向けて，安全性の確保，用途変更，利便性および快適性の向上などが求められている。

　一方，平成16年10月の新潟県中越地震や平成17年3月の福岡県西方沖地震に見られるように全国各地で地震が発生し，わが国は地震の活動期に入ったとも言われている。このような状況の中，政府の中央防災会議では平成17年3月に東海地震及び東南海・南海地震に対する地震防災戦略が決定され，建物や幹線道路の耐震化，急傾斜地崩壊危険箇所の地震対策などの推進を要請している。国土交通省は，この決定を受け，住宅，建物の耐震化率を今後10年間で現在の75%から90%とする数値目標を決定するとともに，平成18年1月に耐震改修促進法（建築物の耐震改修の促進に関する法律）の改正を行い耐震改修（耐震補強）の強化を進めている。そのため，

炭素繊維の最先端技術

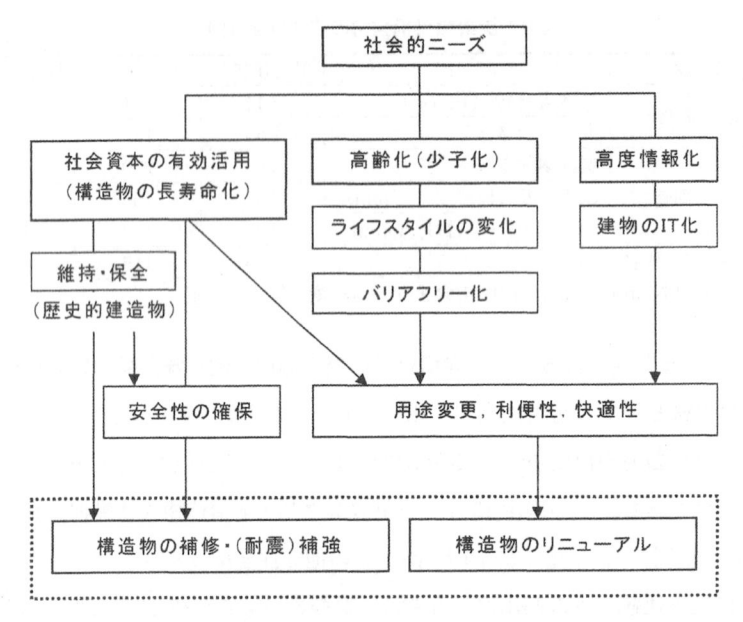

図1　建設分野における社会的ニーズ

今後，既存構造物の補修・補強の分野での炭素繊維の活用が期待される。

既存構造物の補修・補強では，炭素繊維シートのほか，板状あるいは格子状材に成形加工した補強材が，また既存の柱の補強ではコの字形に成形加工したCFRP形材も使われている。炭素繊維補強材による耐震補強工法については文献6）に詳しく述べられている。

(1)炭素繊維シートによる補修・補強は，既存のコンクリート表面に粘性の低いエポキシ系接着樹脂を塗布した後，炭素繊維にエポキシ系接着樹脂を含浸・硬化させてコンクリートの外表面から構造物を補強する工法で，従来から行われている鋼板巻き立て工法やコンクリートの増厚工法に比べて，①大型の重機を必要とせず，狭い場所での施工が可能である，②補強後の部材の形状変化，重量の増加が少ない，③補強工事において火気を使わないため火災の心配がない，④耐久性に優れているためメンテナンスフリーである，などの特長がある。

本工法は，土木，建築の両分野において広く使われており，炭素繊維補修・補強工法技術研究会（炭補研）の報告では，阪神淡路大震災の翌年の1996年から施工実績が増加し，2000年以降年間約120万～130万m^2の炭素繊維シートが使われている。炭素繊維シートの需要量の内訳は，橋梁(橋脚，床版，桁)および建物の柱・梁等の補強にそれぞれ37％が，トンネルの補修・補強に8％，煙突の補修・補強に5％，その他14％となっている。なお，炭素繊維シートによる補修・補強では，目付量200g/m^2，300g/m^2の炭素繊維シートが，現場において必要量(枚数)積層して使われている。耐震補強用炭素繊維シートの材料特性の一例を表3に示す。

(2)CFRP形材による補修・補強は，炭素繊維シートによる耐震補強工法と同じであるが，現場

第8章 炭素繊維・複合材料の用途・分野別先端技術

での炭素繊維への接着樹脂の含浸，シートの積層作業をなくすために，あらかじめ工場でシートを積層し，コの字形に成形加工したCFRP形材を現場に搬入し，柱の両側に建て込み，既存柱との間にモルタルをグラウトする工法である。

(3) CFRP板による既存構造物の補修・補強は，既存の構造物の表面（コンクリート，木材）に粘性の高いペースト状のエポキシ系接着樹脂を用いて工場で製造されたCFRP板（幅50mm，板厚1～2mm）を貼り付けて補強する工法である。炭素繊維シートによる補修・補強工法と類似工法であるが現場で炭素繊維に接着樹脂を含浸・硬化させる必要がないため，施工性，品質の確保の面で優れている。この工法では既に硬化したCFRP板を柱や梁に巻き付けてせん断補強を行うことが難しいため，梁やスラブの曲げ補強，スラブの開口補強など部材の曲げ補強に使われている。補修・補強用CFRP板の材料特性の一例を表3に示す。

本工法は，建物の梁，スラブの曲げ補強に多く用いられており，トレカラミネート工法研究会（現．CFRPラミネート工法研究会）のまとめでは，1996年の実用化以来，施工件数は年々増加し，2006年現在で施工件数は200件を超え，CFRP板の需要量は2000年以降，年間約1.5～2万mとなっている。青森県の尻屋崎灯台（煉瓦造）の耐震補強[8]では，板厚4.5mm，幅50mmのCFRP板が緊張材および曲げ補強材として使われ，煉瓦の劣化（風化）を防止するために灯塔の表面全面を炭素繊維シートで覆っている（写真1参照）。その他，木造の歴史的建築物の維持・保全にもCFRP板による補修・補強工法が数多く採用されている[9]。

また，工場でL形に成形加工したCFRP板を既存RC梁の補強材として用いる工法が開発・実用化されている[10]。この工法は，梁のせん断補強（耐震補強）のほか，リニューアル工事におい

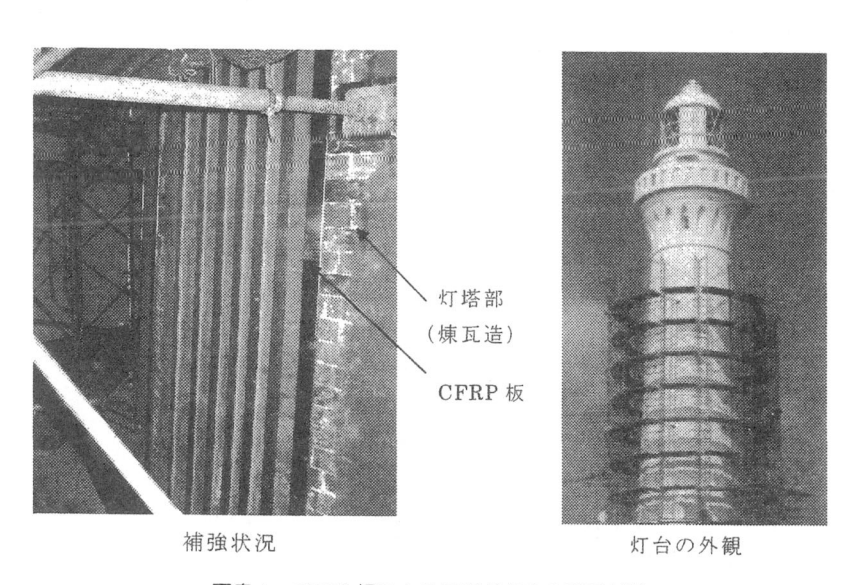

補強状況　　　　　　　　　灯台の外観

写真1　CFRP板による尻屋崎灯台の耐震補強

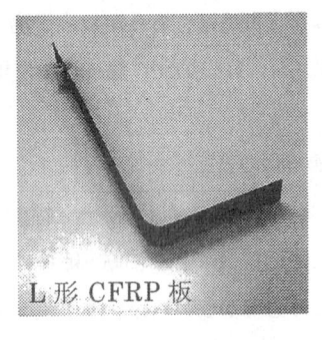

図2 L形CFRP板と補強の概要

て設備配管を設置するために既存の梁の側面に貫通孔を設ける例が多く，その場合の貫通孔周りの補強方法として施工性に優れた工法である．施工手順等は，CFRP板による梁，スラブの曲げ補強と同様である．L形CFRP板による補強は，梁補強だけでなく，柱のせん断補強にも使われており，施工実績は海外を含めて19件（日本での施工件数は9件）となっている．L形CFRP板と補強の概要および材料特性を図2，表3に示す．

5.3.3 鋼材（形材）代替

軽量で耐久性に優れたCFRPは，H形断面や円形（パイプ）および矩形断面材として構造物の架構やトラス構造としての利用が考えられる．

写真2は耐熱性に優れたフェノール樹脂を用いたCFRPパイプ（外形94mmおよび109mm，板厚2mm，長さ約2m）を上下弦材および斜材に用いた立体トラスを屋根構造に適用した例である．CFRP屋根トラスの大きさは，縦13m×横27mで接合部を含めた総重量は8.5トン（1m^2当たり約24.2kg）で，従来の鋼製のトラス屋根に比べて重量は1/3と軽量で，施工コストや工期短縮が期待できる[11]．CFRPトラスは，CFRPの耐食性に優れた特長を生かし，屋内プールの屋根

写真2 CFRPトラスの施工例（東レ愛媛工場）

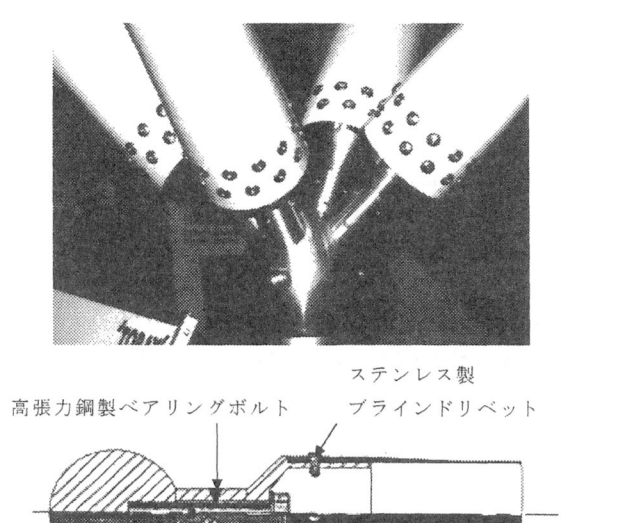

第 8 章　炭素繊維・複合材料の用途・分野別先端技術

写真 3．CFRP トラス接合部の詳細

構造に適用された例もある。CFRPトラス構造の接合部は写真3に示すようにアルミニウム合金によるハブ（球状），ステンレス製のノーズコーンなどから構成されており，接合部をFRP化することによってさらに軽量化を図ることが出来る。

土木分野では，㈱土木研究所が中心となって「繊維強化プラスチックの土木構造材料への適用に関する研究」を進めており，2000年にはガラス繊維を用いた全長37.76m，全幅4.3mのFRPによる歩道橋（伊計平良川線ロードパーク歩道橋：沖縄県）の建設が行われている。また，土木学会においても2004年から"持続可能な社会基盤を構築するための先進複合材料の研究開発と標準化"をテーマに「革新的構造材料の土木分野への活用」が検討されている。

文　　献

1) 中辻照幸ほか，建設分野の繊維強化複合材料，シーエムシー出版 (2004)
2) 土木学会，コンクリートライブラリー72, コンクリートライブラリー88
3) ACC倶楽部，新素材施工実績集 Vol.1, Vol.2

4) ㈳強化プラスチック協会,FRP用途事例集
5) 木村耕三,繊維機械学会誌"せんい",Vol.57, No.4 (2004)
6) ㈳強化プラスチック協会誌,強化プラスチックス,Vol.49, No.8 (2003)
7) ㈶日本建築防災協会,連続繊維補強材を用いた既存鉄筋コンクリート造及び鉄骨鉄筋コンクリート造建築物の耐震改修設計・施工指針
8) ㈶日本航路標識協会,明治期灯台の保全 (2001)
9) 木村耕三,歴史的建造物の補修・補強 (1)〜(5), ㈳全日本建築士会"住と建築" (2005)
10) シーカ®カーボシェアL リーフレット,プロダクトデータシート
11) 日経アーキテクチャ 1997年7月28日号
12) 米丸啓介ほか,CFRP製立体トラスの開発 (その1), 清水建設研究報告第64号 (1996)
13) 土木学会 革新的構造材料の活用検討委員会,革新的構造材料の土木分野への活用に関する調査報告 成果報告書,平成17年,平成18年

5.4 マリーン・船舶用途

前田　豊*

海洋関係でのコンポジット材料の応用は，ガラス繊維複合材料（GFRP）によって，1955～1963年にかけて基礎が築かれ，今日に至っている。その代表ともいえるマリーン用途のコンポジット材料の主体は，過去，現在ともに，GF／ポリエステル材のハンドレイアップ成形法によるものである。このようなGFRPで蓄えられた技術と経験は，CFRP，AFRP，ハイブリッド材のような先進複合材料（ACM）の時代につながっていった。

とはいえ，ACMの使用は比較的最近であり，GFRPに比べてまだ非常に少ない量に止まっている。しかしながら，最近石油掘削（Offshore Oil）用途，スポーツレジャー，海上輸送などの分野で，コンポジットの利用検討が進められ，耐食性，軽量化効果などが認められ，CFRPに対する注目度は，極めて高まってきている。

5.4.1 マリーンボート用途

コンポジット材料が，レクリエーション・レジャー用途で多用されていることは衆知であるが，海洋関連のレジャー用途でACMがどのように活用されているか紹介する[1,2]。

(1) 材料と成形技術

海洋関連のレクリエーション・レジャー分野で，コンポジット材料を使用する大きな市場は，マリーンボートである。レクリエーション用マリーンボートでは，木，アルミが依然として広く使用されているが，GFRPが重要な材料となっている。GFRPは，軽くて耐食性があり，その加工費はアルミ並みの安さになっている。

GFRP部材は，マリーンボートのハル（船体），デッキ，デッキ上の構造体などに使用される。成形方法は，オープンモールド・ウェットレイアップ法が主体であり，これらの技術で用いられる材料は，ロービング織物／ビニルエステル樹脂，安価なチョップドロービング／ビニルエステルレジンである。

更に進んだクローズドモールド法として，RTMやSCRIMP（真空アシストレジンインフュージョン）などのレジンインフュージョン法とプリプレグモールド法があるが，オープンモールド法より少ない。

今日，小型のパワーボートでCFRPが，バルクヘッドフレーム，縦方向ストリンガー，キールおよびデッキ上ストリンガーなどの剛性アップ用材料として使用されている。

CFは，高性能ボート，例えば，国際競争用帆船（ヨット）や大型のパワーボートに用いられている。例えば，国際競争用ヨットでは，マスト，スピネーカー（帆横支柱），ハル（船体），キー

＊　Yutaka Maeda　前田技術事務所　代表

ル（竜骨）およびデッキなどにCFRPが使用されている。

CFRPは，オープンモールド法でも成形できるが，プリプレグモールディング，レジンインフュージョンなどのクローズドモールド法の方が，繊維性能を活かすことができる。マスト，スパーなどのチューブ構造の物は，フィラメントワインディングや，ロールラッピング法で造られている。

(2) マリーン艦船の材料と成形技術

大型マリーン艦船のコンポジット部材は，基本的にはGFRPで造られている。成形には，ウェットレイアップ法，レジンインフュージョン（RTM，SCRIMP）法などが用いられる。フィラメントワインディング法やプリプレグ法の採用例は少ない。

大型マリーン船にFRPが使用される部位は，ハル，デッキ，デッキ上部構造体であり，そのメリットは，スチールに比べて軽量で，非電磁誘導性があり，耐食性があるからである。CFコンポジットは，軍用艦船に少量使用されるだけである。CFRP採用のメリットは，剛性を向上するところにある。CFコンポジットの成形には，レジンインフュージョン，フィラメントワインディング，およびプルトルージョン法が用いられる。

大型商用船には，大型漁船が含まれる。これらの漁船は，長さ40〜180ft（12〜54m）である。コンポジット部材が使用される部位は，ハル，デッキ，レール類，デッキ上の構造体が挙げられる。

FRP部材の成形法は，ウエットレイアップ法が主体であるが，その他にレジンインフュージョン法（RTM，SCRIMP）及び，プリプレグ法も利用されている。商用漁船には，現状ではCFは使用されていない。

米国の軍用艦船で，コンポジットを利用しうるものは，次の種類であることが判明した。

① 小型駆逐艦（Corvettes）：140〜160ft（42〜48m）
② 戦闘用巡洋艦（Combat Patrol Boats）：36〜48ft（11〜15m）
③ 軽高速砲搭載艦（Frigates Gunboats）：140〜160ft（42〜48m）
④ 水陸両用上陸用船艇：140〜160ft（42〜48m）
⑤ 潜水艦

コンポジット部材は，ハル，デッキ，レール類，架台，パイプハンガーおよびデッキ上構造体などに使用されるが，大部分はGFRPである。

スウェーデンのCFRP製戦艦Visby corvettが，KokumsからFMV（スウェーデン防衛材料庁）に，2002年6月に引渡された。この戦艦は長さ60mで，全ステルス性能を有するCFRP製の，世界で初めてのもので，最終検査で要求性能満足が確認された。海上防衛の新時代を築く先駆けとされ，更に5隻の艦船の受注をしている。

第8章　炭素繊維・複合材料の用途・分野別先端技術

この技術は世界中から強い関心を持たれながら，開発に成功したもので，国内の関連機関も同様の艦船開発活動の兆しがある。

① Visby corvette（駆逐艦）の概要

Visbyクラスの戦艦は，多目的軍用艦である（前線攻撃，潜水艦攻撃，掃海，巡航，防御，管理などの作戦が可能）。

このステルス船は，FMVと王立スウェーデン海軍，スウェーデン防衛工業，スウェーデン防衛研究機関，ストックフォルム王立研究所が共同で開発を進めてきた。このステルス戦艦は，LOA 73m，10.4mのビームを有し，世界最大のサンドイッチ複合材料構造製である。ステルス性を得るため，ハル，デッキ，上部構造は大きなフラット表面でシャープエッジを有している。Kochmus ABのKarlskrona造船所で建造された。

Visbyは，DIAB製Divinicell（PVC）コアと炭素繊維・ビニルエステルスキンから構成されたサンドイッチ構造体で，重量当り強度を極大にし，極めて低磁性を達成している。船体以外の部品や，デッキと上部構造は，バキュームインフュージョン技術を用いて製造された，フラットパネルを用いて製作している。パネルは接合により，船体が完成する。

この方法の採用で，繊維含有率を高く，ラミネート性能（強度，耐久性，耐衝撃性）を高く，重量を低く（スチール製の50%），短期間，現実的な価格で製造することが可能となった。これにより，ペイロード能力を大きく，高速で，長距離巡航を可能にした。

② スウェーデン製CFRP戦艦の技術内容まとめ

サンドイッチ構造材料：CFRP，GFRP／コア材

CFRP材：T700／ビニルエステル

コア材：架橋PVC（デイビニセルH200），PSt，ポリウレタン
　　　　PEI，PMI発泡材

成形法：ハンドレー法から真空注入法に移行
　　　　（クローズド系，高Vf，ラミネート特性から）

要求性能：ステルス性

　　　　　電磁シールド性…CFは導電性かつ非磁性

　　　　　軽量…モノコック構造

③ 最近のコンポジット舟艇の製造技術動向

1）「コールドプレス」

2）「インジェクション成形」

3）「RTM」

4）「インフュージョン」

5)「SCRIMP」,「VaRTM」
6)「RTMと他の成形法の組み合わせ」
7)「低温硬化プリプレグ成形」

約30年前は,「コールドプレス」とか「インジェクション成形」が関心の的であったが,最近は「RTM」「インフュージョン」である。

RTMは,古くはBMC材料等の成形法を称していたこともあったが,その後,現在広く使われるRTMの意味になり,ハンドレイ成形法とSMC成形法の中間位置にあって,経済的に中量生産に適するものと見られるようになった。

RTMは,欧米ではスチレン揮散量の少ない「クローズドモールド成形」として期待されている。ボイドやピンホール問題は,真空系に接続して樹脂中の泡を吸引する方法で解決し,樹脂のポンプ圧入を止め,ベントから空気を吸引し,樹脂をキャビティー中の強化材に含浸させ,ボイド問題を低減する「インフュージョン」の実用化に進んでいる。

スウェーデンで開発されたVisby corvetteは,このインフュージョン技術を用いて製造されたと思われる。さらに,RTMの雄型・雌型の一方を型追従性のフィルムにして,キャビティー中の空気を排気し,そのフィルムに大気圧をかけて成形する,経済性も改良された成形法「SCRIMP」「VaRTM」などが出現した。

「SCRIMP」は,1980年代後期,米国で,軽量,大型,構造用コンポジットを製造するため開発された。この方法は,比較的低コストで,片方型を用い,フレキシブルな真空バッグを採用する。ドライな強化材積層物とサンドイッチコア材料に,硬化剤入り樹脂を真空を用いて注入する方法がとられる。舟艇製造の有力な手段とみなされるようになっている。TPI Composites社が技術ライセンスを行なっている。

RTMと他の成形法の組み合わせという意外な発想が出てきている。

例えばFW成形機をプリフォーマーとして用い,樹脂を使わず,マンドレルにワインディングしたガラス強化材にRTM型の中で,樹脂を敏速に含浸・成形する方法などがある。従来のFWの面倒な操作が楽になり,生産性も向上する(フランス)。

引き抜き成形機を,プリフォーマーのように考え,プリフォーム強化材をRTM型に入れて樹脂を含浸,成形する方法が米国で進められている。この方法では,一定の断面に限らず,種々の形状を付与でき,「先は細く,根元は太いチューブ」「節のついたロッド」なども可能である[1]。

航空機部材の成形に準じて,オートクレーブを用いたプリプレグ積層圧縮成形法も用いられてきたが,低温硬化樹脂を用いたプリプレグで,真空バッグ,オートクレーブレス成形法で,軽量高速艇の製造が可能となっている(アメリカズカップ艇)。

第8章　炭素繊維・複合材料の用途・分野別先端技術

(3) FRP化対象となる艦船および加工技術

① 上記艦艇で，FRP化の対象

1) 各種艦船

　　護衛艦：ステルス化，軽量・高速化→CFRPハル，デッキ，推進軸

　　潜水艦：軽量・高速化→CFRP推進軸

　　掃海艦艇：非磁性化→GFRPハル，デッキ

　　哨戒艦艇：軽量高速化→GFRPハル，デッキ

2) 高速艇

　　TSL：軽量・高速化→CFRP推進軸

3) その他

　　ヨット：軽量・高速化→CFRPマスト，ハル，デッキ，各種部品

　　漁船：軽量・高速化→CFRPハル，デッキ

② 材料・加工技術

　　船体：インフュージョン成形，又はSCRIMP，相当技術

　　推進軸：大型構造FRP成形，FW or FW＋インジェクション

5.4.2 マリーン構造物（Marine Structures）

　マリーン構造物に関して，日本のOffshore Oil分野でのコンポジット材料の開発適用は，非常に少ないのが現状である。その中でただ一つ，石油産業活性化センターで，Offshore Oil分野でのCFRPの応用開発状況を調査し，研究テーマとしてCFRPパイプの性能評価を実施している[3]。

　一方，欧米ではマリーン分野での複合材料の適用事例が見られるので，以下に紹介する[4]。

(1) マリーン構造物の材料と加工技術

① 金属

a. 炭素鋼

　マリーン構造体としての，港湾での土木，建設には，炭素鋼が多く使用されている。パイリング，強化コンクリート用の永久型枠，デッキ用支持ビームなど，多くの目的で使用されている。スチールの大きな弱点は，塩水環境での腐食問題があることである。

b. アルミニウム

　軽量グレードのデッキや浮体に使用されているが，淡水向けであり，塩水では腐食のため，寿命が非常に短い。

② 木材

　低コストで腐食問題がないので，港湾の諸施設に使用されている。しかし，米国，ヨーロッパの港湾では，芯食い虫（Marine Borer）に食い荒らされて，ニューヨークのドックでは，パイリ

ングの寿命が，14年から7年に短縮してしまった。

　芯食い虫や他の生物の攻撃を防ぐため，木材パイルを薬品処理したが，今度はこの薬品が水中に溶けだして公害問題を引き起こした。

　クレオソートや他の加圧処理に使用する薬品のため，使用済みパイルが危険な廃棄物であるとして，廃棄コストがかさむようになった。

　③　強化コンクリート（RC）

　他の材料より安価なので，長年にわたり港湾施設で使用されてきた。しかし，塩水により，強化材のスチールが腐食され，使用年数が非常に短くなってしまう。

　一般に，強化コンクリートは，電食や他の化学処理に対する保護がある場合を除いて，現在では受け入れられない材料になってきている。

　凍結・融解の気象条件下では，コンクリート構造物は非常に破壊されやすい。FRPは，このような厳しい気候条件下での寿命延長に寄与する。

　④　非強化プラスチック

　PVC押し出し成型物が，水路にあるマリーナに使用されているが，GFRPはPVCと競合しあっている。しかし，CFRPはPVCに取って代わる可能性は殆どない。

　⑤　FRP

　PVC，アルミニウムよりも，耐食性，その他の性能に優れるので，淡水マリーナの部材として，関心が増えつつある。しかし，一般的にFRPは，他の材料よりコストがかさむので，現在のところ，FRPを用いた新しい構造物は，単なるデモンストレーション用と考えるべきである。

　ただ，民間港湾局（US NAVY，US Army Corp of Engineers）において，修理，補修用として，GFRP，CFRPの使用について関心が増えつつあることは確かである。

(2)　マリーン構造物へのコンポジットの応用

　すべての主要な港湾設備は，気候，スチール腐食，微生物の攻撃，船舶の衝突，その他によって，常に劣化の危険性にさらされている。

　最近，ASTM（アメリカンスタンダード）の中に，D20.20.21として，マリーン／ウオーターフロント用途のシステムというタスクグループが形成された。

　①　パイリング（打ち杭）

　パイルには，シートパイル（面材），フェンダーパイル（防御用），ベアリングパイル（支持用）の三つの標準タイプがある。シートパイルは，埠頭の面材（Facing）に使われる。フェンダーパイルは，木材集合体の中に使い，ベアリングパイルは，埠頭で主構造を支えるのに使われる。

　コンポジットパイルは，今日までに軽負荷条件下で，シートパイルとして使用されている。引き抜き成形GFRP材がこの要望を満たすものであり，主供給会社は，Creative Pultrusions社であ

第8章 炭素繊維・複合材料の用途・分野別先端技術

る。構造材にコンポジット材が使用される機会は，フェンダーパイルとベアリングパイルにあると考えられる。

米国のArmy Corpsの土木構造物の先進製造法研究部門（CPAR）は，90年代半ばに，ニューヨーク／ニュージャージーの港湾局に対して，コンポジットパイルをデモ用埠頭に開発する資金援助を行い，6種類のコンポジットパイルがテストされている。

GF/isoポリエステル樹脂が主体であるが，CF/GFハイブリッド材も大きな部材として検討されている。FRPパイルは，木材で得られるより長尺のパイル（75～105ft，22～32m）を作れるというメリットがある。また，スチール製より軽いので，設置作業が非常に楽にできるメリットがある。

これらの中で，CFを対象に考えているのは，Hardcore Compositesだけであり，彼らは，Branswick Technologiesから供給されるGF/CFハイブリッドクロスを使用している。民生用と考えられるパイル製品は，Hardcore及びSeaward（海用パイル，支柱角ビーム）の2社が製造している。

パイルは，カリフォルニア，Port HuenemeのNFESCのデモ埠頭用に製造されたが，材料としては，NEPTCOからのCFストランドが使用されている。その構造は，長手方向をCFストランドでプレストレス強化し，断面方向をCFストランドで螺旋状に巻き上げた形の強化物からなっており，65ftのコンクリートパイルである。

② デッキ

デッキの改良は，a)寿命を延長し，b)より重い装置，荷重を取り扱えるようにするため，①CFを用いたオールFRPデッキパネルの採用，②GFRP又はFRP製のロッド，ケーブル，ストランド，テンドンで強化した，強化コンクリートデッキの採用，③既存デッキに，CFシート，硬化ストリップのようなコンポジットを接合する，などの検討がなされている。

CF材料メーカーには，SIKA（CF/エポキシ引き抜き棒，接着用），三菱化学（CFシート＋エポキシ），Fyfe Company（GF/CFハイブリッドファブリック＋エポキシ，水中硬化可能）などがある。

②のデッキ補強用ロッド，ストランド，ワイヤ，テンドンの使用例としては，引き抜きCFロッド（3/8インチ径）が，US海軍によるデモプロジェクトで使用されてきた。

施行方法は，CF強化ロッドを既存コンクリートデッキの表面の溝に置き，エポキシ樹脂を注入するという方法がとられる。DFI Pultruded Compositesがこのためのロッドを供給している。

③ ビーム，構造用プロファイル

オールコンポジットの引き抜き成形ビームが，米国海軍によって，海水面上の高腐食性環境でのコンクリートデッキの支えに使用されてきた。サンディエゴ港での，デモ埠頭用GFRP引き抜

きI-ビームは，Strongwell社製品である。軽量のGFRPの使用によって，干満のサイクルという短期間中に施行することが容易となった。この応用には，CF/GFハイブリッド材が最も有力な候補である。

また，CFのシート材料が古いコンクリートビームの強化に使用されてきた。このシート材料は，Master Builderと三菱化学から，Norfolk，Verginia，サンディエゴ，カリフォルニアなどでの海軍のテストのために供給された。

真珠湾の港湾設備も新技術のデモの場であり，SIKAからのCFストリップが埠頭デッキの下層に利用されている。

④ グレーティング（格子），ラダー（梯子），キャットウオーク

これらの製品は，Strongwell，Creative Pultrusions，Fibergrate，IKG，International Gratingのような多くの業者から供給することができる。

しかし，これらの製品は，Offshore Oilプラットフォームで多く使用されているが，港湾施設への浸透はまだ少ない。グレーティングは，全てGF強化によって造られているが，化学工場での静電気除去のために，表面にCF層を設けた製品もある。

⑤ パイルキャップ

海軍のHueneme港の中に，1995年に建造されたデモ埠頭のキャップとして，ケーブル状のCFとSガラス繊維材料を使用したものがある。

FRP材は，コンクリートの中に開けられた孔を通して，ポストテンション材として使用されている。

⑥ 海岸壁，強化コンクリート設備

スチールが腐食して使用できなくなったフロリダの護岸用コンクリートリバーとして，Marshall Industries Composites社（MIC：Reichold Chemicalの傘下）から供給されたGF強化バーが使用されている。MICは現在，コンクリート強化用CFバーも供給している。

⑦ コンポジット埠頭システム

米国海軍は，オールコンポジット及びコンポジット／コンクリートハイブリッド材を利用した，デモ用埠頭作製を計画している。

大部分はGFRPであるが，CFハイブリッドも考慮されており，コンポジット業界で最大のコンポ・プロジェクトになる可能性がある。目標は，140年の寿命で，保守費用を80％低減することにある。

世界で最初に造られた，オールコンポジット／コンポジット強化コンクリート埠頭（全て非金属材料）は，1994年にHueneme港に造られたものである。

第8章 炭素繊維・複合材料の用途・分野別先端技術

⑧ ブラケット，ハンガー

海軍では，埠頭の塩水が飛び跳ねる場所の下部にある，全ての部材を，コンポジットに置き換えることを考えている。

コンポジットブラケット，ハンガーは，おそらくGFRPで造られることになるであろう。

⑨ 水門，ゲート

1998年に，DCN Lorient of Lorient，France が，実験的に，Vois Navigable de France のために，運河水門用のコンポジットゲートを造った。2つの巨大な，中実のGFRPゲートが，E-硝子繊維/isoポリエステル樹脂材料を使ってハンドレイアップ法で造られた。DCNは，重さ60トンのGFRP製の乾式ドック浮体ケイソンを造った経験もある。

文　　献

1) 強化プラスチックス，**47**, No9 (2001)
2) 高橋儀徳, 強化プラスチックス，**50** (12), 505-508 (2004)
3) 石油産業活性化センター，"未利用石油資源高度利用調査，海洋土木構造部材用途開発調査" 平成11年3月，他
4) 前田豊編著，炭素繊維の最新応用技術と市場展望，p161, シーエムシー出版 (2000.11.30)

6 エネルギー関連用途

前田 豊*

6.1 風力発電
6.1.1 はじめに

　風力発電は、アメリカ、ヨーロッパではかなり進んでおり、2005年の世界的設備能力は5,900万KWで前年比24%の勢いである。しかし、わが国ではまだまだその規模は小さい。1位のドイツが1,842万KW、2位のスペインが1,002万KW、日本は英国、中国に抜かれて10位で、115万KWの能力である。それでも、2000年時点で2万KW、2010年迄に15万KWに拡大する計画に比べると大幅な成長があったといえる。

　風車メーカーとしては、Vestas、三菱重工業、GE Wind Energyが世界的トップメーカーであり、三菱重工業は、MWT-250（250KW機）を主体に、世界の各国に輸出しており、日本での納入実績も最も多い[1]。

　タービンブレードの材質は、現状では殆どがGFRPで、一部試作機では100%CF、或いはCF/GFのハイブリッドのものがある。

　500KW以上の能力を目標として、世界各国で大型風力発電機の開発が進められているが、これらの大型発電機では、ブレードの直径が30～40mにもなり、その軽量化、高強度化のためにCFの出番がある。

　日本でも、規模の拡大と共に、大型発電機、大型翼の開発が必要になるであろう。この場合、CFRPが使用されると予測され、炭素繊維の将来有望市場の一つに取り上げられているが、日本では、それほど大きな需要規模は期待できないと思われる。

　なお、ベルギーでは、使用エネルギーの一定割合をクリーンエネルギーで賄うことを義務づけており、現在の風車ブレードはGFRP製であるが、重量の問題で大型化に限度があり、CFRPに代わっていくことが予想される。これらの将来予想が、炭素繊維の各メーカーが風車を将来のビッグマーケットの一つに挙げている理由と考えられる。

6.1.2 風力発電ブレードの成形技術
(1) **風力発電機の概要**[2]

　風力タービンブレードの材料は、1995年にはFRPが80%（残り20%は木製）であったが、2000年では、ほぼ100%がFRP製である。

　風力タービンの構造は、プロペラタイプのローターが水平軸に取り付けられ、直線運動の風力を回転運動に換え、発電機を駆動して発電する。尚、垂直軸式のダリウス機がFloWind社により

＊　Yutaka Maeda　前田技術事務所　代表

第8章　炭素繊維・複合材料の用途・分野別先端技術

開発されたが，効率が悪く，同社は1997年に破産した。

　空力設計されたブレードは，回転ハブに取り付けられ，1分間に20～30rpmというゆっくりした速度で回転する。そしてギアボックス内で発電用回転数1,500rpmまで増速される。タービンスピードと回転数は電子コントローラーで連続的にモニター，コントロールされる。

　強風での破損を回避するため，パワーコントロールと称して，ブレードの減速手段をもっている。最新の風力タービンの2/3は，風下側での揺動防止に"Passive stall（失速）control"を用いている。また，タービンにピッチコントロール機能を持たせ，強風でリフトをなくすなど油圧調整できるようになっている。

　最新のタービンの殆どは，デンマークコンセプトのローター前つき，3ブレード構成を基本としている。タービン部品は，保護ナセルで被覆され，塔のトップに設置されている。

(2) **風力発電機のメーカー**

　世界の風車ブレード市場（2000年現在）の85～95％は，次の3つの大手メーカーが占有している。

① LM Glasfiber（Lunderskov，Denmark）
② Vestas Wind Systems A/S（Ringkobing，Denmark）
③ Enercon（Aurich，Germany）

　これらの会社は，商用グレードの大ブレードをタービン市場向けに供給している。そのほかにも多くの小型ないし特殊タービン用ブレードメーカーは存在する。ブレードの製造場所は，風力タービンの設置場所に分散配置されている。

(3) **風車タービンの成形法**

　タービンブレードは，従来ハンドレイアップ法により製造されていた。しかし，ブレードサイズが増大するにつれて，他のプロセスやプリプレグ積層法に替わっていった。

　これらのプロセスは，通常次の3通りのタイプに分類される。

① レジントランスファー成形（RTM）：繊維プリフォームを密閉型に設置し，樹脂を大気圧以上の圧力で注入する。
② レジンインフュージョン成形（RIM）：RTMに類似であるが，樹脂の型への注入が減圧下で行われる。
③ 引き抜き成形：ガラス繊維と樹脂を加熱ダイを通して連続的に引き抜き，成形する。

(4) **各社製法の特徴**[1]

① LM Glasfiber（Denmark，Holland）

　同社は世界最大のブレード製造業者であり，風車タービンメーカーにローターブレードを供給している。現在，ピッチコントロールとストールコントロールされた50～2,500KW用の風車ター

231

ビンを製造している。これらのブレードの長さは44〜128ft（13〜39m）である。

　同社は，最近独自のVacuum-assisted resin infusion molding (VARIM) プロセスを用いて，大型のブレード製造を行い，小型ブレードはハンドレイアップ法を用いている。

　LMG社のNielsen氏の談では，VARIMプロセスはハンドレイアップ法に比べて，自動化がやりやすく，作業環境，製品品質，コスト低減の面で優れているという。

　ブレードは，トップからボトムまでの半割れのスキンを，分離タイプ・ゲルコート型を用い，ガラス繊維とポリエステル樹脂とバルサ材または発泡コアを用いて製造する。

　真空バッグと硬化の後，ブレード内にウエブを積層し，半割が接合される。組み立てられたブレードは，サンデイング，トリミングされる。

　② Vestas社

　Vestas社はデンマークに本社を置く，世界的風力発電システムメーカーで，2003年にMEG Miconと合併した。風力発電システム (A/S) については，商用市場のタービンとブレードの主要メーカーである。同社は，ピッチコントロールブレードのタービンを導入した最初の会社で，1995年の世界初のオフショア風車発電所をDenmark Aarhus近くのTuno Knobに設置した。

　Vestasの製造するタービンブレードは75.5〜128ft（22.7〜39m）の長さである。同社のブレードも中空で，チューブラービームは，テープ積層ガラス繊維プリプレグ法によって製造される。

　ブレードスキンはガラス・エポキシプリプレグの積層で，溶剤放出は殆どない。製造プロセスとブレードハンドリング装置の自動化は，大型ブレードでは手作業不可能のため，進んでいる。同社は，タービンの殆ど全部品を内製している。

　③ Northern Power Systems (Waitfield, Vt.)

　同社は，寒冷地用途の30〜ft（9m）のブレードを用いる100KWタービンを開発中である。

　このブレードはTPI Composite Inc. (Warren, R.I.) が，SCRIMP (Seeman Composite Resin Infusion Molding Process) を用いて製造している。この方法は大型製品を比較的安く製造するのに適している。TPIは30-, 54-, 75-ftのブレードを製造している。

　ブレードの製造には，まずUpper Skin, Lower Skin, せん断ウエブをレジンインフュージョン法で製造する。第1層は型にゲルコートをスプレーして得る。ゲルコートが乾燥後，繊維とバルサコアを型に設置し，シリコンフィルムバッグを施して，真空引きを行う。前もって計量した量のビニルエステル樹脂を真空下で注入し硬化する。

　全部品が形成された後，ブレードの半割れを構造接着剤で接合して，完成品が出来上がる。

　④ Bergy WindPower Co. (Norman, Okla.)

　同社は，小型タービンのメーカーで，米国と海外に20年来提供してきている。これまでに1，1.5，10，50KWの3ブレード水平軸ユニットを販売している。

第8章　炭素繊維・複合材料の用途・分野別先端技術

　Bergy社のブレードは，Strongwell社のBristol Divisionで，引抜成形で製造されている。引き抜き成形では，ブレードの1端から他端まで同一断面形状になり，風力発電タービンとしての性能は若干のロスが生じるが，ブレード製造プロセスコストは最も低価格となる。

　Strongwellの引き抜き成形では，ガラス繊維ロービングと連続ガラスストランドマット，設計されたスティッチファブリックとビニルエステル樹脂を用いてブレードとする。値段が高いビニルエステル樹脂を使うのは，ポリエステル樹脂に比べて靭性が大きく，疲労特性に優れているからである。

　⑤　Southwest Windpower（Flagstaff，Ariz.）

　同社は，3KW以下のマイクロタービンの世界最大メーカーである。繊維強化熱可塑性樹脂インジェクション成形を含めた各種の材料とプロセスを採用して，ブレードを製作している。

　400Wタービンは，PBTやポリエステル樹脂の30％炭素繊維ショートファイバー入りコンパウンドのインジェクション成形で製造している。

　同社は，最近World Power Technologies（Duluth，Minn.）を買収したが，ハンドレイアップ法で3000KWのタービンを製造する予定である。

(5)　**風車タービンへの炭素繊維の適用**

　タービンブレードメーカーの数社は，特殊用途に炭素繊維を用いるとしている。業界のリーダーの合意するところでは，炭素繊維のタービンブレードへの使用が遅々として進まないが，大型化が進み，ローターブレードの強度要求が高まれば，復活すると見ている。

　ヨーロッパでは，タービンブレードのメーカーがブレードへの炭素繊維の最適使用条件開発研究のスポンサーとなっており，コスト効果の高いブレード付け根ジョイントの開発や，コスト，性能のトレードオフに関する研究を進めている。

　将来の大型タービンブレードは，追加強度が必要なところに選択的に炭素繊維が使用されていくであろう。

　DOE（Department of Energy）は，SandiaとNRELプログラムに，先進材料を風車タービンブレードに用いる研究に予算をつぎこんでいる。

　現在，中小型CFRP風車タービンブレードが，価格／性能の面で競争力の出る分野で，少しばかりのブレードメーカー（例えば仏Atout Vent社）によって製造されてきた。同社によれば，全カーボンブレードは，LM Glasfiber製の全ガラスブレードに対して，ブレードが長くなるほど軽量化できると予測している。

・成形法に対する見解

　成形法と製造メリット得点を，次のように評価した例が見られる[2]。

　Blade Manufacturing Initiative（BMI）は，DOEの予算で，ブレード製造プロセスや，材料の

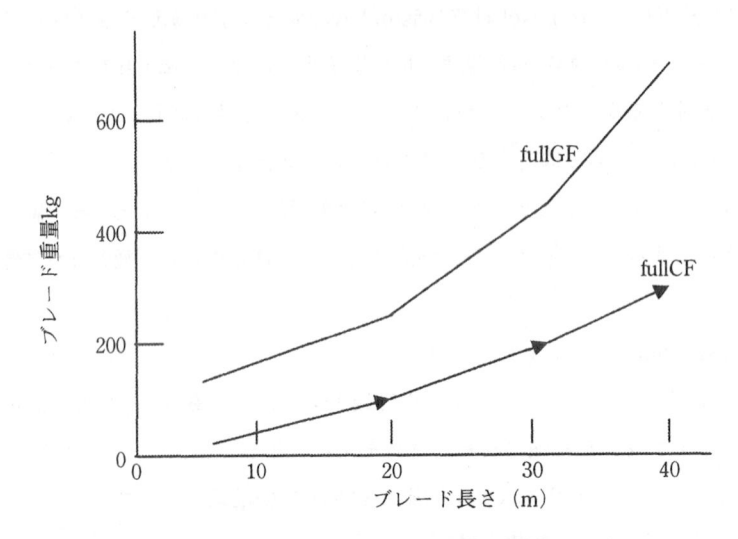

図1 ブレードの長さと重量の相関

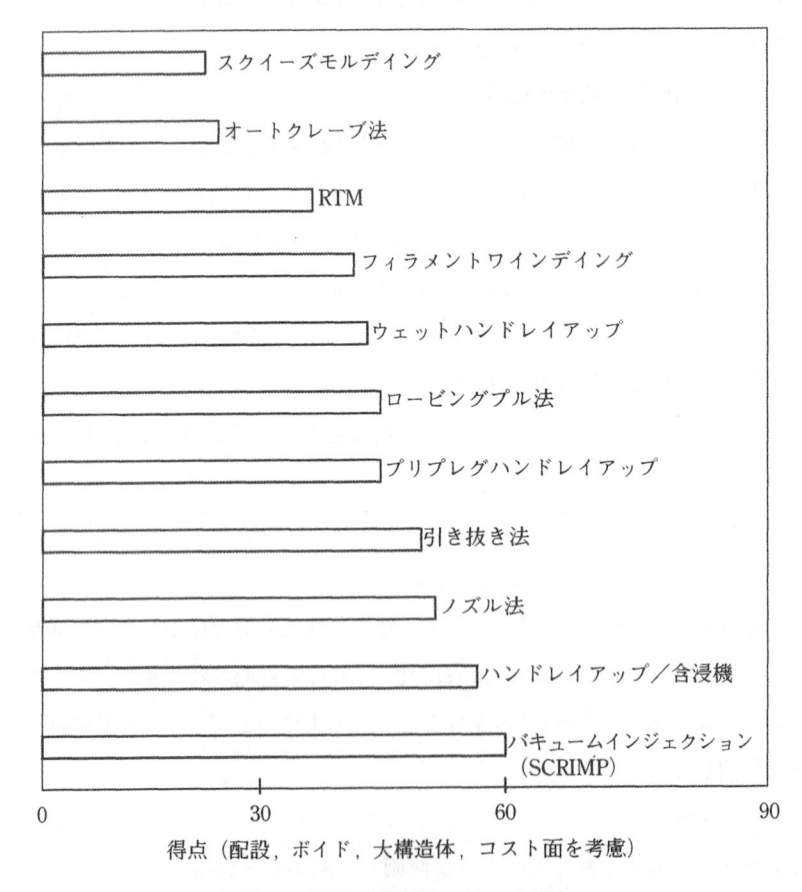

図2 成形法の種類とメリット得点

第8章　炭素繊維・複合材料の用途・分野別先端技術

新規組合せ，発電所へのブレード供給を行うところであるが，BMIはSCRIMPを遠隔地で使用する場合のコストと利益を見出そうとしている。

6.1.3　日本設置の風力発電業界状況[3]

現在，日本に進出している風力発電メーカーと製品の特徴を以下にまとめた。

① ヴェスタス（デンマーク）

世界35ヶ国に約9900台の設置実績をもつ，世界最大手。

ブレード構造：「OPTITIP」全自動可変ピッチ，フルフェザーリング方式。
　　　　　　　急激な風速変化に対応して，突入電流を10％以下に抑えるソフトスタート可能。

主力機種：660，850，1,650，1,750，2,000KW（世界最大級）

② エネルコン（ドイツ）

世界トップレベルの生産を誇るドイツの風力発電設備メーカー。

設置環境に応じた最適発電システムの設置，高品質電力の供給24Hr，監視体制，保守。

技術：風車発電は，多極同期発電機と回生インバーターで，制御方式は，電動ピッチ制御，突入電流は皆無。インバーターにより，出力変動が少ない。

表1　各社風力発電機の諸元[2]

企業名	ヴェスタス デンマーク	エネルコン ドイツ	三菱重工	ボーナス デンマーク
形式	V-66/1650	E-66/1500	MWT-1000	Bonus-1MW
風車定格出力	1,650/300KW	1,500KW	1,000/250KW	1,000/200KW
種類	プロペラ型アップウインド	プロペラ型アップウインド	プロペラ型アップウインド	プロペラ型アップウインド
回転数	19/15rpm	8-22rpm	21/14rpm	22/15rpm
定格風速	17m/s	13m/s	14m/s	15m/s
カットイン，カットアウト	4/25m/s	2.5/25m/s	3/25m/s	3/25m/s
ローター直径	66m	66m	56m	54m
ブレード枚数	3枚	3枚	3枚	3枚
材質	GFRP	GFRP	GFRP	GFRP
ローター取付高さ	地上60.4m	地上60.0m	地上56m	地上54m
ピッチ・ヨー制御	油圧式・電動式	電動式・電動式	油圧式・電動式	油圧式・電動式
増速機	平行歯車 ＋遊星歯車	なし	平行歯車 ＋遊星歯車	平行歯車 ＋遊星歯車
発電機種類	誘導発電機	同期発電機	誘導発電機	誘導発電機
電圧	690V	400V	550V	690V
相	3相	3相	3相	3相
周波数	50Hz	60/50Hz	60/50Hz	50Hz
回転数	1,500/1,800rpm	8-22rpm	1,500/1,000rpm	1,500/1,000rpm

　　　　多極同期発電機の採用により，ギアレス化，可変速運転により，低速からカットイン可能。

主力機種：600KW と 1,500KW

　③　三菱重工

80年に試験用40KW風力発電装置を長崎造船所内に建設して以来，87年には量産型250KW，99年に1,000KW風車を商用化した。国内唯一の大型風力発電機メーカー。

　特徴：日本の風況に対応し，最適制御するためのフルスパー翼，ピッチコントロールシステムを採用。低騒音，ローター回転数2速方式で，低風速域で高効率。マイコン制御全自動運転。

主力機種：300，500，1,000KW

ブレード構造：外殻（GFRP）／チョップドストランドマット／ロービングクロス
　　　　　　　メインスパー（GFRP）・接着剤／ウレタンフォーム
　　　　　　　外殻（GFRP）／チョップドストランドマット／ロービングクロス

　④　ボーナス（デンマーク）

ヴェスタス社，ミーコン社と変わらない構造と特徴をもつ。

　特徴：3枚翼，アップウィンドローター，ストール制御，誘導発電機，フェールセーフ設計（デンマークコンセプト）

主力機種：600，1,000KW

　⑤　ラガウェイ（オランダ）

20年の実績，国内多数。

　特徴：可変速，ギアレス，ピッチ制御付同期発電機，エネルコンと同じ設計思想。

主力機種：750KW

　⑥　ノルデックス（ドイツ）

世界20ヶ国以上，計1,000基以上の納入実績。

　特徴：3枚翼，ストール制御方式，構造シンプル，翼端の空力ブレーキと油圧機械ブレーキ使用。
　　　　発電機は極数切り替え方式で効率的。

主力機種：600，1,000，1,300KW

　⑦　デウィスト（ドイツ）

95年に専門家集団によって設立された。100基以上の納入実績。99年デザイン賞受賞。

　特徴：軽量でコンパクトなナセル。従来機の1.1〜1.5倍の高効率発電。
　　　　大きな受風面積，フルスパンピッチ制御，無段階可変速運転。定格風速11.0〜11.5m/s

第8章　炭素繊維・複合材料の用途・分野別先端技術

と低い。

主力機種：500，1,000，1,250KW

⑧　富士重工

99年にNEDOから離島用小型風力発電システムの開発委託を受ける。

特徴：台風に耐える耐強風性能（80m/s），10トン車で運搬，20トンクレーンで建設可能。
　　　系統併入率最大40%，ギアレス，油圧レス。耐用年数20年。

主力機種：100KWのみ。

6.2　海底油田

6.2.1　オフショア・オイル用途（海洋石油・ガス掘削関係）

　現代産業の原動力となっているのは石油であるが，掘削し易い陸上あるいは，浅海油田は枯渇の傾向にあり，深海油田の重要性が益々高まってきている。

　海洋石油掘削は，米欧の技術進展が著しく，特にメキシコ湾岸での検討が進んでいる。

　海底油田掘削・生産には，a) Exploration（調査），b) Drilling（掘削），c) Production（生産），d) Refining（精製），e) Distribution（配送）の工程が含まれ，これを行うシステムとして，①Tension Leg Platform (TLP)，②Drill Unit (MODU)，③フローテイング生産システム（FPS）などが登場してきた。これらは，海に面したフロートの巨大なドリル・リグである。

　これらの構成部材には，ドリリングライザー（ドリリングパイプ保護），プロダクションライザー（プロダクションチューブ保護），サブシーフローライン（作業流体をドリル部に移送する），スプーラブルチュービング（油井ヘッドからオイルとガスを移送する）等が用いられる。

　構成部材の中で，実際にCFRP使用の可能性があるのは，チューブ，圧力容器，ロープ，ケーブル，構造用ビームであり，北アメリカとヨーロッパの多くの企業で，研究開発と構成材製造，政府支援のプログラムが進行している。現在，イノンョアシステムの実施テストでコンポジット製品が，メキシコ湾と北海で使用されており，CFRPコンポジットが，深海掘削と生産作業に用いるのに最適であることが認められた。

　圧力容器は，海面の変動が浮体プラットフォームに及ぼすショックアブソーバーとして用いられ，CFRPケーブルはプラットフォームを海底に係留するのに用いられる。CFRPで作られた構造ビームは，現在用いられているスチールビームに比べて，プラットフォームの重量軽減に役立つといわれている。

　オフショア掘削と生産工程は，海面の動き（大きな機械的ストレスがかかる）と海水による腐食を考慮しなければならない点が特殊である。深海（3,000～10,000ft）用途では，高強度，低荷重が特に要望されており，CFRPの出番がある。

(1) オフショア・オイル用途で使用される材料

従来オフショア・オイル分野で使用されてきた材料は，金属とコンクリートである。コンポジット材料は，これらの代替材料として検討され，軽量化と耐食性を武器に用途を広げつつある。それぞれの材料の現状は以下の通りである。

① 金属

オンショア・オイル（陸上石油・ガス掘削）分野で使用されてきたのは，殆どが炭素鋼である。この炭素鋼は，重量と耐食性の点からは問題があるが，20年来，強度と品質に改良が加えられ，オフショア・オイル分野にも使用されてきた。

② コンクリート

コンクリートは，非常に大きい固定プラットフォームで，スチールの代替として使用されてきた。しかし，最近の傾向として，オフショア・オイル・プラットフォームは，非常に大きく重いコンクリートタイプから，軽くて，その上に多くの装置が置けるスチールタイプに移りつつある。

③ コンポジット（繊維強化複合材料）

コンポジットのスチールに対するメリットは，軽量化と耐食性にある。また，TLP（Tension Leg Platform）上でのライザー（Riser）に掛かる張力のコントロールのための，CFRP製Hydraulic Accumulation Bottles（圧力調節容器）などへの応用では，スチールよりコンポジットの方が安価であるといわれている。

CFRPは軽量，高強度，高弾性および耐食性が必要とされる分野で使用されるが，競合材料は，高性能スチール・高耐食性アロイである。これに対するFRPのメリットは，より軽量化が可能なことである。

(2) オフショア・オイル用途のCFRP応用部材

① プロダクションライザー・Production Riser（生産用汲み上げパイプ）

プロダクションライザーは，海底からプラットフォームのデッキまで延びる部材である。いろいろな形状があるが，大抵の場合は，直径約10.5インチ（266mm）のパイプ状物である。この中に設置されたチュービングを通して，オイル，ガスが海底から貯蔵タンクまで流れる。

比較的浅いOffshoreでは，スチール製プロダクションライザーが用いられている。

1988年にヒューストン大学のコンポジットセンター（CEAC）で実施された調査では，コンポジットプロダクションライザー（CPRs）が，価格競争力がある新しい用途であることが示された。

② パイプ，貯蔵タンク，デッキ

GFRP（ガラス繊維コンポジット）が，海水パイプ，防火水パイプその他の低圧の送水パイプや，貯蔵タンク及び格子枠組（Grating）に使用されている。しかも，FRPがこれらの部材の標

第8章　炭素繊維・複合材料の用途・分野別先端技術

準部材となっている。

FRPが使用される最大の理由は，耐腐食性である。FRPパイプは，ジョイントのあるパイプで，フィラメントワインド法で成形されている。

石油会社は，火災や爆発の原因となる放電の可能性に対して，保護のために電気伝導性のFRPパイプを使い始めた。あるパイプ供給会社は，樹脂の中に少量のカーボンブラックを入れている。少量のCFしか必要がないので，将来ともCFの市場としては小さいと思われる。

③　テザー（Tethers）

テザーは海底とTLPを繋ぎ止める係留パイプである。TLPは，最近まで海底とTLPを結ぶスチールパイプで繋ぎ止められてきた。この中空パイプは，浮力源となり，フローティングプラットフォームの全量を軽減するのに役立っている。

スチールテザーは，今日では最深のメキシコ湾の4,000ftのTLP（Ultra Platform）を繋ぎ止めるのに用いられている。TLPが5,000ft（1,500m）を超えて深くなると，スチールテザーシステムの費用が非常に大きくなり，ブレードケーブル（組み紐型ケーブル）の形のCFテザーのチャンスが生まれてくる。

④　フレキシブルパイプ，連結パイプ（Umblicals）

深海で使用されるフレキシブルパイプや連結パイプ（Umbilicals）は，CFにとって非常に大きな市場となる可能性がある。

フレキシブルパイプは，同心円状に押し出し成形された，樹脂ポリマーパイプの上に，強化のための金属ヘリカル層（周方向補強層）を設けたものである。構成する比較的薄い2つの層は，それぞれ別の固有目的を持っている。表層は強度保持，内層は耐腐食性，耐アルカリ性などである。両層は接着されておらず，フレキシブルさを保っている。

このフレキシブルパイプには，剛性のある金属パイプの使用は難しい。そして，種々の流体を動きの大きい状況下で輸送する場合に用いられる。

連結パイプ（Umbilicals）は，プラットフォームから海底まで伸びる液圧コントロールラインやメタノール輸送ライン，熱可塑性樹脂ホース，電気ケーブルなどを束ねるパイプである。これは，海面下での生産をコントロールしたり，保守するための手段として用いられる。

フレキシブルパイプ，連結パイプの表層は，耐摩耗性を向上するための金属層であるが，重量を軽減するために，コンポジットで置き換えることが考えられている。

引き抜き成形されたCFコンポジットが，この耐摩耗性層の有力代替材料候補である。連結パイプの内外層には，代替材料としてFW製CFコンポジットパイプが考えられている。

⑤　Offshoreプラットフォームの二次構造材

二次構造材としては，グレーティング（Grating，格子枠），階段（Stairs），アクセスプラット

フォーム，ケーブルトレー，ケーブルラダーなどがある。

FRPグレーティングは，1980年代から使用されている。押し出し成形されたFRPグレーティングが過去3年間に相当浸透してきた。

メキシコ湾におけるSHELL社のTLP4つにもFRPグレーティングが使用されている。

ハイブリッド・コンポジットビームは，トップとボトムのフランジにCFを使用している。

⑥ ブイ・モジュール（Buoyancy Modules，浮力付与体）

Offshore用のブイ・モジュールの有力会社2社が造った，小径の中空球のシンタクテイック発泡体の強化にCFを使用している。

これらの海面下のブイ・モジュールは，4,000ftを超える深さで使用される。

石油会社では，5,000〜10,000ftの深海に存在する石油やガスを採掘するために，ブイ・モジュール及びジャケットの必要度が大きくなり，それがCFの成長市場を造り出すと思われる。

⑦ タンク，圧力容器

コンポジット材料を使うことによって，タンクや圧力容器の軽量化が可能になる。

CFコンポジットは，石油，ガスの高圧タンク用の有力候補である。

しかし，コンポジット容器が，Offshore市場に入り込むのに障害となる重要な要因がいくつかある。a) 高温，高圧コンポジット容器の資格認定（Qualification，Certification）をとるためのコストの割に市場が小さい。b) 異なるサイズ，異なる圧力，温度，化学的条件に対応する多くの種類の容器が必要である。

(3) **CF需要の展望**

米国，ヨーロッパにおけるオフショア・オイル工業でのCF需要は，現時点では次の幾つかの部材に限られている。プロダクションライザー，フレキシブルパイプ，連結パイプ，TLPテザー（緊張材），高圧容器などである。

コンポジットライザーとTLPテザーが，CF市場の大きさに影響をもつ有望な用途である。これより量的には少ないかも知れないが，フレキシブルパイプ，連結パイプも有望な市場である。石油会社が，石油，ガスのより深い油田を発見，開発するにつれて，CFコンポジット使用のフレキシブルパイプや連結パイプの需要は大きくなっていくであろう。

また，疲労の問題から，剛直なライザーパイプを排除する動きがある。

6.3 フライホイールバッテリー

最近注目されているエネルギー関連技術革新に，リチウム電池等の化学2次電池，フライホイールを用いたメカニカル電池などの軽量高性能化がある。これらはエネルギーを生み出すものではないが，エネルギーを一時的に貯蔵して，電力負荷の平準化ないし，一時大容量電力使用に

第8章　炭素繊維・複合材料の用途・分野別先端技術

対応する利用効率の向上が図れる。

さらに，制限された空間・重量内で多量のエネルギー貯蔵量が可能になれば，自動車等の移動体動力源として，また耐久性，繰り返し応答性，信頼性の高いエネルギー貯蔵設備は，コンピューターや救急病院の無停電電源としての用途が拓けてくる。

ここでは，エネルギーの有効利用に関する電力一時貯蔵設備として，炭素繊維の大量使用用途となり得るフライホイールを取り上げる。

6.3.1　電力一時貯蔵技術

一般に，力学的方法で，エネルギーを貯蔵する技術は活用効率は高いが，体積当たりのエネルギー貯蔵密度が比較的小さい。ただ，最近開発が進められているスーパー繊維使用FPRフライホイールが，最もエネルギー密度を向上できる技術と言えよう。

熱エネルギーとしてのエネルギー貯蔵の場合，エネルギー密度は高くなるが，電力や運動エネルギーに変換する効率が低くなる。従って，熱として有効利用する場合に効果が大きいが，電力再生用蓄エネルギーシステムとしては，やや難があるといえる。

超電導コイル法などの電磁エネルギーとしてのエネルギー蓄積法は，電力としての回生効率が高いが，やはりエネルギー密度が低い。また，電気2重層コンデンサー（キャパシタ）等の直接電気蓄積法は，少量短期貯蔵には好適であるが，大容量貯蔵には無理があるようである。

化学エネルギー貯蔵法は，電気化学的な化学電池がその容量，効率の面で優れている。最近開発されてきたリチウムイオン電池，ニッケル水素電池等は，エネルギー密度が，従来技術のものより一桁上がっており，耐久サイクル向上，原料リサイクル，大容量化などの問題を解決できれば，極めて優れた貯蔵技術となるであろう。

これらのエネルギー一時貯蔵技術の代表的な5種の技術（超電導エネルギー法，圧縮空気法，フライホイール法，蓄熱法，新型2次電池）について，表3により詳細な特性比較を行ってみた。

表2　種々のエネルギー貯蔵手段[5]

エネルギーの形態		具体例	エネルギー密度	効率
力学エネルギー	弾性エネルギー	ばね	0.1kwh/m^3	90%
	圧力エネルギー	圧縮気体	1.0	70
	位置エネルギー	揚水発電	1.3	70
	運動エネルギー	フライホイール	20以上	80
熱エネルギー	顕熱蓄積	煉瓦，水（ヒートポンド）	140	30
	潜熱蓄積（融解熱）	溶融塩，氷熱	100	30
電磁エネルギー	静電エネルギー	コンデンサー	0.3	90
	電磁エネルギー	超電導コイル	3	90
化学エネルギー	電気化学エネルギー	蓄電池	20	80
	化学エネルギー	合成燃料	10,000	30

開発や設備設置に、膨大な投資が必要となる巨大技術ではないものとして、立地的にも制約が少なく、しかも、炭素繊維を活用できる電力貯蔵技術には、フライホイール法と新型電池法が挙げられる。

6.3.2 フライホイールバッテリーの開発状況

フライホイールバッテリーは、金属フライホイールも対象にすれば、随分長い歴史をもっている。車両搭載用フライホイールエネルギー貯蔵装置や、鉄道電車エネルギー回生用フライホイール、無停電電源フライホイールが実用試験までされているが、従来技術では、貯蔵エネルギー密度が低いという問題があった。

フライホイールバッテリーがエネルギー貯蔵技術として、注目を集めるようになったのは、高強度CFの利用によって、貯蔵エネルギー密度が飛躍的に向上できること、および摩擦の少ない非接触軸受けの利用が可能と分かってからのことである。そして、航空宇宙用ジャイロスコープ用や自動車用動力源として、米国を中心に開発が進められた。

無停電電源装置（UPS）用フライホイール装置としては、Aerospatiale社が、磁気軸受、複合材料（GFRP）等のハイテク技術を用いて製造した例があり、ミニコン、FA用、外科用、鉄道、空港用、非常電源用等の利用が考えられている。

同様なものが三菱電機から「ダイナミックコンデンサー」の名称で発売されているが、鉄鋼製のフライホイールと、永久磁石同期機より構成され、フライホイールの最高回転数は3万rpmである。軸受けには特別な工夫がなされ、高速回転時には、全く非接触になるようになっており、

表3　電力貯蔵技術の特性比較[6]

		超電導エネルギー	圧縮空気	フライホイール	蓄熱（蒸気）	新型電池
貯蔵特性	規模　MWH	1,000-10,000	数百-数千	1-10	10-1,000	1,000-10,000
	エネルギー	磁気エネルギー	圧力エネルギー	運動エネルギー	熱及び圧力エネルギー	化学エネルギー
	エネルギー密度	－12WH/Kg	－1,700WH/Kg	4-17WH/Kg スーパー 40-50〃	50℃の温度差 5.8WH/Kg	100-900WH/Kg
	貯蔵効率	80-90%	65-75%空気	60-70 % →80-90%	60-80%	70-80%
	貯蔵利用率	75%程度	30-60%	75%程度	75%程度	50%程度
	時間	日・週単位	日単位	分・時間単位	時間・日単位	日・週単位
運転特性	運転システム	入出力装置がやや複雑、地下岩盤等強固な収納容器必要。	地下空洞等耐圧容器必要。火力発電等での運転必要。	入出力装置、補機システムが複雑。	蒸気発生源（原子力火力等）との組合わせ必要。	入出力装置補助システム比較的簡単。 （保温必要）
	起動・停止	瞬時	20-30分	瞬時	数分	瞬時
	信頼性	確立へ努力要	あり	確立中	あり	確立中
	寿命	30年程度	20年以上	30年程度	30年程度	10-20年

注）→は最近の状況追加

第8章 炭素繊維・複合材料の用途・分野別先端技術

重量は電池の約1/3で、接触部分がないので本体は20年以上の寿命があると見ている。

一方、最近、無停電電源として、三菱電機でフライホイールを開発していた技術者が起こしたベンチャービジネス会社である日本フライホイール社が技術を完成し、販売に移行している。このあたりの展開状況には、注目する必要がある。同社は、平成5年創業、国産フライホイール式UPSとして初めて量産化し、金沢大学、日本たばこ産業、NHKなどに納入実績を持っている(Steel製、5～100KW、200～1,800kg)[3]。

「サンシャイン計画」でエネルギー貯蔵用に10KW級フライホイールが試作され、構造はCFRP(外側)/GFRP(内側)からなっている。又、同様な装置として、長岡技科大で開発されているピアノ線巻きの1.2KWHタイプがある。

フライホイールは、巨大技術としても注目されており、経産省主導の大型電力貯蔵システムとして巨額開発費を投じて開発が進められている。この開発は、新エネルギー・産業技術総合開発機構(NEDO)が推進役となり、IHI、四国化成などが参画して、超伝導磁気浮上フライホイールの技術開発が行われている。

核融合実験装置用大型フライホイールは、臨界プラズマ試験装置「JT-60」の電源設備の一つであるトロイダル臨界コイル電源の高頻度繰り返し間欠運転に対応するもので、炭素鋼鍛造品製で、外径6.6mの中実円板、重量約650t(総量1,000t)あり、85年度から運転しており、エネルギーの充放電回数は1万回以上、積算運転時間は5000時間に及ぶが順調であるという。

最近の海外のFRPフライホイールの研究開発例を表5に示す。

即ち、フライホイールは、少量から大量のエネルギーを蓄積することができ、繰り返し使用に耐え、信頼性も高いことが分かってきている。

以上のような、フライホイールの高性能化と進化した新型電池を比較すると、次のように言うことができる。

表4 無停電電源(UPS)用フライホイール例

	1	2
用途	無停電電源装置	無停電電源装置
重量	350kg	28kg
材料	FRP	マルエージング鋼
直径		240mm 横型
回転数	18,000-9,000rpm	30,000-20,000rpm
貯蔵エネルギー	0.33KWH (1W/kg)	0.1KWH (3.6WH/kg)
雰囲気	真空	真空 (0.1TOrr)
ベアリング	永久磁石+磁気制御軸受け	機械(ピボット)+永久磁石
駆動方式	同期機(インバータ駆動)	同期機(インバータ駆動)
容量	2kW	6kW
製作	Aerospatiale社	三菱電機

表5 FRPフライホイールの研究開発例[7]

製作者	外径 mm	エネルギー量 kwh	エネルギー密度 wh/kg	破断周速度, m/s	備考
ORNL	690	1.4	244	1,405	1985年
Univ. of Maryland		0.975	65.0		1992
R. C. Flanagan	317	0.5	53.0	766	1990
United Technologies	400	0.8	65.0		1995
Flywheel Energy Systems Inc.	761 400	1.5	96.5	>1,000	1997 1998 製品開発
Pennsylvania State Univ.	389		84.0	1,101	1997
IHI	400	0.31	169	1,220	1998
Trinity Flywheel Power	229			855	1997 製品開発
Boeing	550	2.0			1998 製品開発
Beacon Power	450	2.0-250			1998 製品開発

① 新型化学電池は,エネルギー密度が高く,車両・移動体の原動力,大電力貯蔵システムにも使用されていくであろうが,耐久性とリサイクルと環境汚染の問題を抱えている。

② 一方フライホイールは,クリーンで少量から大量のエネルギーを蓄積することができ,繰り返し応答性に優れ,大容量エネルギーの短時間出し入れが可能であり,長期使用に耐え,信頼性も高いことが分かってきている。

従って,両者は開発者の熱意にもよるが,それぞれ適性分野に共存発展していくものと思われる。

6.3.3 フライホイール市場規模を左右する要因

① 自動車用途市場

a) コスト要因　b) 他技術との競合

ZEV,LEVを目指した他のアプローチ,即ち,クリーンエネルギー使用のNGV（天然ガス自動車）,低排気ガス狙いのハイブリッドEV（ガソリン／化学電池）及び,100％化学電池などとの,価格,量産体制,取り巻くインフラの整備状況の優劣が大きな競合要因となる。

② 宇宙（衛星）用途市場

この用途では,価格問題は比較的小さいが,一層の小型化が要望されるので,より高比強度,高比弾性繊維の開発と工業化が必要となる。また,技術的には,ジャイロスコピック制御とエネルギー貯蔵との組み合わせ技術に開発が期待される。

③ 固定ユーティリティ装置用途市場

現状では,自動車用途に大きな期待が持てないことから,各社ともユーティリティ用途,即ち,エネルギー／電力バックアップ,電力平準化などへの応用に力を注いでいる[8]。

なお,中部電力は,三菱重工業,同和鉱業と共同で,低損失タイプの高温超伝導軸受け技術を

第8章　炭素繊維・複合材料の用途・分野別先端技術

活用し，高回転安定型の超伝導電力貯蔵フライホイールを開発したとの情報がある。2002年度中に10KWHクラスの電力貯蔵システムの検証を行い，3年以内に世界初の実用化を目指すという。開発した超伝導軸受けは，世界最大のサマリウム・ガドリニウム系超伝導体を9枚張り付けた構造で，直径50センチ，毎分11万回転時の軸損失は，機械式に比べて80分の1になった。フライホイール型電力貯蔵システムと非常用発電機を組み合わせると，完全無停電システムが構築でき，工場，病院やラッシュ時のピーク電源として使用できるという[9]。

6.4 燃料電池の技術動向

　燃料電池は，水素を燃料として酸素と化学反応をさせたときに生じる起電力を用いて，電力を取り出す発電システムである。発電効率が高い，廃ガスが水であるため，クリーンであるなどのために，環境汚染の少ないエネルギー発生システムとして注目されてきた。

　しかも，燃料電池の電極やセルスタックには炭素材料が使用され，CFの用途としても期待されている。ここでは，燃料電池の技術開発状況について述べる。

6.4.1 燃料電池の種類

　燃料電池は，アルカリ型，リン酸型，溶融炭酸塩型，固体電解質型，固体高分子型などに分類される。その構成と特徴は，表6に示される通りである。

　溶融炭酸塩型と固体電解質型燃料電池は，高発電効率ではあるが，500〜1,000℃という高温条件が必要であり，かつ大型の装置を必要とする。基本的技術開発は終了し，1,000KW級の発電プラントの開発に着手している。

表6　燃料電池の分類[10]

	アルカリ型 AFC	リン酸型 PAFC	溶融炭酸塩型 MCFC	固体電解質型 SOFC	固体高分子型 PEFC
主たる電解質	水酸化カリウム水溶液	リン酸	炭酸リチウム，炭酸カリウムの混合物	ジルコニアと酸化イットリウムの混合物など	高分子電解質膜
作動温度	〜120℃	〜200℃	500〜700℃	800〜1,000℃	60〜100℃
燃料	H_2	H_2 （天然ガス メタノール）	H_2, CO （石炭ガス化ガス 天然ガス メタノール）	H_2, CO （石炭ガス化ガス 天然ガス メタノール）	H_2 （天然ガス メタノール LPG）
特徴	・電解質による腐食性が比較的少ない。 ・宇宙開発等特殊用途	・実用化の段階	・高発電効率 ・広汎な燃料利用可能	・高発電効率 ・広汎な燃料利用可能	・小型軽量化 ・起動時間が短い
発電効率	40%	40〜45%	45〜60%	50〜65%	35〜40%

245

200℃以下の低温型燃料電池の電極触媒はアルカリ型（AFC）を除き白金系であり，CO被毒に対する配慮が必要である。燐酸型，固体高分子型燃料電池の場合，電解質が酸性であり，金属系の材料が使いがたく，炭素系の材料に頼ることとなる。

燐酸型燃料電池も，その開発はほぼ完了しており，あと一息のコスト低減が達成できれば，普及が本格化する段階にまで到達している。

固体高分子型燃料電池は，低温領域（70～90℃）で作動が可能な上，小型軽量化が容易であり，量産効果も期待できることから，燃料電池自動車の動力源として開発が促進されている一方，都市ガス業界で，家庭用・小型業務用分野のコジェネレーションとしても期待が高まっている。

自動車用小型固体高分子型燃料電池については，カナダのバラード社が技術開発にめどをつけ，米国ビッグ3を始めとする世界の自動車会社が，この燃料電池の取り込みに奔走している。日本においても公的研究機関を含め，各種企業が開発競争を演じているのが実情である。

6.4.2　産業技術総合研究所の研究状況

通産省工業技術院では，ニューサンシャイン計画に，燃料電池プロジェクトをもち，①溶融炭酸塩型燃料電池（MCFC），②固体電解質型燃料電池（SOFC），③固体高分子型燃料電池（PEFC）の開発を推進している。

燃料電池発電は，天然ガス，石炭ガス化ガスなどの燃料を改質して得られた水素と大気中の酸素とを電気化学的に反応させることによって直接発電するもので，以下のような優れた特徴を有することから，早期の開発・導入・普及が期待されている。

① 発電効率が40～65％と高く，排熱を利用した総合エネルギー効率では80％にも達する。

② 天然ガス，メタノール，LPG，ナフサ，灯油，石炭ガス化ガスなどの燃料が使用できる。

③ 排気ガス中の窒素酸化物や硫黄酸化物が少なく，発電効率や総合エネルギー効率の面で優位にあることから，導入・普及が進むことによってCO_2排出量を削減でき，地球温暖化の防止に貢献できること。また，タービン，発電機等の大型回転部がないことから騒音，振動がほとんど生じないため，周辺環境へ及ぼす影響が小さい。

④ 出力規模を自由に選定できることから，大・中型火力代替からオンサイト（病院，ホテル，事務所などへの熱・電併給用及び離島用）や可搬型に至るまで，幅広い用途に対応できる。

a. 溶融炭酸塩型燃料電池（MCFC）

発電部門における省エネルギー及び石油代替を促進するため，天然ガスや石炭ガス化ガスの使用が可能で，大規模システムとしての適用性を持つ発電効率の高い溶融炭酸塩型燃料電池発電システムを開発している。

開発に当たっては，将来の実用システムにおいて天然ガス又は石炭ガス化ガスを燃料として，在来発電方式の発電コストと同等以上の経済性を満たすことを前提とする。

第8章　炭素繊維・複合材料の用途・分野別先端技術

発電システムとしての実用化に向けた高性能化，長寿命化，低コスト化を目指している。

b．固体電解質型燃料電地（SOFC）

耐久性や小型化が期待でき，運転温度が高温であることから，排熱の利用が可能なタイプであり，数kW級モジュールの信頼性，耐久性のための研究開発を行っている。

c．固体高分子型燃料電池（PEFC）

出力密度が高く低温運転が可能なタイプであり，数10kW級発電システムの開発を行っている。数10kW級分散型電源システム，10kW級可搬型電源システム及び数kW級家庭用電源システムの開発を行うとともに，天然ガス，メタノール等の燃料改質技術開発を行う一方，要素研究開発として，高耐久性，高性能化を目指したイオン交換膜の研究開発を行うとともに，電池材料の低コスト化を目指した電池構成材料の研究を行っている。

6.4.3　燃料電池自動車の開発状況

燃料電池自動車は，究極のクリーン自動車として以前からその可能性が検討されていたが，1980年代末以降の世界中での積極的な研究開発と，その成果に注目して，トヨタでは1992年より開発に着手し，燃料自動車の実用化を目指して研究開発を進めている。

燃料電池は，燃料としての水素と酸素のもつ化学エネルギーを，直接，電気エネルギーに変換することから，カルノーサイクルの制約を受けず，理論的なエネルギー変換効率は83％にも達するという。

更に，燃料電池は燃料が供給され続ける限り発電でき，自動車に適用できれば，次のような利点を得ることが可能になる。

① エネルギー効率が高く，燃費に優れた自動車が実現可能である。

② 水素を燃料とすれば，水しか排出しないクリーン自動車が実現可能である。

③ 炭化水素系燃料を用いて，車両上で改質して水素ガスを作り燃料とすることもできるので，ガソリン，軽油といった従来の内燃機関の燃料に限定されない。

① トヨタ自動車

トヨタ自動車は，フッ素系電解質膜を使う固体高分子型燃料電池を用いた自動車を開発して，2002年に発売した[13]。燃料電池スタックは，電極性能向上による高出力化と，水素・空気・冷却水導入部・排出部を一体化することで小型化を実現した。

この結果，体積65リットル，重量75kgで定格出力70kWを得ており，この出力密度は，米国エネルギー省（DOE）の2004年での開発目標を既に上回っているという。

燃料電池スタックの開発課題としては，一層の高出力化，小型化，低コスト化に加えて，車載を前提とした信頼性，耐久性の確保が挙げられている。

② 本田技研

本田技研も発電装置を小型化した燃料電池車を2002年に発売，新型燃料電池車を2008年に日米で発売する計画である。同新型燃料電池車「FCXコンセプト」は，発電装置の内部構造を抜本的に見直し，装置の容積を現行モデルに比べ，2割縮小し，重量も3割軽減，出力も向上して，一度の水素充填で走れる距離を30％，570kmに引き上げ，実用性を高めた。ただ車両価格は推定1億円以上のため，普及にはほど遠く，技術水準を高めた新型車でコスト低減を進め，価格の引き下げを図る[13]。

〈FCX　プロトタイプ　燃料電池諸元〉

　　燃料電池スタック　形式PEFC（固体高分子膜型）（バラード社製）

　　出力　78kW

　　燃料　種類　　圧縮水素ガス

　　　　　貯蔵方式　高圧水素タンク（350気圧）

　　容量　156.6L

　　寸法（全長×全幅×全高 mm）　4,165×1,760×1,645

　　エネルギー貯蔵　ウルトラキャパシタ（ホンダ製）

　　航続距離　355km

6.4.4 固体高分子形燃料電池用ガス拡散層の開発事例[14]

三菱レイヨンは，固体高分子形燃料電池に用いるガス拡散層（GDL）の量産化に目処をつけ，量産化製造ラインを設置する。ガス拡散層は燃料電池の電極を構成する基幹部品で，燃料ガスの透過性と電気伝導性に加え，量産時における取扱い性の容易さや低コスト化が求められている。今回開発したガス拡散層はロール状のカーボンペーパータイプで，同社の基盤技術であるアクリル繊維製造技術及び炭素繊維製造技術を駆使してカーボンペーパーの可とう性を上げるとともに，製造工程を連続化することで量産化に目処を立てた。

幅30cmで連続ロール状GDLの製造技術を検討しプレマーケティングを行ってきたが，国内外の燃料電池メーカー，MEAメーカーからの引き合いも多く，2004年からの本格的な燃料電池市場の立上がりを睨んで，豊橋事業所に量産化製造ラインを設置した。

6.5　圧力容器

6.5.1　圧力容器の概要

圧力容器の主な目的は，ガスを運ぶことと保存することである。例えばガス溶接用46.7Lの容器は最高充填圧力14.7MPaで，標準状態で7m^3のガスを充填できるが，これをマンガン鋼で製作した場合，約45kgになる。水素ガスを充填した場合，ガスの質量は0.625kgであり，容器質

第8章　炭素繊維・複合材料の用途・分野別先端技術

図3　ロール状燃料電池用ガス拡散層

量が72倍にもなる。このため，圧力容器の軽量化の要望は高くCFRPの出番がある。

一方，米国カリフォルニア州の燃料体系の見直しに刺激されて，世界で種々の燃料体系の車輌開発が進められているが，最も先行しているのは，圧縮天然ガスを用いたCNG自動車である。CNGを貯蔵するには250気圧以上の高圧タンクが用いられるが，従来のスチール製タンクでは，自動車が重くなって，機動性，燃費特性が悪化する。

国内では，1998年4月1日より，高圧ガス保安法関連規則が改正され，使用可能な天然ガス自動車用ガス容器（CNGタンク）の範囲が大幅に拡大された。これに伴い複合容器の補強材として，カーボンファイバーの使用が認められるようになり，CNGタンクを使用した自動車の利用が今後増加することが予想される。

本項では，圧力容器の構造，水素用FRP容器，CNGタンクとその自動車業界での採用の動きや，CNGタンクのメーカーの動きについて述べる。

6.5.2　FRP複合容器の構造[15]

高圧ガス用のFRP製圧力容器はFRP複合容器と呼ばれ，金属またはプラスチック製のライナー（薄肉容器）の外側を，樹脂含浸フィラメントで巻きつけて強化した容器のことで，フープラップ容器とフルラップ容器の2種に分かれる。

① フープラップ容器

フープラップ容器は，金属製ライナーの円筒胴部分の周方向をフィラメントワインデイング（FW）成形で強化した容器である。ライナー材としてアルミニウム合金，FW材料としてガラス繊維や炭素繊維のエポキシ含浸トウを使用すれば，鋼製の半分以下の重量にすることが可能である。

② フルラップ容器

フルラップ容器は，ライナーの子午線方向と周方向をFWで強化した容器である。薄肉の金属またはプラスチックのライナーの子午線方向および鏡部分を補強するヘリカル巻き又はインプレン巻きに周方向を補強するフープ巻きを加えた容器であり，ライナー部分の荷重分担を極力抑えて，より軽量化を図っている。FW材料に炭素繊維／エポキシ樹脂を使用した場合には，同一圧力，同一容器の鋼製容器の1/3程度の重量にすることが可能である。

6.5.3 CNGタンク使用可能材料

CNG自動車では，最高充填圧力が20MPa以上を必要とされ，燃料積載量を多くするのに直径を大きくするため，鋼製容器では質量が大きくなりすぎる。このため，FRP複合容器が使用される。

CNGタンクには，表7のような3種のグレードがあり，それぞれ重量，価格，耐久性，耐食性などの長所欠点がある。スチール製は，安価であるが重量が重く，車輌の軽量化による排出量低減の思想に逆行する。複合容器には，金属ライナーを用いたものと，プラスチックライナーを用いたものがある。金属ライナーを用いて，外層をCF複合材で補強したタンクは，軽量化効果は最善ではないが，ガスの透過がなく耐久性も安全性も保証されており，有力な商品となりつつある。プラスチックライナーを用い外層にCF複合材で補強したタンクは，軽量化効果が最上であるが，価格的には高価である。また開発段階でトラブルを発生した経緯があり，安全性でいま一つとの評価である。しかし，技術的に完成すれば，軽量化効果が大きいだけにこのタイプの製品の需要は拡大すると思われる。

		重量	価格
			小型-大型
参考	鋼製タンク	1.0 kg/l	5-3 $/l
	アルミライナーGFRP製タンク	0.5-1.0 kg/l	
	オールコンポジット製タンク	0.2-0.5 kg/l	20-10 $/l

6.5.4 自動車メーカーのCNGタンク採用の動き

国内では本田技研が，ホンダ・シビックGXに合成樹脂製タンクを採用して先行しているが，タンクメーカーは米国のLincoln Compositesである。また，いすゞ自動車は小型トラックにCNGを採用する予定で，量産計画中である。その他の自動車メーカーもCNGを採用する動きがあるが，タンクは自社開発より専門メーカーからの購入を考えているようである。

専門メーカーとして最有力なところは，JFEスチール系のJFEコンテナーである。米国では，GM，フォード，クライスラーなどの大手が自動車技術研究企業連合を結成して，CNGタンク製造技術を確立している[17]。

第8章　炭素繊維・複合材料の用途・分野別先端技術

表7　CNGタンクの種類と特徴[16]

	金属容器	複合容器	
容器種類	継ぎ目無し容器	金属ライナー製複合容器	プラスチックライナー製* 複合容器* （オールコンポジット容器）*
構造（ライナー材）	鋼，アルミ合金	アルミ合金	プラスチック*
補強材		ガラスFRP アラミドFRP* カーボンFRP*	プラスチック* ガラスFRP* アラミドFRP* カーボンFRP*

＊印は1998年4月以降使用可能になった容器および材料

6.5.5　CNGタンクのメーカー

(1) 海外からの輸入

三井物産が主体となって，CNGタンクを米国の大手メーカー・テクニカルプロダクツ社グループのリンカーンコンポジット部門の製品を，日本，韓国，中国の自動車会社に販売を行う体制を決めた。

本田技研は，三井物産を通じて，米国のリンカーンコンポジット社（旧ブランズウイック社）のタンクを採用している。

また，双日エアロスペースは，米国サイアコール社の形状対応型・全複合材料製高圧燃料容器を取り扱うとしている。

帝人㈱ウルトレッサ事業部は，米国SCI社と提携して，コンポジット容器を輸入し，ウルトレッサの名称で空気呼吸器用を始め，多様な用途に提供しており，国内で11万本の実績を有している。天然ガス自動車用途では，1994年から国内販売を開始し，既に1,500CCバン，塵芥車で相当の採用がなされている。

(2) 国内メーカーと現在の状況

① JFEコンテナー

国内のCNGタンクメーカーの大手は，JFEコンテナーで，国内の60％の市場を占めているという。鋼鉄容器が主体であるが，FRP製品はアルミ合金内容器の外層に全体にGFRPを巻き付けたものを開発し，鋼鉄製の半分の重量を達成している。また，1995年に通産省高圧ガス取締法の特別認可を取得している。

海外有力会社との提携を行っており，96年にはイタリアのファーバー社と，97年にはカナダのダインテック社と提携を結んでいる。鋼管ドラムのCNGタンクのユーザーは，東京ガスを含むガス販売各社と各種自動車メーカーである。

② 住友金属工業・住金機工（尼崎）

東京ガス，大阪ガス，東邦ガスと共同で，自動車用大型CNG・FRP製容器を開発している。円周方向フープラップ方式で鋼製に比較して，30%軽量化したという。

③ 東レ

東レ自身がCNGタンクメーカーではないが，住友商事と組んでカナダのEDO社に出資し，軽量CNGタンクを開発してきたが，95年の爆発事故を契機に撤退して米IMPCO TECHNO社に技術が移っている。

④ その他

神戸製鋼，新日鐵，帝人，旭化成などが，CNGタンクの開発に関係している。

三菱レイヨンは，1998年にカナダの高圧容器メーカーであるダイナテック社に出資し，同社向けに炭素繊維を供給している。ダイナテック社はCNGタンク及び燃料電池自動車向けに水素タンクを製造している。今回のガス拡散層の開発で，固体高分子形燃料電池市場に直接基幹部品を投入することが可能となり，事業展開の相乗効果が期待される。同社は産業用途での炭素繊維事業拡幅の一環として，炭素繊維／エネルギー／環境をキーワードに炭素繊維の新規市場に展開している[18]。

6.5.6 水素用FRP複合容器

今後の複合容器の用途として，水素用の容器が注目されている。2005年3月に，35MPa充填の車両搭載用容器の技術基準および，水素輸送用容器の技術基準が施行された。水素用容器が特別な認可用ではなく，一般の技術基準として施行されたのは世界で初めてである。

これらの容器では，高圧水素の充填をするために，今までのFRP複合容器と比較して，いくつかの制限事項が盛り込まれている。

特に，金属材料の多くが水素で劣化するため，ライナー材料およびプラスチックライナーのボス材料は，アルミニウム合金6061-T6とオーステナイト系ステンレス鋼SUS316Lに限定されている。

また，炭素繊維／エポキシ樹脂のフルラップ容器のみが規格として採用されている。水素用の圧力容器に対しては，今までの軽量という特性に加えて，水素劣化に強い構造としてFRP複合容器が使用されることになる。

現在は35MPa充填の容器として実用化が図られたが，今後70MPa充填の容器が既に計画されており，その容器に充填する蓄圧装置もFRP複合構造となることが予想される。

蓄圧装置は，車両搭載容器と比較すると圧力の繰り返し回数が遥かに多く，設計の基本的な考え方，検査の方法が異なるが，国内外においていくつかの研究開発が始まりつつある[15]。

第8章　炭素繊維・複合材料の用途・分野別先端技術

文　　献

1) 川節望, 田北勝彦 (三菱重工), 強化プラスチックス, **51** (7), 317-321 (2005) ; 強化プラスチックス, **51** (10), 496-501 (2005)
2) High-Performance Composites 9/10, 2000, p33-43から：Joosse PA "Economic use of CF in large wind turbine blade?" Collection of the 2000 ASME Wind Energy Symposium Technical Papers, p367-374
3) 月刊エネルギー2001年2月号, 日本工業新聞社, 日工フォーラム社から, インターネット情報
4) 関和市, 強化プラスチックス, **50** (8), 304-310 (2004)
5) 高温超電導フライホイールエネルギー貯蔵に関する調査 (NEDO-P-9310, H6/3) より
6) 通産省工業技術院編. 新型電池系電力貯蔵システム導入ビジョン (電力貯蔵技術の将来展望) (1987年1月)
7) 北出真太郎 (石川島播磨重工), 強化プラスチックス, **44** (10), p397-403 (1998) ; **51** (8), 404-408 (2005)
8) 長屋重夫 (中部電力), 電気協会雑誌, **5**, p20-24 (1998)
   島田隆一, フライホールによるエネルギー貯蔵, PETROTECH, **24** (7), 526-531 (2001)
   浜島高太郎, 超伝導エネルギー貯蔵システム, PETROTECH, **24** (7), 532-537 (2001)
9) 中部電力㈱, 新聞発表, 2002.6.17
10) NEDOインターネットホームページ情報
11) 特集, 進歩する燃料電池技術, エネルギー・資源, **21** (5), p396-437 (2000)
12) 河津成之, エネルギー・資源, **21** (5), p459-463 (2000)
13) 日本経済新聞記事, 2006.9.25, p1
    本田技研工業㈱, プレスリリース記事, 2002年10月22日, 「年内販売予定の燃料電池車「FCX」プロトタイプを発表」
    http://www.honda.co.jp/news/2002/4021022-fcx.html
14) 三菱レイヨン㈱, プレスリリース記事, 2002年10月7日, 「固体高分子形燃料電池用ガス拡散層の開発について」
    http://www.mrc.co.jp/press/p02/021007.html
15) 竹花立美, 「圧力容器」, 強化プラスチックス, **51** (6) 262-268 (2005)
16) 調査会社既存調査報告書 (日本能率協会YDB各種資料, 総合技研㈱「低公害自動車の現状と将来性」など), その他官公庁資料 (㈳日本ガス協会天然ガス自動車プロジェクト部「天然ガス自動車の現状と普及課題」, 高圧ガス保安法「容器保安規則・新旧対照表」)
17) 天然ガス自動車用FRP容器の開発とその技術課題, 強化プラスチックス, Vol.33, 5, p171-176 (1997)
18) 三菱レイヨン, プレスリリース記事, 2002年10月7日, インターネットHP
    http://www.mrc.co.jp/press/p02/021007.html

7 水質浄化と藻場形成

小島　昭*

7.1　はじめに

　炭素繊維を用いた環境水の浄化研究は，汚濁した環境水に炭素繊維を浸け，引き上げると，その表面にごみや落ち葉が付着し，バイオフィルムの形成が認められたことから始まった。このような現象を偶然に発見したことがきっかけであった。

　炭素繊維を活性汚泥中につけると，大量の固着物があった。それに対し，ナイロン，木綿などの繊維に固着物はない。炭素繊維だけに，水中の微生物が大量に固着した。

　炭素繊維による水質浄化は，炭素繊維に固着した微生物によって，水中の汚濁物を分解することである。炭素繊維を海や湖沼などの環境水中に入れると，魚類は産卵し，貝類も付着し成長した。二枚貝の生息によって，汚濁水の浄化も進行した。

　炭素繊維に固着した微生物によって，汚染・汚濁した池沼湖水や河川水は，どの程度浄化できるのか，様々な試みが行われた。環境水浄化における炭素繊維の顕著な効果は，汚濁した環境水の透明度の向上である。汚濁した水に，炭素繊維をつり下げると，数時間後には透明になる（図1）。トライ＆エラーを繰返し，対象とする水環境によって，使用する炭素繊維製浄化材の種類，形状，使用量，設置方法などの体系化が可能になった。これまでの実証実験の結果を基盤に，現在はより大規模なフィールド実験が日本各地で展開中である。本稿は，炭素繊維による水質浄化と藻場の最近の状況を紹介する[1〜17]。

図1　炭素繊維を用いた水質浄化の様子
(1)浄化実験前，(2)実験開始3時間後

　＊　Akira Kojima　群馬工業高等専門学校　物質工学科　教授

第8章　炭素繊維・複合材料の用途・分野別先端技術

7.2　池水浄化

(1)　宮城県登米市役所前の池

　宮城県登米市では，市民によって市役所前の池の水質浄化を炭素繊維で行っている。この池は，コンクリート製で，深さ60cm，総水量240m^{3}であった。供給される水は，雨水のみ。鯉や金魚が生息。夏場にはアオコが発生し濃い緑色になり，市民にとっては快適な水環境とはいえない。これを憂えた登米市の佐沼中央商店会では，この池に炭素繊維製浄化材を設置した。設置以後は，アオコも発生することなく，正常な水質が保持された。1年間を経過すると池底には無機質の砂や泥が堆積したが，それらは取り除いた。放流した鯉や金魚は，炭素繊維製浄化材に産卵し，その数は増加した（図2）。炭素繊維製浄化材は，一度設置すれば，特に大きな保守作業は不要で，快適な水環境を保持することができた。

　登米市の佐沼中央商店会では，日本ワースト2の汚名を持つ，伊豆沼の水質浄化にも取り組んでいる。この池は，ラムサール条約に指定されており，炭素繊維製浄化材（人工藻）の設置には関係機関の了解が必要であった。それらを解決し，伊豆沼の一部に木製イカダを設置した。水質が極めて悪いことから，浄化が期待される。

(2)　福島県白河市南湖

　福島県白河市にある南湖は，澄んだ水とジュンサイの栽培など豊かな生態系を誇っていた。しかし，湖周辺の都市化が進行し，生活排水の流入により水質は悪化した。さらに，ブラックバスの繁殖と水草の死滅とから，悪臭の漂う泥沼の一歩手前にまで達していた。悪化した水環境を改善しようと，福島県立白河旭高校の生徒と，地域住民がつくる「南湖公園を考える会」が，炭素繊維を用いた浄化に取り組んだ。2年間の基礎研究を基盤に，南湖の一部（流入口付近，湖幅130m，水深100〜150cm程度）に炭素繊維製手作りネット（幅200cm，長さ200cm）を200個つり下げた。さらに，ムカデ型炭素繊維製人工藻（長さ1m，杮文織物，図3）および房型炭素

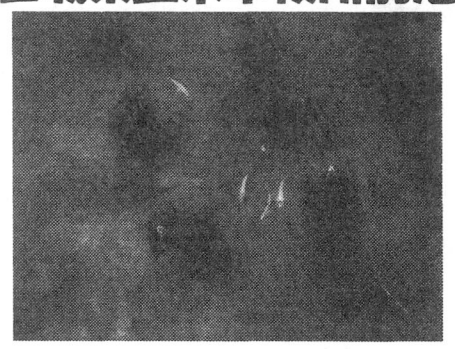

図2　炭素繊維を設置した登米市役所池　　　図3　ムカデ型浄化材

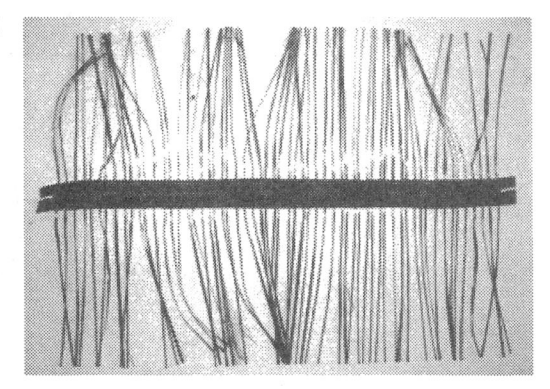

繊維人工藻（長さ1m，櫻井医科器研究所製）を900本つり下げた。設置には，地域の小学生も参加し，市民あげての浄化活動を実践した。設置4ヶ月後の水質分析結果では，流入水の全リン分の40%，全窒素分の20%が低減した。

(3) **植物と炭素繊維とを用いた水質浄化**

水質を汚濁する物質にリンがある。水中の有機性リンは，微生物で無機化されるが，無機化リンは，微生物では分解できないで，水中あるいは底泥として堆積する。無機化リンは，植物により吸収される。葦などの水生植物は，無機態栄養塩を吸収して水質を改善する。炭素繊維と植物を共存させることで，植物の生長は促進し，水質浄化も効果的に進行すると予測した。リンを除去するには，炭素繊維と植物との併用が有効であると推測した。

炭素繊維と植物による浄化を同時に行うため，浮島（ポーラスコンクリート製，一辺が30cmの正方形）を用いた。浮島の上部にはガマ（高さ100cm）を植生し，根が水中に繁茂するようにした。下部には，炭素繊維製浄化材（長さ1m）4本を取り付けた（図4）。浮島は，環境水をくみいれた水槽に浮かべ，ガマの成長や根の伸び具合などを観察した。水槽内の水は，1週間ごとに入れ替え，透視度，化学的酸素要求量（COD），全窒素および全リンを測定した。

植物と炭素繊維とを同時に用いる方法は，透視度をより高くし，CODを1/2（浄化前の1/4），全窒素は2/3，全リンは1/10に低下した。炭素繊維のみによる水質浄化では，リンの除去は困難であるが，植物と併用することによって，きわめて効果的に低減することができた。CODの減少も，植物と炭素繊維が効果的に作用したことによる。

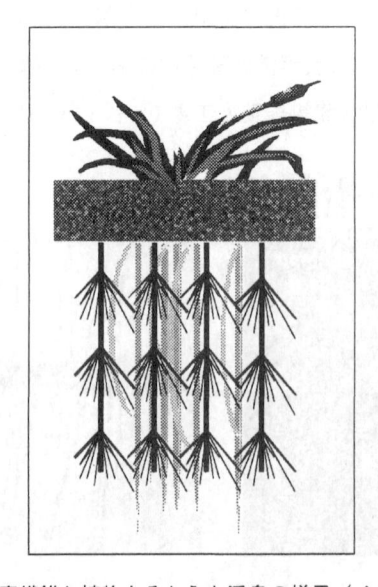

図4　炭素繊維と植物をそなえた浮島の様子（イメージ図）

第8章　炭素繊維・複合材料の用途・分野別先端技術

7.3　川口市旧芝川での河川浄化

　川口市内を流れる旧芝川は，流路変更で新芝川が作られたことから洪水調節用の河川となった。そのために，流量も少なく，流れ込んだ川水は停滞する構造になった。川口市民50万人の生活排水も一部流れ込むことから，汚濁が進行し，川底には重油のような汚泥が堆積していた。川の周辺には悪臭がただよい，生活環境を著しく悪化させていた。生態調査を行ったが，鯉とボラのみがわずかに生息しているだけであった。そこで，市民活動の一環として，河川の一部に炭素繊維製浄化材を設置し，水質浄化を実施した。設置80日後，同川周辺の住民の方々は，「悪臭がなくなった」と表現された。設置する前は，川の中を歩くと，底泥の中に埋没し歩行が困難であった。炭素繊維を設置してからは，スムースに歩けるようになった。これは，底泥の性状が変化し，重油状からサラサラの砂状にかわり，底泥量が少なくなったことに基因する。また，底泥自体の悪臭もなくなった。魚の生息数調査では，鯉，鮒，ボラ，ハゼ，ウナギ，ドジョウ，メダカなどの種類とともに，生息数も大幅に増えた。

7.4　水質浄化の仕組み

　水質浄化における炭素繊維の効果は，短時間での透視度の向上（浮遊性懸濁物SSの低減），CODおよび生物化学的酸素要求量BODの低減，全窒素および全リンの低減であった。

　炭素繊維による水質浄化は，炭素繊維のもつ生物親和性を活用し，微生物に水中の汚濁物を分解する場を与えたことである。炭素繊維には環境水中の粘着性菌が固着し，そこに浮遊懸濁物が付着することで，透視度は急速に向上する。水に溶解している有機物成分は，好気性微生物で分解され二酸化炭素と水になる。無機化窒素（例えば，アンモニア性窒素NH_4-N）は，嫌気性微生物である亜硝酸菌や硝酸菌で，亜硝酸性窒素（NO_2-N）や硝酸性窒素（NO_3-N）に分解され，空気中に放出される。

　炭素繊維には，大きな微生物の塊が形成される。その塊の外周部には好気性菌が，塊の内部には嫌気性菌が生息する（図5）。炭素繊維は，水中でも水の流れに反発し，揺動する。この動きによって，水中に溶けている酸素ガスが塊の内部にまで入ることが可能となり，固着物は好気性菌で分解する。このような動きが起こるのは，炭素繊維の弾性率が200GPaと他の繊維と比べて100倍も高いことにある。一般の化学繊維では弾性率が低いので，水中で揺らめくことは出来ず，水中の溶存酸素は，固着物内部には入り込め

図5　炭素繊維に固着した微生物の水中での挙動

ないので，好気性菌による水質浄化は進行しない．炭素繊維は水中で揺動することが，水質浄化が効果的に進む理由である．

7.5 魚類に対する特異な挙動

炭素繊維を河川や湖沼に吊り下げると，付着物とともに，魚，貝類が生息し，魚卵が存在することもあった．炭素繊維は，産卵床としての機能があるか検討した．水槽に炭素繊維人工藻，ビニロン製人工藻，ポリアクリル糸製人工藻，水草（カモンバ）をそれぞれ入れ，この中に産卵期のヒメダカの雌雄，各20匹（計40匹）を遊育させた．2日ごとに各人工藻への産卵数を数えた．2ヶ月間のメダカの産卵数は，炭素繊維製藻が圧倒的に多く743個，ついでビニロン製藻432個，ポリアクリル製藻72個，水草35個であった．炭素繊維製藻は，着卵材として効果を示した．何故，炭素繊維にメダカが優先的に卵を産みつけたか理由は明らかでない．

7.6 藻場形成（榛名湖）

榛名湖は，群馬県榛名山にある海抜1,100m，周囲6kmの湖である．湖内には，オイカワ，モツゴ，ヘラブナ，ヨシノボリ，ヤマメ，ワカサギ，フナ，コイ等（22種）の既存魚が生育している．なかでもワカサギは，氷結した湖での穴釣りとして人気があるが，平成7年から4年間不漁が続いた．その理由は，ブラックバスの繁殖，稚魚の餌となる動物性プランクトンの不足，水草の減少等である．平成11年4月に各種炭素繊維製人工藻を湖底から立上げる方式で配置した．設置場所は，湖の西岸部，湖岸から50m，水深5m地点であった．炭素繊維藻には，すぐに微生物プランクトンが付着した．さらに，付着した粘着性微生物をベースにして，各種の微生物，スジエビ，ミジンコ類などのプランクトンが集まり，二次的な微生物，小生物の集団が急速に形成された．炭素繊維製人工藻は，藻場形成用素材として作用を示すことがわかった．

6月初旬にはフナ類などによる大量の産卵があった．産卵は，炭素繊維にのみ行われ，同じ場所にあるビニロン製の人工藻や，水草へはなかった．炭素繊維藻への産卵は，その後3回確認され，既存魚の産卵場や着卵材として優れた作用を示した．

次に，炭素繊維によるワカサギの蝟集効果を検討した．炭素繊維藻の設置した中に定置網を配置した．比較のために30m離れた地点にも定置網を設けた．炭素繊維藻を設けた網には，大量のワカサギの生育が認められたが，未設置地点で生育はなかった（図6）．

榛名湖漁業組合では効果が見られたことから，その後も，炭素繊維人工藻を底置き立上げ方式で配置した．藻場の周辺部には房状の人工藻を配置して微生物を早期に集め，増殖機能，産卵促進，着卵率向上を目指した．人工藻の機能をより強化した藻場システムは，魚類の集積場，隠れ場，産卵場，餌場，増殖場などの機能をもった藻場となり，魚礁及び産卵床が構築できた．炭素

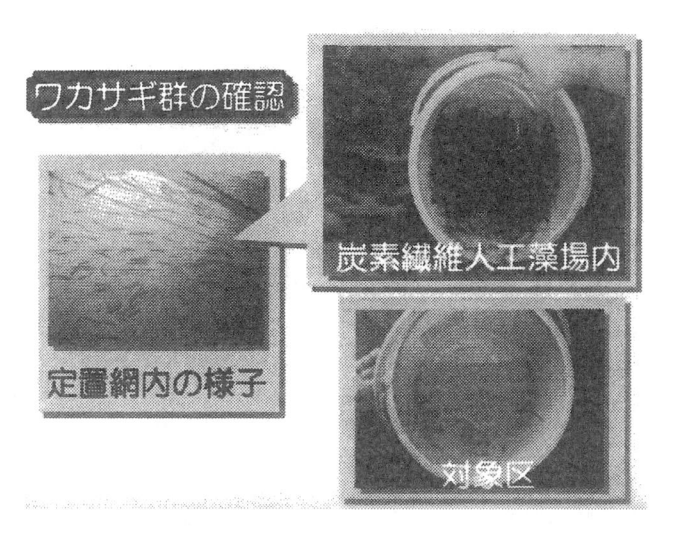

第8章 炭素繊維・複合材料の用途・分野別先端技術

図6 榛名湖,炭素繊維藻場に集まるワカサギの大群
　　　左：定置網内のワカサギ
　　　右上：炭素繊維人工藻場内のワカサギ
　　　右下：対象区のワカサギ

繊維人工藻場周辺の配置水域には，魚群が増加し，ワカサギ以外にもコイ，ゲンゴロウブナ，ヨシノボリ，オイカワ，ブラックバスなどが確認された。

7.7　織物状水質浄化材および人工藻

　炭素繊維製の水質浄化材と人工藻は，大別すると2種類になる。一つは炭素繊維の露出する表面積を大きく，微生物などが固定化できる領域を大とし，それによって汚濁物の効率的な分解を可能とするもので，炭素繊維の各ストランドが分散した構造をもつものであった（これらを分散型と呼ぶ）。分散型浄化材は，設置初期の段階には高い水質状浄化能力が認められるが，汚濁物濃度が高い場合には，大量の付着物によって，水中のユラギが抑制され，効果的な浄化のできなくなることもあった。魚類が生息する水環境では，炭素繊維固着物は魚類の餌となり，その量は減少し浄化能力は回復した。無機系の固着物は，軽い振動を与えると剥落した。有機系固着物は，強制的に上下や左右に振動を与えたり，そぎ落としたり，水洗したりして取除いた。このような強制剥離は，繊維を傷めることにもなり，望ましいことではない。

　別の浄化材および人工藻は，平面状の炭素繊維織物からなるもので，ハイファブリックス織と呼ばれ，京都西陣の保有する伝統的な織物技術を駆使して作られた（これを織物型と呼ぶ，図7）。この織物は，横糸が連続する耳付きなので，炭素繊維の強度を持続し，ほぐれないこと，炭素繊維にストレスをかけないこと等が特徴である。

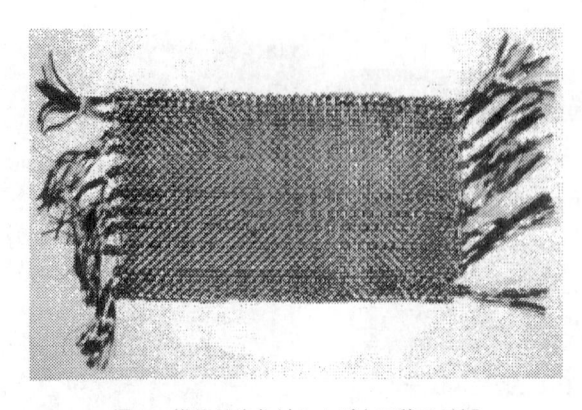

図7 織物状浄化材および人工藻の外観

織物の表面には微生物が固着しやすいように，起毛処理が施してある。炭素繊維の起毛処理は，繊維の断裂を意味するが，多くのメリットも見いだした。起毛処理によって，水質浄化に必要な最小の微生物の固着は可能となり，水質浄化を効果的に遂行することを可能にした。さらに，平面状であることから，微生物が大量に固着した場合には，表面から剥落し，常に起毛した炭素繊維部分が露出する事となり，水質浄化を可能とし，機能を持続すると共に，耐久力も向上した。

ハイファブリックス織の浄化材に無機系の固着物が付着すると，従来の浄化材にはない特異な挙動を示した。固着した無機系の付着物は，徐々に上部から下部に移動し，最終的には剥落した。ハイファブリックス織りの炭素繊維浄化材には，再び新しい固着物が形成されるので，水質浄化は持続することができた。さらに，付着物の落下する箇所に受け器を設置しておけば，落下した固着物の回収も可能となった。

7.8 今後の展開

炭素繊維による水質浄化は，炭素繊維と微生物とが作る嵩高なネットポンプの形成にある。炭素繊維は，弾性率が高いことから水中でユラギをおこし，好気性微生物と嫌気性微生物との共存を可能にした。

藻場形成は，水質浄化以上に，良好な効果を発揮している。炭素繊維藻を配置した水域には，確実に魚群が増えた。炭素繊維藻場は，プランクトンを集積し，魚の餌場，産卵場となり，既存魚の育成促進に効果的であった。魚類は，炭素繊維藻に選択的に産卵した。炭素繊維の表面温度が，天然の藻やナイロン製の藻に比べて高いことや，粘着性付着物による着卵効果であろう。

炭素繊維による水質浄化および藻場形成は，多数の研究者が参画し，それぞれの英知を結集して行ってきた。研究は現象の解析だけでなく，炭素材と生物との基本的な関係の解明にまで展開した。

第 8 章 炭素繊維・複合材料の用途・分野別先端技術

文　　献

1) 平成11年度地域コンソーシアム研究開発事業,「炭素繊維軟組織への微生物固着現象を利用した水環境整備技術の開発」成果報告書 (2001)
2) 小島昭, 平成13年度科学研究費「炭素繊維の生物親和性を活用した既存魚の再生産促進システムの開発」研究成果報告書 (平成14年3月)
3) 小島昭, 佐藤誠, 材料科学, Vol.35, No.6, p.287-294 (1998)
4) 山田徹郎, 佐藤誠, 上石洋一, 大谷杉郎, 小島昭, 繊維学会誌, Vol.54, No.11, p.591-596 (1998)
5) 小島昭, 化学と教育, Vol.46, No.11, p.706-709 (1998)
6) 小島昭, 佐藤誠, 山田徹郎, 炭素, No.187, 101-108 (1999)
7) 小島昭, 工業材料, Vol.47, No.3, 52-55 (1999)
8) 小島昭, 松本寿美, 石川欽也, 大谷杉郎, 用水と廃水, Vol.42, No.12, p.9-14 (2000)
9) 小島昭, 松本寿美, 上石洋一, 佐藤誠, 大谷杉郎, 繊維学会誌, Vol.56, No.12, p.574-583 (2000)
10) 佐藤誠, 山田徹郎, 篠原正人, 上石洋一, 大谷杉郎, 小島昭, 繊維学会誌, Vol.56, No.8, p.388-395 (2000)
11) 小島昭, 水, No.10, p.27-31 (2001)
12) 小島昭, 化学工学, Vol.65, No.4, 166-168 (2001)
13) 荒井健太, 佐川演司, 小島昭, 用水と廃水, Vol.44, No.11, p.33-37 (2002)
14) 小島昭, 繊維と工業, Vol.59, No.6, p.165-169 (2003)
15) 小島昭, 田中孝, ケミカルエンジニヤリング, Vol.50, No.2, p.134-138 (2005)
16) 小島昭, 環境浄化技術, Vol.5, No.12, pp.22-26 (2006.12)
17) 大谷杉郎, 小島昭,「炭素－微生物と水環境をめぐって」, 東海大学出版会 (2004)

8 その他分野

前田　豊*

8.1 コンポジットロール

　CFRPは軽量，高強度，高剛性などの特徴を生かして工業用途への展開が着々と図られているところであるが，その中でも，カーボンコンポジットロールが有望な柱として育ってきている。

　一般産業用途で，ロールは樹脂のカレンダー加工，製紙工程，塗工工程，フィルム製造，印刷機械，事務機器，各種巻取り機械などに使用され，これらの製造工程・設備については，常に合理化，高速化の見直しが図られるのが現状であり，ロールの軽量化が効果を発揮するケースが多い。

8.1.1 CFRPロールの特徴

　CFRPロールは，アルミより軽量のロールを提供できる決定版として注目を浴びているが，その特徴は比弾性率が高いことによって，軽量で完成モーメント(GD2)の低いロールと成し得ることにある。

　この長所は，実用面で次のような意味を有している。

① フィルム製造工程において，始動，停止時のロールスリップによる製品の損傷が少なく，製品収率が向上する。

② ガイドロールなどでは，軽量化によって，製品に傷がつきにくくなり，より薄手のフィルムを製造することが可能になる。

③ つれ回り性がよくなり，危険回転数が高くなるため，ロールの長尺化や高速回転化が可能となり，生産性が向上する。

④ ロールの軽量化によって，ロールの運搬，新設機の導入や改造に際して，労働環境が改善される。

　その他，CFRPロールは，線膨張係数が小さいため，アルミなどに比べて寸法精度の仕上げ加工やバランス取りが可能であり，長期間変形せず，更に材料の腐食傾向がない。また，銅メッキを施した上にメッキしたCFRPロールは，アルミにクロムメッキしたロールより耐食性が優れる。

8.1.2 CFRPロールの製造工程

　CFRPロールは，CF/樹脂から中空パイプ状素管を作製した後ヘッダーを接合し，研磨，機械加工を施し，メッキ，ゴムコート，溶射，塗装などの表面処理を行って，種々の産業機械設備に適合するロールとして提供される。いずれの工程も高度の技術とノウハウが蓄積されて初めて商品となしうるものであり，一種の総合技術商品といえる。

＊　Yutaka Maeda　前田技術事務所　代表

第8章　炭素繊維・複合材料の用途・分野別先端技術

表1　カーボンロールの技術体系

工程	内容
1．原材料	CF：PAN系CF，ピッチ系CF 樹脂：エポキシ樹脂その他
2．素管作製	FW法，シートラップ法，引き抜き法
3．ヘッダー接合組立	ヘッダー，ジャーナル加工，接着
4．研磨	粗研磨，精密研磨
5．表面処理	メッキ，ゴム被覆，溶射，塗装
6．最終研磨	円筒研磨，バーティカル研磨，バランス取り
7．検査・出荷	円筒度，触れ，寸法，表面傷

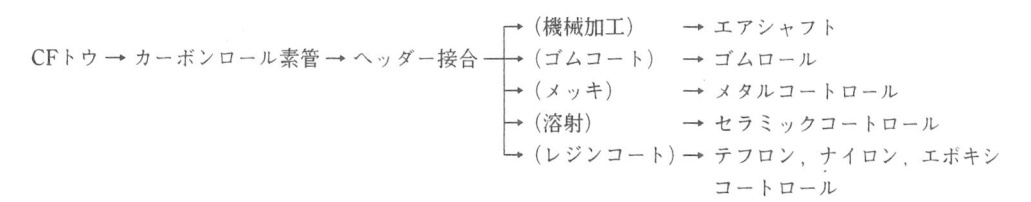

```
CFトウ → カーボンロール素管 → ヘッダー接合 ┬→ (機械加工)   → エアシャフト
                                          ├→ (ゴムコート)  → ゴムロール
                                          ├→ (メッキ)    → メタルコートロール
                                          ├→ (溶射)     → セラミックコートロール
                                          └→ (レジンコート) → テフロン，ナイロン，エポキシ
                                                            コートロール
```

図1　カーボンロールの製品体系

表1にCFRPロールの製造技術要素と，図1に製品体系を示しておく[1]。

即ち，基材となるCFRPパイプは，フィラメントワインディング（FW）法，シートラップ法，引き抜き成形法などがとられる。

製品体系としては，メタルコートロール，ゴムコートロール，セラミックコートロール，レジンコートロールなどがある。

なお，ロール表面形態にも，用途に応じて種々の工夫が凝らされている。例えば，メタルコートロールについては，鏡面，梨地，溝付き，クラウン付きなどのバリエーションがある。

用途としては，印刷用途，フィルム産業用途，その他がある。

8.1.3　ロール性能の評価

CFRPロールの特性は，その性能を把握するため，種々の面から評価される。ロール性能の評価項目を以下に紹介しておく。

① GD2（回転慣性モーメント）：ロールがいかに軽く回り，早く止まるかの指標。
② 自重たわみ量：機械にセットしたときのロール自体のたわみ量。CFRPで特に重要。
③ 荷重たわみ量：ロールの剛性を示す指標。
④ 振れ：ロールの曲がり度を示す指標。ロールの真円度もチェックできる。
⑤ 寸法：円外径，長さなどのロール形態を示す。
⑥ 表面欠陥：製造製品の品質に係わる重要な指標であるが，用途別に取り決めが必要。
⑦ 内部欠陥：基材の良否判断材料。超音波探傷法，X線検査法などがある。

⑧ その他：耐熱性，耐久性，非粘着性，ヘッダー接着強度など。ユーザーの要望に応じて取り決める。

以上，ロール性能の評価技術を有することが，業界での技術レベルの指標となるほどである。

8.1.4 今後の市場

今後の市場としては，超高剛性ロール，超低慣性ロールなどへの応用が期待される。

フィルム業界では，製品の高品質化や生産性向上のため，装置の大型化が計画されており，従来のコンポジットロールの剛性，軽量性を凌駕する超高弾性率CF（E～760GPa）を用いた軸弾性率280GPaを超えるコンポジットロールの利用が始まりつつある。

一方，新日本石油では，低慣性力と軽量，薄さ，高剛性を実現したZero-I（イナーシャ）ロールシリーズを開発している。このシリーズは超低慣性によって，ロール回転の制御が向上し，生産性の向上と製品品質安定化が可能という[2]。

CFRPロールの製造技術は，一種の総合技術であり，多様な製品を生み出す基礎技術を含んでいる。

例えば，CFRPパイプ製造技術，ヘッダー接合技術，表面処理技術，高精度機械加工，仕上げ技術などは，自動車用プロペラシャフト，機械加工機の主軸，高精度支柱などの基礎技術となるほか，種々の表面処理を施すことによって，各種産業用途への展開が可能になると思われる。

8.2 インテリジェントマテリアル

経済産業省の次世代産業基盤技術開発制度（NEDO）の研究委託先として，金属・複合材料の研究を推進すべき機関，(財)次世代金属・複合材料研究開発協会（RIMCOF）(R & D Institute of Metals and Composites for Future Industries) が存在するが，この協会のプロジェクトとして，炭素繊維複合材料関連では，「知的材料・構造システム」の研究開発が進められている[3]。

最初のアプローチは，(財)日本機械工業連合会の委託を受けて，平成5～6年に行われた「航空機へのインテリジェントコンポジットシステムの適用に関する調査」である。この調査の結果，複合材料・構造の知的化（スマート化，インテリジェント化），多機能化は，高信頼性の確保とライフサイクルコストの低減を両立しうる大きな可能性を秘めており，次世代の複合材料の発展方向であり，軽量高強度の先進複合材料の航空・宇宙，輸送・エネルギー，建設などの分野への適用拡大の道を開くことになるとの結論を得ている。

その後の継続した事前調査研究の成果を基に，産業科学技術開発制度の「大学連携型産業科学技術開発プロジェクト」のテーマの一つとして，「知的材料・構造システムの研究開発」が採択されている。このプロジェクトの実行は，大学ー企業ー産総研のネットワークを基盤とし，RIMCOF内に「知的材料・構造システム研究開発センター」を設けて，協力体制を強化し，有

第8章　炭素繊維・複合材料の用途・分野別先端技術

機的な運営が図られている。

　主な研究成果としては、「ヘルスモニタリング技術」と「スマートマニュファクチュアリング技術」による複合材料構造の損傷検知・損傷制御基盤技術、および「アクティブ・アダプティブ技術」と「アクチュエータ材料・素子」による複合材料構造体の騒音・振動制御基盤技術などがある[4]。

　これらの技術の一端を、紹介すると以下のようである[5]。

8.2.1　ヘルスモニタリング技術

　構造システムをリアルタイムで自己検知・診断し、損傷制御を行う技術。複合材の母構造の強度を損なうことなく埋め込むことのできる細径（40μm）の光ファイバーセンサーを用いた計測システムが複合材料の損傷検知に有効であることが確認されている。また、複合材料積層内に形状記憶合金箔を挿入し、その変形によって積層の剥離損傷を抑制できることが確認された。

　航空機用途としては、RIMCOFは、欧州を代表する航空機メーカー、エアバス社と、航空機の構造健全性診断技術（SHM：Structural Health Monitoring）を協同で研究開発することで合意している。その技術内容は、次世代の航空機向けに使用が増加してきた炭素繊維強化複合材料の損傷および健全性を即座に確認するもので、航空機の複合材構造のなかに埋め込んだり貼り付けたりした光ファイバーがセンサーの役割をし、肉眼では確認できない歪みや損傷を検知する。人間の身体に張り巡らされた神経が痛みや違和感を察知するのに似ている。この技術が実用化されると、航空機の運航中に構造体に発生した欠陥や異常変形などを即座に検知することができる。そのため、安全性と信頼性が高まると同時に航空機の整備の容易化も図れるなどの利点がある。

　建築構造物に対しても、同様の技術が適用され、建築物の設計、施工からメンテナンス・補修までのライフサイクルコストの低減、建物の老巧化に対する維持管理などを目的とした建物の構造健全性を監視する手法・技術（ヘルスモニタリング）の確立は重要課題となっている。1998～2002年度の5ヶ年計画で実施された「日米共同構造実験研究－高知能建築構造物の開発」におけるセンサー部会では、適用可能と思われる外乱（地震動、風等）による建築物の損傷検出手法、計測と計測情報の処理が一体もしくはシステム化されたスマートセンサー等について検討してきた。一連の開発研究の最終成果として、「ヘルスモニタリング技術利用ガイドライン」を作成した。その内容は入出力データ取得方法、損傷検出方法、診断方法等によって構成されている。

　その他の研究項目を以下に示す[6]。

① 　分布型BOTDRセンサを用いた広領域歪分布モニタリング技術の確立（三菱重工業）
② 　CFRPの電気伝導性を利用した最大歪検出スマートパッチの開発（東レ）
③ 　CFRP母材への導電性付与による損傷・破壊検知材料の研究開発（JFCC）
④ 　形状記憶法金箔を用いた損傷自己検知・制御型複合材料システムの開発（富士重工業）

⑤ 統合定量化AEセンサー網による複合材構造の衝撃損傷モニタリング技術の開発（EADSCCR）

⑥ 光ファイバセンサーによる人工衛星構造のヘルスモニタリングシステムの開発（三菱電機）

⑦ 透過・光反射型センサーシステムによる半透明複合材のヘルスモニタリング技術の構築（日立製作所）

⑧ 大型建築。土木構造物の常時モニタリングセンサー技術の開発（清水建設）

航空宇宙用途や土木建築用途を含む構造体に関連して、大掛かりな研究開発がなされている。

8.2.2 スマートマニュファクチュアリング技術

母構造にセンサーを埋め込む成形技術および、複合材料成形のプロセスをモニタリングしながら制御することにより、不良品発生を防ぐ技術である。

複合材料の一般的成形過程である熱硬化成形において、その硬化状態をセンサーでモニターしながら最適な条件で成形できる。また、液状の樹脂を型の中の繊維にしみこませて硬化させるRTM成形法においても、樹脂の含浸状況をモニターし、ボイド（気泡）が発生しないよう樹脂の流れを制御することが可能である。

本研究で開発された知的成形システムは、埋め込まれたセンサーにより、成形品の成形過程における内部状態を検出するセンシング部、成形品の内部状態をモデルに基づいて予測すると同時に、センサからの情報に基づいて予測した内部状態を修正し、最適成形条件を決定する部分、そして最適成形条件に基づいて成形機を制御する部分から構成されている。

8.2.3 アクティブ・アダプティブ技術

母構造に組み込まれたセンサーとアクチュエーター等によって、状況に応じてアクティブに、最適形状等を実現したり、振動や騒音を低減するための制御を行う技術である。

分布変数系である柔構造体の振動や構造材を通して伝わる騒音低減が可能となっている。

これらの技術開発によって、知的材料・構造システムの有効性が確認され、特に、損傷検知、損傷抑制技術が、航空機等の輸送機械の安全性、信頼性向上に貢献するものと考えられている。

8.3 リサイクルの先端技術

強化プラスチック協会は、FRPの再資源化と最終処分のシステムづくりを研究し、ガイドラインを発行している。その概要は以下のようなものである[7]。

① FRPは、その母材であるプラスチックの動向を無視しえず、プラスチック業界との連携強化を図る必要がある。経産省の廃プラスチック処理の21世紀ビジョンでは、再生利用20%、発電などの熱利用70%、埋め立て10%、単純焼却0%を目的としており、FRPもこの目標

第8章　炭素繊維・複合材料の用途・分野別先端技術

に沿って熱利用を中心に検討すべきである。
② FRP部材及び製品のリフォーム技術の開発につとめ易解体性設計の導入，原材料の組成表示に取り組む。
③ マテリアルリサイクル，サーマルリサイクル，最終処分の方法について，FRP固有の技術的・経済的課題の解決が重要である。
④ 再資源化・処理システムの構築にあたっては，産業廃棄物業界と連携した施設を地域毎に設置する必要がある。

マテリアルリサイクルが成立するためには，廃棄物が大量に存在すること，有用な属性があること，再資源化する技術があること，再製品の需要があることなどの条件があるが，CFRP廃棄物については，量的に少なく，経済的な条件を満たさないと見られている。

リサイクルにおいて注目されるところは，製鉄産業およびセメント産業が廃プラスチックを還元剤，燃料として使用する動きがあり，鉄鋼業界は廃プラスチックを高炉やコークス炉に利用しており，2010年には社会的に回収システムが構築されると見ている。

複合材料についても，完全に燃焼するCFRPは，プラスチックと同様に，サーマルリサイクルとしての熱回収を考えるのが一番容易だと考えられている。

しかし，CFRPの場合，高強度，高弾性の炭素繊維が高価な製品でもあり，マテリアルリサイクルの要望も強い。本項では，マテリアルリサイクルの先端技術の紹介を行ってみたい。

8.3.1　CFRPリサイクルの概要[8]

CFRPは，炭素繊維と有機物の複合材料であり，分離が困難でリサイクルが難しい。ガラス繊維強化FRPと同様，セメントの原燃料化が可能であり，廃FRPを粉砕し，熱量の高い廃熱可塑性樹脂と混合してセメントキルンに投入し，燃料としてサーマルリサイクルすることはできる。

しかし，廃FRPは有償で引き取ってもらっており，埋め立て処理より高額な処理法になっている。このような問題に対処するため，FRPのケミカルリサイクルが実用化検討されている。

実用化検討されているFRPのケミカルリサイクルの例としては，表2に示すようなものがある。

一方，炭素繊維協会では，リサイクル委員会という組織を設けて炭素繊維メーカー協同でリサイクルの取り組みを進めている。一つの方法は，CFRPを粉砕後，鉄鋼炉の還元剤としてリサイクルする技術で，これは既に実用化を行っている[7]。

熱分解して炭素繊維を効率的にリサイクルする技術についても，技術開発を進めている。特に，地球環境問題，LCA，リサイクルへの対応や製造物責任法（PL法）などに対して調査研究を行い，CFRP粉砕物の用途展開や事業化について，リサイクルCFRP粉砕品の試験方法標準化などについても取り組んでいる[9]。

表2 FRPのケミカルリサイクルの例[8]

項目	亜臨界水法	グリコール分解法	常圧溶解法
研究機関	松下電工	和歌山県工業技術センター	日立化成工業
溶媒	水	グリコール	アルコール
触媒	アルカリ	アルカリ	塩
温度	230-360℃	<300℃	<200℃
圧力	<5 MPa	0.5～2 MPa	常圧
粉砕	要	要	不要

(1) 炭素繊維強化プラスチック粉砕物のリサイクル

有限資源の再利用，地球環境負荷の削減の観点から炭素繊維のリサイクルが課題となっており，図2のような工程が検討されている。

また，炭素繊維製品の製品化段階から，廃棄物の発生を少なくする利用設計を行うと共に，発生する廃棄物のリサイクルマップを参照して適切な処理を行うことで，環境負荷の軽減を図るように努めている。

このマップの中で，ケミカルリサイクルが注目されている。

(2) 超臨界水による繊維強化プラスチックのケミカルリサイクル技術

繊維強化プラスチック（FRP）は，高強度，軽量，耐久性，対衝撃性，対摩耗性などに優れた性質を有しているため，船舶，浴槽，浄化槽等から航空機にいたるまで広く使用されている。ガラス繊維強化プラスチックは，ポリスチレンと不飽和ポリエステルを架橋させた熱硬化性樹脂を用いた複合プラスチックで，船舶，浴槽，建材等に広く使用され，年間生産量は約50万トンに達している。

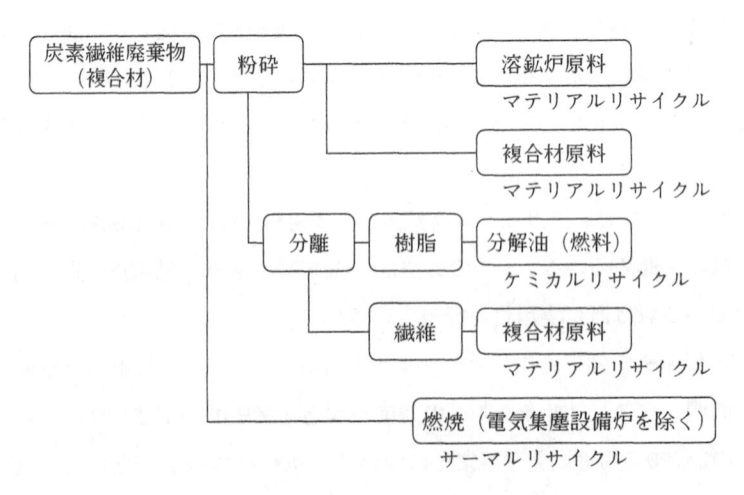

図2 CFRPのリサイクルシステム

第8章　炭素繊維・複合材料の用途・分野別先端技術

しかし，FRPは多量のガラス分を含み，破砕や燃焼が困難で，プラスチックの中でも最も処理困難なものの一つであり，不法投棄や放置船等が大きな社会問題となっている。現状では埋立て，高温焼却，粉砕等により処理されており，一方，水蒸気熱分解法等の新しい技術の開発も進められている。

不飽和ポリエステルを使用したガラス繊維強化プラスチックは，超臨界水により短時間で容易に分解できることが分かってきたが，一方，フェノール樹脂を使用した炭素繊維強化プラスチックはガラス繊維強化プラスチックに比べてはるかに分解しにくく，今までに分解して炭素繊維を回収した例はない。

物質研と熊本県工業技術センターは，共同でアルコールとアルカリを添加した超臨界水を用いて，炭素繊維強化プラスチック中のフェノール樹脂を分解して炭素繊維を回収する技術を開発した[10]。

フェノール樹脂は難分解性であり，380℃の超臨界水単独では20%以下の低い分解率しか得られなかったが，同じ温度条件下でアルカリ（NaOHまたはKOH）を添加すると65%まで分解率が増大した。更にエタノールを加えた超臨界水＋エタノール混合系アルカリ溶液を用いると分解率はより増大し，93.3%の高い値が得られた。これにより，全くプラスチックが付着していない精製された炭素繊維が得られた。

なお，超臨界流体とは，気体は圧力をかけると液体になるが，ある温度（臨界温度）以上ではいくら圧縮しても液化せず，液体と気体の中間の性質を持つ流体になる。これが超臨界流体であり，液体のように多くの物質を溶解でき，気体のように高い流動性を示す。水では温度374℃，圧力218気圧以上で超臨界状態となる。

(3) 熱可塑性炭素繊維強化複合材料のリサイクル処理技術

リサイクルが難しいとされている炭素繊維強化複合材料において，母材樹脂である熱可塑性樹脂を高温高圧流体または超臨界流体を用いて分解することにより，炭素繊維を樹脂から分離し，回収・リサイクルする技術を開発中である[11]。

その内容は次の通りである。前段階として，亜臨界・超臨界水を用いて種々の熱可塑性樹脂の分解実験を行った結果，以下のことがわかった。

①ポリアミド6は，350℃以上でほぼ完全に分解し，モノマーであるε-カプロラクタムの生成が確認できた。②ポリアミド6.6は，350℃以上でほぼ分解したが，モノマーではない多数の分解生成物が得られた。③ポリアミド12は，400℃以下ではほとんど分解せず，白い粉末状の残渣が残った。④ポリプロピレンは，400℃ではほとんど分解しなかったものの，450℃以上で大きく分解率が増加した。⑤スーパーエンジニアリングプラスチックであるポリエーテルエーテルケトン，ポリエーテルイミド，ポリフェニレンサルファイドは，400℃ではあまり分解が進まなかったた

め，過酸化水素水を添加したところ，ポリエーテルエーテルケトン，ポリエーテルイミドは95％以上分解することが可能となった。

(4) 常圧溶解法炭素繊維リサイクル技術

日立化成工業では，自動車部品やスポーツ用品で普及が始まった炭素繊維のリサイクル技術を開発した。樹脂と組み合わせた強化プラスチックとして使うことの多い炭素繊維を樹脂から分離し，再利用できるようにした。炭素繊維を使った強化プラスチックの廃棄物が大量に出る状況をにらみ，事業化の準備を進める。開発したのは樹脂の強い結びつきを断ち切り，樹脂を溶かして炭素繊維だけを取り出す技術。「エステル結合」と呼ばれる化学的結合を，独自に開発したアルコール系溶液などを使い溶かす[12]。

常圧溶解条件は，予備加工：なし，溶媒：アルコール・アミド，温度：100～200℃，触媒：有りで，対応樹脂はエポキシ，不飽和ポリエステルなど。回収物はプレポリマーである。

(5) 高温高圧処理による廃棄物の資源化技術の開発

豊橋技術科学大学では，各種産業から排出される未利用物質を対象として，高温高圧水による特異的な反応によって未利用物質から有用成分を合成・抽出・分離するための新しい資源利用技術の開発を行っている。亜臨界水および超臨界水による反応を利用して，プラスチック等のベンチスケール反応装置を開発し，各種装置の特性を活かして，実用装置の設計および運転条件の設定にいたる関連情報の集積を行うほか，炭素繊維強化樹脂の再生については，大学が有する技術シーズを活用して，既に民間企業との共同開発に発展している。リサイクル炭素繊維を普及させることで，炭素繊維製造時と製品の軽量化によって，2010年には我国だけでも原油換算で100,000KLもの省エネルギー効果が得られることを明らかにし，省資源・省エネルギーと環境負荷低減に向けて研究開発を推進中である[13]。

(6) リサイクル視点から見た自動車用材料[14]

ゴミの最終処分場の逼迫からリサイクル問題が注目され，ここ10年で包装容器，家電，建設，自動車とリサイクル法が制定されてきた。自動車においては，日本国内で廃棄される自動車は重量にして年間500万トンを超えており，その90％をリサイクルしてもまだ50万トン分の管理型処分場が毎年必要となり，自動車リサイクル法制定の背景となっている。

このような中，資源の有効利用の観点から材料のリサイクル性を高める検討や，LCAの観点から省エネルギー性の高いリサイクルシナリオが考えられている。また，輸送機器の軽量化や対人対物安全性の向上を目的に開発されている樹脂系複合材料を例に取って，軽量化とリサイクル性の両立により大きな省エネ効果が得られることを具体的に示し，この技術の早期開発と途上国への早期導入の重要性が提言されている。

従来車の部品代替による段階的な車体軽量化の例では，CFRP特有の力学特性や一体成形性を

第8章 炭素繊維・複合材料の用途・分野別先端技術

活用してさらなる軽量化や安全設計が可能となることも報告されている。このように，コスト，設計技術，製造速度，リサイクル性の面からそれぞれ問題解決のための技術開発が進んでおり，超軽量量産車の実現可能性が高まってきている[14]。

8.3.2　自動車のLCAで見るリサイクルの効果

自動車の軽量化が運転時の燃費向上に寄与することは明らかであるが，素材製造・組立・廃棄も含むライフサイクル全体で見たときの省エネ性も重要である。

スチールベースのバス，トラック，乗用車についてのライフサイクル消費エネルギーにおける各段階の割合でみると，走行時の消費エネルギーが圧倒的に多く，現段階では，軽量化等による走行時の省エネが最も効果的であることが理解できる。

図3は現在のPAN系炭素繊維の原単位を用いてCFRTS部品とCFRTP部品のリサイクル前後のエネルギー原単位（CFRP部品を1kg製造するために必要なエネルギー）を計算したものであり，リサイクルすることで極めて省エネな素材・部品として再生できることが読み取れる。またこのことは，高価な炭素繊維の再利用によりトータルで素材コスト削減が可能となることも意味しており，リサイクルCFRP部品の物性も乗用車の二次部材として適用可能なレベルにまで向上してきていることからも，CFRP部品のリサイクルはゴミ問題とコスト高の問題を同時に解決しながらLCA的にも極めて優れた解決策である。

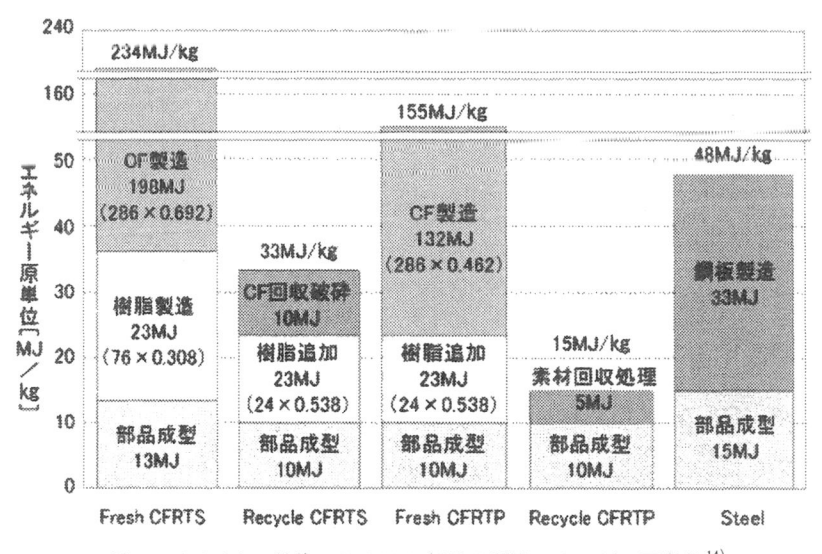

図3　リサイクル前後でのCFRP部品の製造エネルギー原単位[14]

文　献

1) 前田豊, 五味武夫 (三菱レイヨン), 工業材料, **42** (1), 68-72 (1994)
2) 小野田央 (新日本石油), 強化プラスチックス, **51** (8), 394-398 (2005)
3) 山口泰弘, 強化プラスチックス, **48**, 10, p437-441 (2002)
4) RIMCOF主催, 第3回「知的材料・構造システム」シンポジウム講演集 (2002)
5) 大崎祐司, NEDO, 産業技術開発室刊行物
6) 岸輝雄ほか, 日本複合材料学会誌, **30**, 2, 45-54 (2004)
7) 強化プラスチック協会, FRP再資源化・処理システムガイドライン, 平成8年3月 (1996)
   ㈶次世代金属・複合材料研究開発協会発行,「平成10年度先進複合材料の環境適合性及びリサイクル性に関する調査」資料 (1998)
8) 前川一誠, 強化プラスチックス, **52**, 6, p255 (2006)
9) 炭素繊維協会, インターネットHP, 環境部会の活動内容 (平成15年度)
10) 物質研, 熊本県工業技術センター, インターネットHP, 研究開発状況紹介資料
11) 福井県工業技術センター企画支援室, 産学官共同研究, 繊維加工研究, 技術相談グループ研究開発状況紹介資料
12) 前川一誠, 強化プラスチックス, **52**, 6, 251-254 (2006)
    日立化成, インターネット新聞情報 (2006.10.03, 16:31)
13) 藤江幸一 (豊橋技術科学大学工学部), 平成13年度日本学術振興会未来開拓学術研究推進事業研究
14) 高橋淳 (東京大学大学院工学系研究科 助教授), 先端材料技術協会, 技術情報交換会2006年度第2回発表, 日本自動車工業会インターネットHP情報

第9章 ピッチ系炭素繊維の用途分野

大野秀幸*

1 はじめに

炭素繊維はアクリルニトリルを原料とするPAN系炭素繊維と,石炭由来のコールタール,石油由来のデカントオイルやエチレンボトムなどを出発原料とするピッチ系炭素繊維に大別される。ピッチ系炭素繊維は,原料ピッチの違いによりさらに2種類に分類され,特性や形態も異なる形で製造されている(表1)。異方性ピッチ(メソフェーズピッチ)を原料とする炭素繊維は,易黒鉛化性であり,高温焼成で黒鉛化構造が発達するため,高強度,高弾性率の炭素繊維が得られ,多くは連続繊維として製造されている。一方,等方性ピッチを原料とする炭素繊維は,難黒鉛化性であり,高温焼成でも黒鉛構造が発達せず,強度,弾性率とも低く,主に短繊維,曲状繊維で製造されている。

2 ピッチ系炭素繊維の特性

PAN系炭素繊維とピッチ系炭素繊維は原料に由来し,繊維の持つ特性は大きく異なっており,用途もお互いの特性を生かした分野へと棲み分けされつつある(表2)。ピッチ系炭素繊維(メソフェーズピッチ原料)とPAN系炭素繊維の引張強度と引張弾性率の比較を図1に示す。

PAN系炭素繊維は引張弾性率200GPaから600GPaの範囲にあり,特に230〜300GPaにおいて,6,000MPa以上の引張強度をする繊維もあり,主に強度が重要視されるいわゆる構造部材への適応が主となっている。ピッチ系炭素繊維は,引張弾性率の制御がしやすく,50GPa程度の低

表1 ピッチ系炭素繊維の原料,紡糸方法による分類

原料ピッチ分類	繊維形状(紡糸由来)	製品形態
異方性(メソフェーズ)	長繊維	ヤーン,クロス,プリプレグ,チョップ,ミルド
等方性	短繊維 曲状繊維	チョップ,ミルド,フェルト,ペーパー

* Hideyuki Ohno 日本グラファイトファイバー㈱ 営業部長

表2 ピッチ系炭素繊維とPAN系炭素繊維の主要特性比較

		ピッチ系炭素繊維 （メソフェーズ系）	PAN系炭素繊維
引張弾性率	GPa	55–935	155–610
引張強度	MPa	1,200–3,800	2,700–6,400
熱伝導率	W/mK	6–900	7–155
比抵抗	$10^{-3}\Omega\cdot cm$	0.2–2.8	0.7–1.7

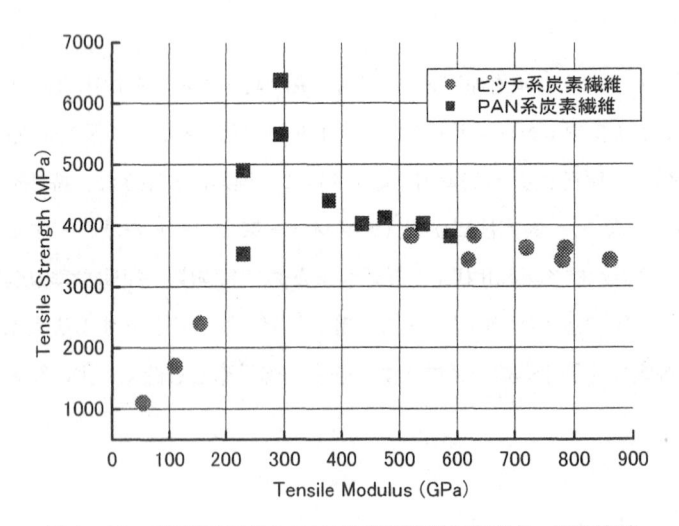

図1 ピッチ系炭素繊維とPAN系炭素繊維の弾性率，強度比較

弾性率から900GPa以上の超高弾性率まで作り分けることが可能となっている。ただし，強度はPAN系炭素繊維に及ばないため，主に複合材料の剛性制御に用いられていることが多い。

　ピッチ系炭素繊維は強度や弾性率といった機械的特性の他，導電性，熱伝導特性，耐熱性，耐薬品性，耐摩耗性など，炭素材料としての機能も有しており，機能材料としての用途分野も多い。また，原料，紡糸方法の違いにより，連続繊維，短繊維，曲状繊維があり，製品形態もヤーン，クロス，チョップドファイバー，ミルドファイバー，フェルト，ペーパーなど用途に応じて多岐に亘っていることもピッチ系炭素繊維の特長といえる。

3　ピッチ系炭素繊維の用途

　ピッチ系炭素繊維は，様々な特性を持ち，それぞれ特性に応じた用途開発が行われてきた。ピッチ系炭素繊維の特性別の用途は表3のようになっており，それぞれに求められた機能と材料選択における技術的背景をまとめる。

第9章　ピッチ系炭素繊維の用途分野

表3　ピッチ系炭素繊維の特性と用途例

特性	用途例
高弾性率	人工衛星部材，スポーツ用具（ゴルフクラブ，釣竿），産業部材，土木・建築
低弾性率	スポーツ用具（ゴルフクラブ，釣竿）
高熱伝導性	放熱部品，人工衛星部材
高電気伝導性	電極材料
寸法安定性	人工衛星部材

3.1　機械特性を利用した分野

　炭素繊維の最大の特長は，比強度，比剛性（強度，弾性率を密度で除した値）が高いことである。図2に示すようにピッチ系炭素繊維の場合は，高弾性率領域において比剛性が，金属を含めた他材料よりもはるかに高い。例えば，弾性率780GPaの繊維を使用した複合材料はスチールに比べ，比剛性が約8倍であり，これは同じ剛性で設計した場合，重量が約1/8になることを意味している。当初は，PAN系炭素繊維を利用して，金属から複合材料へと代替されてきたが，産業部材は，破壊強度よりも変形（撓み）の制御が要求されることが多く，ピッチ系高弾性率炭素繊維の特性が効果的に活かせることから，ピッチ系炭素繊維の用途へ移り変わってきた。その段階では，ピッチ系炭素繊維の取り扱い性や加工性が改善されてきたことも重要なポイントである。また，このような高い比剛性を有する素材は，他に例が無く，ピッチ系高弾性炭素繊維をもってして初めて実現される用途も増えつつある。

(1)　産業部材

　高剛性を利用した代表的な用途として，搬送用ロール（図3）[1]やロボット部材（図4）[2]などが挙げられる。剛性用途での材料選択のポイントは，部材の軽量化と使用時の撓みを低減するこ

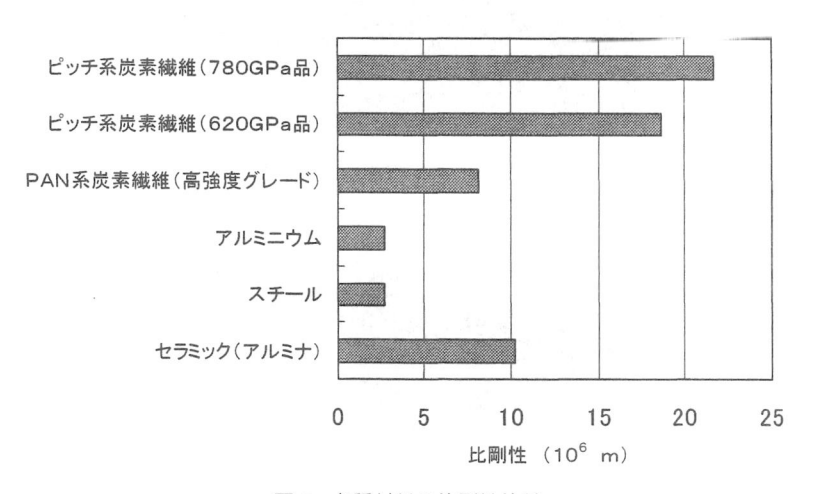

図2　各種材料の比剛性比較

とにある。いずれの部材も回転あるいは移動するものであり，軽量化による低慣性は消費エネルギーの低減や，始動，停止時の迅速性に効果を発揮する。また，高剛性化と軽量化の両立で，振動減衰性が向上する効果もある。ロボット部材など移動や停止を繰り返すものは，停止時に発生する振動を低減することで，作業時間の効率向上に大きく寄与している。

　搬送用ロールの代表的なものは，印刷機用ロールである。新聞印刷に代表されるように印刷機には高速化のほか，印刷の精度向上も求められる。従来はスチール製ロールが使用されていたため高速化には限界があったが，ピッチ系高弾性率炭素繊維を使用することにより，スチール製と同等の剛性でロールの重量を1/3程度に軽減出来るため，高速化が可能になった。また，炭素繊維製ロールは撓みも少ないため，印刷の高精度化も実現可能となり，新聞のカラー印刷普及とともに炭素繊維製ロールの需要が増加した。プラスティックフィルム製造装置や製紙装置の搬送用ロールもピッチ系高弾性炭素繊維の特長が生かされる分野である。印刷機用ロールに比べ，使用されるロールが長いため，軽量化，撓み低減の効果が大きい。

　液晶基盤製造装置などに代表されるロボット部材は，部材の大型化に伴い，ピッチ系高弾性炭素繊維の用途として拡大してきた分野である。液晶ガラス基盤の大型化により，搬送する装置やアームも大型化，長尺化する一方，要求される性能もより撓みが少ないものへと進んでいる。こ

図3　印刷機用ロール

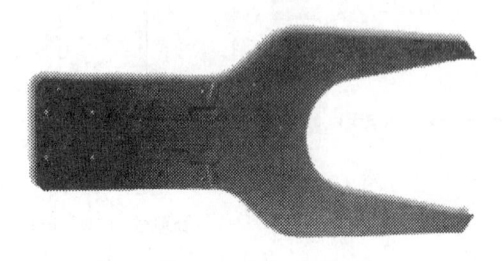

図4　ロボットアーム

第9章 ピッチ系炭素繊維の用途分野

れに対し,使用される炭素繊維もより高弾性化しており,引張弾性率800GPaの繊維を活用し,従来にない剛性をもった部材の開発が行われている。従来では,スチール同等の剛性を確保し,軽量化することがピッチ系高弾性炭素繊維活用の目的であったが,現在ではスチール以上の剛性を求められつつあり,ピッチ系高弾性炭素繊維以外では,実現できない特性領域が広がりつつある。また,セラミック系材料を使用した部材をより高性能化する目的でも高弾性炭素繊維が使用され始めている。セラミック系材料は製造プロセスなどから部材の大型化には制約があることや,重量増となってしまうことから高弾性率炭素繊維へのシフトが進んでいる理由である。図3にセラミック代替の用途例を,表4にアルミナと引張弾性率780GPaの繊維を使用した複合材料の特性比較を示す。

(2) 土木分野

土木分野では橋梁上部工のコンクリート床版の耐荷力や疲労耐久性向上を目的として,弾性率が600GPaのピッチ系炭素繊維シートが使用されている。阪神淡路大震災以降,強度に優れるPAN系炭素繊維が耐震補強を目的として高速道路の橋脚などに使用されてきた。その後,車両総重量規制緩和により,剛性向上目的で床版補強が行われるようになっている。剛性向上目的の場合は,ピッチ系高弾性率炭素繊維シートを使用することで,積層枚数を減らすことができるため,施工面でのメリットがある。この用途では,クロス状のシートの他,引抜成形で作られたプレート状シートが使用される。

(3) 人工衛星分野

人工衛星部材はピッチ系炭素繊維がもっとも早くから注目された用途である。おもにアンテナ,アンテナ支持部材(バックストラクチャ)などに使用されているが,この用途では高弾性率,高強度,低熱膨張率(寸法安定性),熱伝導率などピッチ系炭素繊維の特長を複合的に活用している。人工衛星は重量あたりの打ち上げコストが高いため,軽量化が最大の要求である。宇宙空間での寸法安定性は人工衛星の性能上重要であり,太陽光を直接受ける部分とそれ以外の部分では温度差が大きい。ピッチ系高弾性率炭素繊維は複合材料の熱膨張係数をゼロにする設計が可能である。また,ピッチ系高弾性率炭素繊維には,電波反射特性がPAN系炭素繊維よりも優れるという特長がある。図5のように,同じ弾性率の炭素繊維織物で作られた成形板で比較された電波反射率は,ピッチ系炭素繊維で作られた複合材料の方がPAN系炭素繊維品よりも高く,特に

表4 セラミックとの特性比較例

		ピッチ系炭素繊維 (780GPa) コンポジット	アルミナ
密度	g/cm^3	1.70	4.00
曲げ弾性率	GPa	360	400

高周波数帯で顕著に差が見られる[3]。通信衛星の周波数帯はより高周波数側にシフトしており，ピッチ系炭素繊維が選択されるケースが増える要因となっている。

部材の軽量化のためには，使用する繊維自体も複合材料を薄肉に加工するために低繊度化が要求される。最近では500GPa以上で繊維径7ミクロンの1,000フィラメント繊維も開発され，人工衛星部材に広く使用されている。構造部材では強度が要求される部分があるため，ピッチ系炭素繊維はPAN系炭素繊維に対して不利になっているが，ピッチ系炭素繊維の中でもピッチ原料の調整により，圧縮強度を向上させた繊維も開発されており[4]，ピッチ系炭素繊維の適用部位の拡大に繋がっている。

(4) スポーツ分野

釣竿を始めとするスポーツ分野では，材料の高弾性化により道具を軽量化することや剛性を最適化するというニーズは尽きることが無く，ピッチ系炭素繊維の使用実績，検討は益々広がりつつある。特に近年ピッチ系炭素繊維の取り扱い性が向上したことから，高弾性繊維プリプレグがより低樹脂含有量化，低目付化を実現できるようになったことも，使用実績拡大の重要な要因と考えられる。

低弾性率炭素繊維はピッチ系原料でのみ商品化可能な繊維であり，なかでも日本グラファイトファイバー製XN-05は等方性ピッチを原料とした唯一の連続繊維であり，引張強度と圧縮強度のバランスが良く，特に圧縮に対する破壊歪みが大きなことが他の繊維材料にない特長である（表5）。低弾性率炭素繊維はPAN系高強度炭素繊維と複合化することでPAN系炭素繊維の圧縮破壊を緩和することが可能になる。試験片の圧縮側を低弾性率炭素繊維に置き換えた一方向積層材料では，PAN系炭素繊維100％のブランク材と比べ破壊エネルギーが2倍以上に向上させることができる[5,6]。これらの効果を利用して，図6に示す構成のパイプに低弾性率炭素繊維を用いることで，図7に示すように曲げ強度，破壊エネルギーならびに破壊までに至る変位量が飛躍的

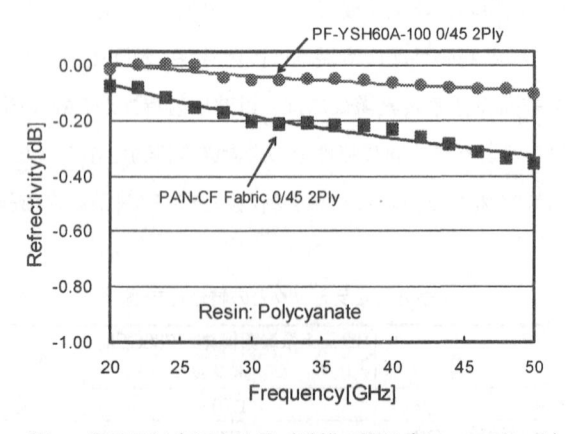

図5 電波反射率測定結果（繊維の弾性率は600GPa品）

第9章 ピッチ系炭素繊維の用途分野

表5 ピッチ系低弾性率炭素繊維と他材料の特性比較

			ピッチ系炭素繊維*			PAN系	ガラス繊維
			XN-05	XN-10	XN-15	230GPa品	T-Glass
繊維特性	引張強度	MPa	1,100	1,700	2,400	4,900	4,600
	引張弾性率	GPa	54	110	155	230	83
	破断伸度	%	2.0	1.7	1.6	2.1	5.5
	密度	g/cm^3	1.65	1.70	1.85	1.80	2.49
複合材特性	引張 強度	MPa	640	1,050	1,400	2,800	1,900
	弾性率	GPa	34	72	93	137	49
	破断歪	%	1.8	1.5	1.4	1.8	3.9
	圧縮 強度	MPa	870	1,070	1,150	1,400	970
	弾性率	GPa	32	64	85	129	55
	破断歪	%	2.9	2.1	1.8	1.4	1.8

＊ 日本グラファイトファイバー製

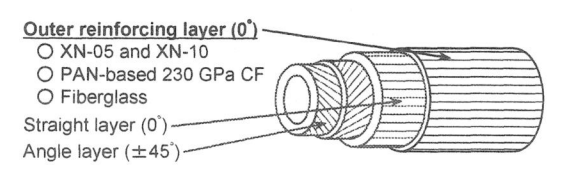

図6 パイプの積層構成

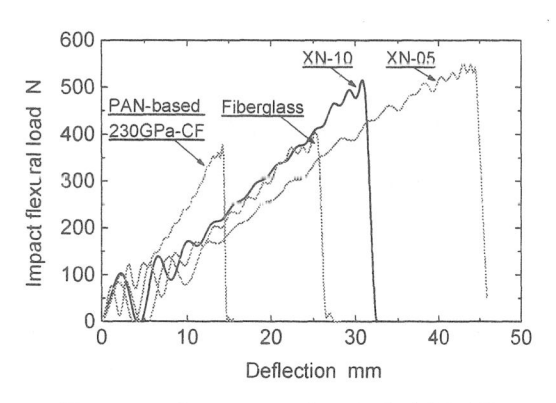

図7 ハイブリッドパイプの衝撃曲げ試験結果

に向上する．これらの効果を利用し，先端部がしなやかで軽量かつ高強度のシャフトの設計が可能となっている．この補強効果は他にも軽量性かつ衝撃強度向上を求められる分野への展開が期待されている．

3.2 機能特性を利用した分野

(1) 高熱伝導率用途（放熱用途）

　黒鉛は結晶の配向方向に高い熱伝導率を有しており(図8)[7]，繊維軸方向に黒鉛化結晶を成長させたピッチ系炭素繊維は繊維軸方向に高い熱伝導率を有する。工業的には熱伝導率が金属を遥かに上回る1000W/(m・K)程度のものも得られており，このように極めて高い熱伝導率を有する素材は他では見当たらない（表6）。それ以外にも，金属に比べ低密度であることや，直径10ミクロン以下の繊維形状であることから，プラスチックやゴムなどに分散させやすい他，繊維状であるため粒状フィラーよりも熱の伝達距離を長くすることができ，より低添加量で熱伝導性を改善することができるという利点がある。

　パソコンや携帯電話をはじめとする電子機器では，小型化，軽量化だけでなく，高性能化に伴う熱対策が重要な課題となっている。そのため従来樹脂成形品を使用していた部品に高熱伝導率炭素繊維を添加することにより，放熱性を付与することが検討されている。放熱性をもつ樹脂の開発により，金属ダイキャスト品への代替も可能になりつつある。また，熱可塑性樹脂コンパウンドは射出成形により，部品の大量生産にも対応できるため，今後さらに小型軽量化の進む電子

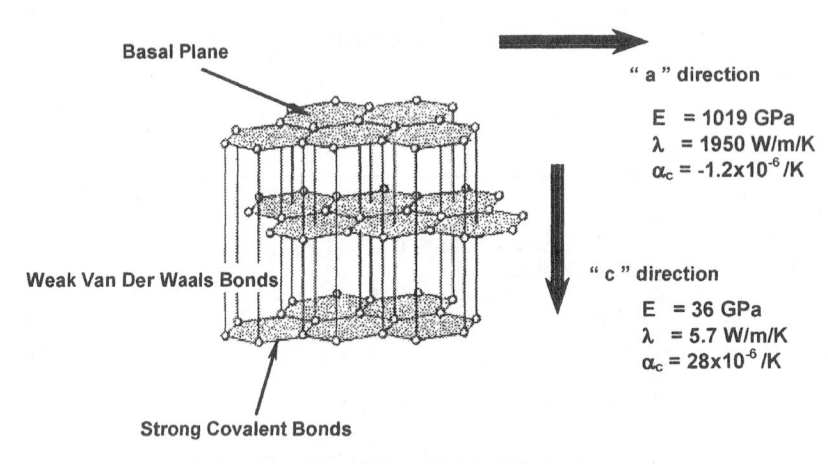

図8　黒鉛の構造と特性

"a" direction
$E = 1019$ GPa
$\lambda = 1950$ W/m/K
$\alpha_c = -1.2 \times 10^{-6}$ /K

"c" direction
$E = 36$ GPa
$\lambda = 5.7$ W/m/K
$\alpha_c = 28 \times 10^{-6}$ /K

表6　熱伝導率比較

	熱伝導率　(W/mk)	密度　(g/cm^3)
ピッチ系炭素繊維（XN-100）*	900	2.22
ピッチ系炭素繊維（XN-90）*	500	2.19
銅	450	8.9
アルミニウム	100-200	2.7
窒化ホウ素（BN）	60	2.0

＊　日本グラファイトファイバー㈱製

第9章 ピッチ系炭素繊維の用途分野

機器関係への幅広い応用が期待される。

電子機器の放熱に利用される伝熱パッド(放熱シート)なども,高熱伝導率炭素繊維の応用例の一つであり,マトリックスの特徴を阻害することなく伝熱特性の改善が可能である。伝熱パッドに必要な弾力性,柔軟性,ハンドリング性などを維持した上でかつ高熱伝導(低熱抵抗)であるというシート素材も開発されている。

繊維状であることを利用した例として,ピッチ系炭素繊維を伝熱促進体にした蓄熱装置がある[8,9]。図9のように熱交換チューブの間にピッチ系炭素繊維をブラシ状にしたものをいれた蓄熱槽にパラフィンが充填されている。パラフィンの凝固,融解の潜熱を利用した蓄熱システムで,パラフィンへの熱伝導を炭素繊維を介して行い,短時間での熱交換を実現したものである。

(2) 等方性ピッチ系炭素繊維の用途[10]

等方性ピッチを原料とする炭素繊維は,繊維の形状や製品の形態が異なるため,独自の特性や用途を持っている。

フェルト状に加工された繊維は,断熱材として利用されるほか,耐熱性や耐薬品性を生かして,各種フィルターなどに使用されている例がある。チョップやミルドは,樹脂への混入が容易

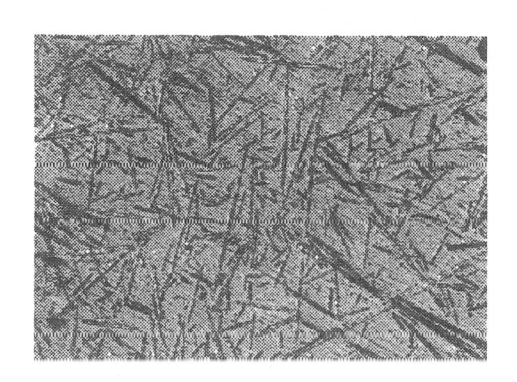

図9 PPS中でのXN-100分散の様子

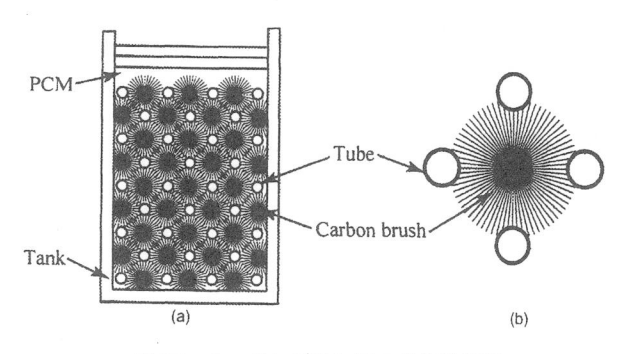

図10 カーボンブラシによる伝熱促進

なためプラスチックやゴムなどの機械物性や摺動特性の向上や導電性の付与，耐熱性，耐蝕性の改良など目的に応じた使い分けがなされている。耐摩耗性，自己潤滑性は，等方性ピッチ系炭素繊維が他炭素繊維と比べ優位な特性であり，クラッチ用摺動部材なども主要な用途となっている。また，最近ではアスベスト代替としての用途が注目されている。

(3) カーボン／カーボン（C／C）コンポジット用途

カーボン／カーボン（C／C）コンポジットは，炭素繊維を基材，カーボンをマトリックスとした複合材料であり，通常の樹脂複合材料（CFRP）と比べ，使用可能温度がはるかに高いことが特長である。高温での強度低下が少ないため，1,600℃以上の温度でも使用することが可能であり，ロケットのノーズキャップやロケットエンジンのノズルなどにも使用されている[11]。また，低摩耗・摺動特性を生かしてブレーキ材などへの利用実績が多く見られる。

4 おわりに

ピッチ系炭素繊維は1970年に呉羽化学工業で等方性ピッチを原料とした炭素繊維が工業化され[12]，1980年代にメソフェーズピッチを原料とした高性能炭素繊維の開発が始まり，約30年の歳月を経て，需要が本格化しつつある。この間には，繊維の高性能化，量産化技術開発によるコストダウンなど多くの技術的進歩が背景にある。ピッチ系炭素繊維の需要はPAN系炭素繊維に比べると数量的には少ないが，黒鉛構造を持つ繊維という特殊な性質で，剛性が求められる構造部材から，黒鉛の特性を活かした機能材料まで用途が広がっており，将来へも大きな可能性を持った材料と考えられる。

文献

1) Nipon Steel Monthly 2002, 8/9 Vol.121 (2002)
2) 新日本石油㈱プレスリリース，2002年7月23日版
3) Saba M, 49th International SMAPE Symposium (2004.5)
4) M. Furuyama, International SAMPE Symposium (1997)
5) N. Kiuchi, Japan International SAMPE Symposium (1999)
6) H. Ohno, International SAMPE Symposium (1999)
7) A. Bertram et al., Naval Engineers J. **104** (3), 276 (1992)
8) J. Fukai, International J. of Heat and Mass Transasfer (2002)
9) 日本特許出願公開公報2000-55578, 2002年2月25日

10) 曽我部敏明, 第19回複合材料セミナー予稿集 (2006)
11) JAXAホームページ, 宇宙輸送用語集
12) 大谷杉郎, 奥田謙介, 松田滋, 「炭素繊維」, 近代編集社 (1983)

第10章　炭素繊維・複合材料の今後の展望

前田　豊*

1　CF・複合材料メーカーの現状と動向

　CF複合材料の利用にあたって，CF製造→中間材の製造加工→成形加工→最終製品の過程を経て，末端ユーザーに使用されることになる。

　炭素繊維メーカーの大手は，日本，米国，欧州，アジアに分布している。PAN系CFは，表1に示したように，従来生産されてきたフィラメント数1k～12kのレギュラートウ（スモールトウ）メーカー6グループ11社とフィラメント数45k～80kの太デニルヤーンからなるラージトウのメーカー5社が存在する。

　ピッチ系CFメーカーには，メソフェーズピッチ系CFを生産する会社として，日本に2社と米国に1社があり，等方性CFメーカーとして日本に2社があり，計5社が参画している。

1.1　PAN系CFメーカー

　PAN系CFレギュラートウ（スモールトウ）のメーカーは，日本の東レ（仏Soficar，米CFA），東邦テナックス（独Tenax），三菱レイヨン（米Grafil）の3社が大手で，海外子会社を含めると，世界のPAN系CFの生産能力の70％以上がこの3社の系列に集中している。

　この系列以外には，米国Hexcel，Cytecの2社と台湾プラスチック社がある。PAN系CFラージトウのメーカーの米国Fortafilは2004年にToho Tenax社の買収された。ゴルフクラブメーカーのAldila社は，ラージトウを生産するCFT社を抱えている。英・独に工場をもつSGL社は，日本の三菱レイヨンに供給する体制となり，同社米子会社のGrafil社などがある。また，Zoltek社と東レがラージトウを生産している。

　日本のPAN系CFメーカー各社は，2004年頃からの需要拡大に呼応して，2005年前後から生産能力の大幅増大を図りつつあり，レギュラートウの年間生産能力は2005年には約2万5,000トン，2010年には4万トンを超えると予想されている。ラージトウの年間生産能力はほぼ横ばいで9,000トン程度と見られ，両分野の全生産能力は，2005年で約3万4,000トン，2010年には約5万トンになると予測される。

　＊　Yutaka Maeda　前田技術事務所　代表

第10章　炭素繊維・複合材料の今後の展望

表1　PAN系CFの公称生産能力

(単位：トン／年)*

分類	メーカー名　　　　　年	1995	1997	1999 -2000	2003	2005	2010予測
R-トウ	東レ（日）	2,600	2,900	4,700	4,700	4,400	6,600
	Soficar（仏）	700	800	800	800	2,600	3,400
	CFA（米）	0	0	1,800	1,800	1,800	3,600
	東レグループ計	3,300	3,700	7,300	7,300	8,800	13,600
	東邦テナックス（日）	2,600	3,300	3,700	3,700	3,700	6,400
	Tenax（独）（米）	550	800	1,900	1,900	1,900	4,100
	東邦グループ計	3,150	4,100	5,600	5,300	5,600	10,500
	三菱レイヨン（日）	500	1,200	2,700	3,200	3,200	5,400
	Grafil（米）（欧）	700	700	700	1,500	1,500	2,750
	三菱グループ計	1,200	1,900	3,400	4,700	4,700	8,150
	Hexcel（米）	1,700	2,000	2,000	2,000	2,000	3,000
	Amoco→Cytec（米）	1,000	1,800	1,800	1,800	1,900	2,400
	台湾プラスチック（台）	200	750	1,750	1,850	1,750	3,000
	レギュラートウ計	10,550	14,250	21,850	23,250	21,850	40,650
L-トウ	Fortafil→TTA（米）	650	2,100	3,500	3,500	2,600	1,300
	Zoltek（米）	300	900	1,800	1,800	3,160	4,500
	SGL（英，独）	200	780	1,950	1,900	1,900	1,900
	Aldila→CFT（米）	0	600	1,000	1,000	1,000	1,000
	東レ（日）	0	0	300	300	300	300
	ラージトウ計	1,150	4,380	8,550	8,550	8,960	9,000
PAN計CF合計		11,700	18,630	30,400	31,800	33,710	49,650

*　炭素繊維協会主催．第16-19回複合材料セミナー，2003～2006等
　　JISTES 2006 KYOTO, Ryoji Tanaka（Mitsubishi Rayon Co., Ltd）資料を集成

　一方，PAN系CFの需給予測は，図1のように考えられており，2005年から2007年のレギュラートウ生産能力では，需要をまかないきれていないと思われる。2007年には，一時的に需給バランスが取れるが，それ以降は明らかに供給不足となることが考えられる。

1.2　ピッチ系CFメーカー

1.2.1　ピッチ系CFメーカーと生産能力

　ピッチ系CFメーカーには，メソフェーズピッチ系CFメーカーである三菱化学，日本グラファイトファイバーの日本の2社と米国のCytec社があり，等方性CFメーカーに，クレハ，ドナックの2社がある。なお，ペトカマテリアルズは，MPCFの短繊維を製造していたが，電池用途に特化し，統計には表れなくなった。

　メソフェーズピッチ系CFメーカーと等方性ピッチ系CFメーカーの最近の生産能力を表2に示す（ただし，実生産能力は，この0.7掛けと見るべきである）。

　ピッチ系CF工業化初期には，等方性ピッチCFが主流であったが，現在ではメソフェーズピッ

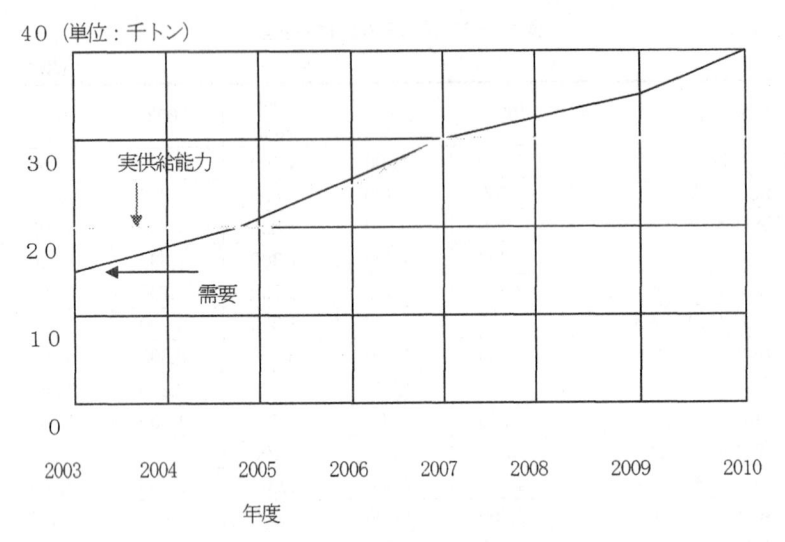

図1 PANレギュラートウの需給バランスの推移
(炭素繊維協会主催,第19回複合材料セミナー,2006年3月6日,東邦テナックス資料,p5)

表2 ピッチ系CFのメーカーと公称生産能力

分類	メーカー名	1997年	1999年	2005年	備考
メソフェーズピッチ系CF	三菱化学	500	600	600	長繊維,ダイヤリード/石炭系
	日本グラファイトファイバー	120	120	120	新日鉄/日石 長繊維,グラノック・石油/石炭系,6ミクロン径
	ペトカ	400	1,300	――	鹿島石油グループ,メルトブロー法 短繊維,メルブロン・石油系,電池電極材
	AMOCO→Cytec(米国)	230	230	230	長繊維 Thornel・石油系 熱伝導率 1100w
	小計	1,300	2,250	950	
等方性ピッチ系CF	クレハ	900	600	750	短繊維 遠心法 クレハカーボンファイバー/石油系
	ドナック→大阪ガスケミカル	300	300	300	DIC/大阪ガス/日本板ガラス 短繊維,渦流紡糸 ドナカーボ/石炭系・カールCF
	小計	1,200	900	1,050	
ピッチ系CF合計		2,500	3,150	2,000	

チ系CFに主流が移っている。

ピッチ系CF全体の生産能力が,2000トン／年と,PAN系CFの生産能力の10%以下である。成長性の高い用途を見つけることがいかに重要であるかが分かる。

第10章　炭素繊維・複合材料の今後の展望

2　炭素繊維・複合材料関連公開特許の状況

2.1　概況

　2006年前半の日本公開特許の炭素繊維・複合材料関連情報において，CFメーカー別，原料，加工，用途別に公開特許件数を整理すると表3のようになる。

　総計98件の中，CF関係が約9％，マトリックス関連が12％，中間材が3％，成形材料が24％，成形加工が16％，用途その他が36％である。出願件数が多いメーカーは，PAN系CFメーカー3社であるが，用途関係で各種の加工メーカーの参入がある。

表3　公開特許の出願件数分類表（2006年1～6月公開分）

出願人	A. 炭素繊維	B. マトリックス樹脂関係	C. CF中間材	D. CF／樹脂成形材料	E. 成形加工	F. 用途その他	合計
東レ	2	4	3	6	5	18	38
三菱レイヨン	2	4	0	4	3	1	14
東邦テナックス	2	1	0	2	5	2	12
帝人テクノプロダクツ	3	0	0	0	1	1	5
本田技研工業	0	0	0	1		2	3
三菱重工業	0	2	0	0			2
三菱エンジニアリングプラスチックス	0	0	0	2			2
旭化成ケミカルズ	0	0	0	2			2
日鉄コンポジット	0	0	0	0		2	2
富士重工	0	0	0	0		2	2
ダイセルポリマー	0	0	0	1	1		2
NTN	0	0	0	0		2	2
松下電工	0	0	0	0		2	2
新日本石油	0	0	0	1			1
福井県	0	1	0	0			1
出光興産	0	0	0	1			1
カルプ工業	0	0	0	1			1
独）宇宙航空開発機構	0	0	0	1			1
日本ポリプロ	0	0	0	1			1
トヨタ自動車	0	0	0	0	1		1
核燃料サイクル開発機構	0	0	0	0		1	1
キヤノン	0	0	0	0		1	1
日本板硝子	0	0	0	0		1	1
合計	9	12	3	23	16	35	98
比率（％）	9.1	12.2	3.1	23.5	16.3	35.7	100

2.2 CFメーカー別開発動向

国内大手PAN系炭素繊維メーカー3社の出願内容の状況を，概略述べると以下の通りである。

① 東レ

東レは，CFの製造から中間材，用途開発を含めて総合的に開発を進めている。

CF製造に関しては，濡れ性のよいサイジング剤や高速解舒性CFパケージについて，出願している。マトリックス樹脂に関しては，プリプレグ用エポキシ樹脂の組成物に関するものが多い。

難燃性樹脂や，熱可塑性樹脂ハイブリッドプリフォーム，長繊維熱可塑ペレットなども出願されている。また，CF織物や，燃料電池電極基材用CF不織布の出願も行われている。

用途関係の出願は多く，X線機器，プロペラシャフトを含む自動車部品，電極，パソコン筐体など，製法を含めて特許出願がなされている。

② 東邦テナックス

CFの製造技術に関する特許出願は，熱可塑性樹脂との結合性に着目したCFストランドの特許が出願されている。マトリックス樹脂関係では，放射線硬化型樹脂プリプレグに着目している。

成形材料としては，多軸織物と一方向CFシートのスティッチ縫合一体材料に関する出願がなされている。

成形加工に関しては，熱分解変形の少ないCFプリフォームや，加圧バッグ内圧成形法，RTMの流路工夫の特許が開示され，重点度が高いようである。

用途製品としては，サンドイッチパネルに機能性を持たせる特許が出されている。

③ 三菱レイヨン

三菱レイヨンは，東レに次いで出願件数が多い。炭素繊維に関しては，CFナノファイバーの特許の出願がなされている。

中間材には，エポキシ樹脂の改良に関し，低温1次硬化後，2次硬化で耐熱性を向上する技術特許が出されている。低温硬化エポキシ樹脂の保存安定性に関しても注目している。

成形材料としては，CFRTP用ナイロン樹脂組成物や，光硬化触媒使用プリプレグの特許が出されている。

用途関係では，圧力容器に関するものが出されているが，出願件数は少ない。

3 炭素繊維・複合材料の今後の展望

炭素繊維・複合材料（CFRP）は鉄，アルミに次ぐ汎用素材となる素質をもっている。

しかし，CFRPが一般材料として取り扱われるようになるまでには，原料の供給能力，加工技術と生産性，ライフサイクル，廃棄処理技術など，多くの課題を抱えている。これらの課題を克

第10章　炭素繊維・複合材料の今後の展望

服して，21世紀に生き残る技術体系を築くためには，地球規模環境の変化を見つめて，生産活動に対する見直しが必要な状況になっている。

つまり，21世紀の社会が要求する製品は，従来様式のものから変化する必要があり，製品製造に対して次のような意識変革が必要である。

1）環境破壊を起こさない材料系へのシフト→温暖化対策，環境汚染対策
2）省エネルギー技術へのシフト→エネルギーの創成（例：太陽・熱エネルギー有効活用）
3）安全化へのシフト→自動車，住宅，衣料，医療で危険な現状を安全に出来る技術
4）迅速性へのシフト→通信，事務処理，移動のデジタル化，高速化
5）生活空間の快適化→住宅，構築物，乗り物，都市空間の安全，快適，利便化
6）文化の創造→豊かな精神文化（例：出版，映画，教育，音楽，宗教）

炭素繊維・複合材料はこれらのシフトに対応する製品を生み出す素質をもっていると考えられる。

炭素繊維・複合材料が，金属その他競合材料のなかで市場規模を拡大するためには，適性用途の開発が第1に必要である。その中で競合材料に対して優位な生産能力，加工技術，コスト，品質，流通，顧客を含めた更なる全体的なレベルアップが必要であろう。

一般に，市場規模は価格の対数関数で表され，高価格特殊製品の市場規模は大きくないが，価格低下と共に一般化され市場規模が拡大する。一例として図2のような，価格－市場規模の関係が考えられる。

CF・複合材料が飛躍し，爆発的な拡大をするためには，土木建材，情報産業(IT)，自動車等移動体に本格採用される必要があり，今後，これらをターゲットとした総合的な体制作りが望まれる。もしこれに成功すれば，CF複合材料は，鉄・アルミに続く第3の構造材料として，飛躍的な成長を遂げるものと期待される。

そのために必要な付帯技術としては，ハイブリッド材，ライフサイクル的評価，安全性確保の技術，リサイクル技術，スマート材料，建築の性能規定への対応などの技術が挙げられる。

更に今後，注目すべき技術にCVD法CF，カーボンナノチューブ，なども挙げられよう。

また，活躍する分野としては，砂漠，深海，宇宙空間の活用，地震のコントロール，太陽エネルギー，水熱エネルギーの活用など21世紀の夢の技術の担い手となることが期待される。

材料の特徴を生かしつつ，市場を拡大するには，加工方法，リサイクルを含めたトータルのコストが，競合材料に対し競争力を持つ必要がある。

航空機，工業用途を中心に，材料，成形方法のAffordable化が進みつつある。また，リサイクルに関しては，耐疲労性に優れることから，長期の使用に耐えられライフサイクル的な価値の見直しが可能と考えられる。廃棄処理に関しても，高炉処理などで実績を積んできていることも

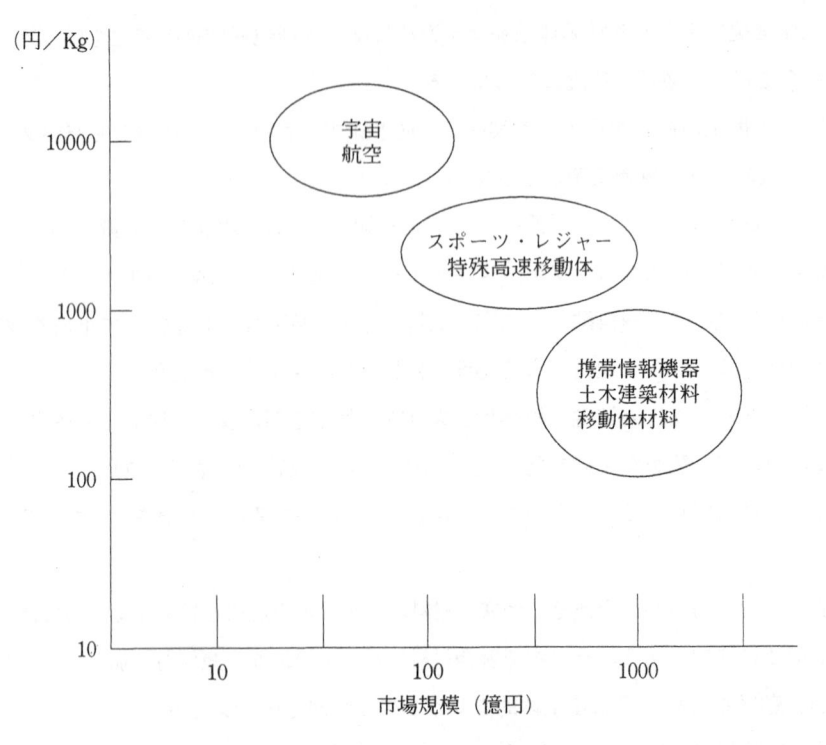

図2　コンポジット製品価格と市場規模の関係（予測）

あって，金属材料と比べて遜色のない利用性が見出されてきそうである．これらが本当に認識され，設計者の信頼が得られるようになれば，本格的な第3の基本材料となり，飛躍的な成長が可能と思われる．

炭素繊維の最先端技術　《普及版》			（B1032）
2007年1月31日　初　版　第1刷発行			
2013年4月8日　普及版　第1刷発行			

監　修　　前田　豊　　　　　　　　　　Printed in Japan
発行者　　辻　賢司
発行所　　株式会社シーエムシー出版
　　　　　東京都千代田区内神田 1-13-1
　　　　　電話 03 (3293) 2061
　　　　　大阪市中央区内平野町 1-3-12
　　　　　電話 06 (4794) 8234
　　　　　http://www.cmcbooks.co.jp/

〔印刷　株式会社遊文舎〕　　　　　　　Ⓒ Y. Maeda, 2013

落丁・乱丁本はお取替えいたします。

本書の内容の一部あるいは全部を無断で複写（コピー）することは，法律で認められた場合を除き，著作者および出版社の権利の侵害になります。

ISBN978-4-7813-0714-5　C3058　¥4600E